"十二五"职业教育国家规划教材
经全国职业教育教材审定委员会审定

乳与乳制品检测技术

王菲菲 韩永霞 主编

RU YU RUZHIPIN
JIANCE JISHU

化学工业出版社
·北京·

本书按照国家标准与现代乳品行业企业对乳制品检验的工作实际，将内容分为“乳与乳制品理化检验”、“乳与乳制品微生物检验”、“乳与乳制品仪器分析”3个模块，各模块分为基础知识和技能训练两大部分。基础知识按项目化设计，全书共设计14个项目，力求精练、清楚；技能训练按照乳品生产企业中常规检测项目设计工作任务，全书共设计36个任务，训练目的明确，重在讲述操作方法，基础知识和技能训练两者的结合能达到学生对乳品检测技术岗位和知识系统完整性的需求。各项目后设置有自测复习题，便于学生进行自我评价。

本书可作为高职高专食品类专业以及农产品加工与检测等专业师生的教学用书，也可作为乳品企业行业技术和管理人员的参考书使用。

图书在版编目（CIP）数据

乳与乳制品检测技术/王菲菲，韩永霞主编．—北京：化学工业出版社，2018.1

“十二五”职业教育国家规划教材

ISBN 978-7-122-31084-2

Ⅰ.①乳… Ⅱ.①王…②韩… Ⅲ.①鲜乳-食品检验-职业教育-教材②乳制品-食品检验-职业教育-教材 Ⅳ.①TS252.7

中国版本图书馆CIP数据核字（2017）第292304号

责任编辑：梁静丽　　文字编辑：张春娥
责任校对：宋　夏　　装帧设计：张　辉

出版发行：化学工业出版社（北京市东城区青年湖南街13号　邮政编码100011）
印　　刷：北京市振南印刷有限责任公司
装　　订：北京国马印刷厂
787mm×1092mm　1/16　印张16½　字数417千字　2018年5月北京第1版第1次印刷

购书咨询：010-64518888（传真：010-64519686）　售后服务：010-64518899
网　　址：http://www.cip.com.cn
凡购买本书，如有缺损质量问题，本社销售中心负责调换。

定　　价：39.80元

《乳与乳制品检测技术》编写人员

主　编　王菲菲　韩永霞

副主编　马素娟　刘丽娜　曹志军　张　慧

编　者　王菲菲（包头轻工职业技术学院）

韩永霞（包头轻工职业技术学院）

马素娟（包头轻工职业技术学院）

刘丽娜（包头轻工职业技术学院）

翟丽丽（包头轻工职业技术学院）

池慧芳（包头轻工职业技术学院）

曹志军（内蒙古农业大学职业技术学院）

张　慧（黑龙江职业学院）

前言

随着中国乳业的快速发展以及人们对乳与乳制品安全意识的增强，对乳品企业和从事乳制品生产与检测的技术人员也提出了更高的要求。同时，乳业的发展又促进了现代职业教育的改革，需要我们培养出符合乳及乳制品企业行业需求的技术技能型人才。在此需求下，通过深入乳品生产企业进行调研，进行岗位职业能力分析与工作过程调查，与乳品企业技术专家共同商定教学内容、制定课程标准，并配套编写了此教改教材，以满足企业对乳与乳制品检测高技能人才培养的需要。

本书编写时按照国家与行业标准，以及乳与乳制品检测工作岗位实际选取内容，依据《国家中长期教育改革和发展规划纲要（2010－2020年）》、《教育部关于“十二五”职业教育教材建设的若干意见》等文件精神以及对国家规划教材建设的要求进行编写，并力求体现如下特色。

1. 联合乳品企业，体现校企合作特色：本书邀请了内蒙古蒙牛乳业集团股份有限公司、内蒙古伊利实业集团股份有限公司的技术专家参与大纲的制订、编写和内容的审核。本书编者所在单位常年与大型乳业集团（如伊利、蒙牛）建立校企合作关系，组建校企合作班以及对学生进行“订单式”培养，积累了丰富的行业企业实践经验，并引用先进的乳制品检测技术，使教材内容更贴近现代乳制品检测技术的现状和实际。

2. 以任务为导向，体现教改特色：现代职业教育侧重培养学生的动手实践能力，为社会培养技术技能型人才。本书以工作任务为导向设计，将内容分为“乳与乳制品理化检验”、“乳与乳制品微生物检验”、“乳与乳制品仪器分析”3个模块，突出了实践和技能在教学中的主体地位，加强实验实训在教学中的比例，针对基础问题，选取了《分析化学》、《微生物学》中最基础和必要的知识，突出了理论知识的基础性和够用度，使理论基础知识介绍得少而精，这样既减少了学生理解上的难度，也可有效引导学生将精力集中于重点内容，提高学习效率，同时也增加了实验实训比例，从而最终达到基础夯实、技能过硬的教学目的。

3. 尝试教材模式创新，体现现代化教学特色：为顺应现代化教学手段对数字化教学资源建设的要求和趋势，配套建设了课程网站，并在课程网站的基础上尝试立体化教材的制作，配套了内容丰富的教学课件、习题库、操作视频等资料，方便师生直观教学，便于学生学习和自测，提高教学效果。

在教材编写中，内蒙古蒙牛乳业集团股份有限公司、内蒙古伊利实业集团股份有限公司的相关工程师为本书技能训练部分以及仪器分析模块提出了宝贵的修改意见与建议；内蒙古骑士乳业集团股份有限公司等单位的有关技术人员也为本教材提供了丰富的一线生产资料，在此表示诚挚的感谢！

由于编者水平有限，书中疏漏与不足之处在所难免，敬请同行及专家以及广大读者批评指正，以便再版时修订完善。

编者

2018 年 1 月

目录

模块一　乳及乳制品理化检验 / 1

模块二　乳及乳制品微生物检验 / 101

模块一 乳及乳制品理化检验

理化检验基础知识

项目一 实验室管理及常用仪器的使用

学习目标

1. 了解实验室管理制度及实验室安全规则；
2. 掌握实验室常用玻璃器皿的使用方法；
3. 掌握常用玻璃器皿的清洗及保存。

一、实验室管理制度

（1）实验室内物品要摆放整齐，试剂要有明晰的标签。

（2）禁止在实验室内吸烟、饮食和会客。

（3）做好样品的登记、编号，明确检验目的，不符合要求的样品必要时应重新采样。

（4）无菌室操作前，用0.2%过氧乙酸擦拭桌面及工作台面，开紫外灯消毒，同时打开超净台风门，保持30～45min，关闭紫外灯，待30min后进入无菌室。

（5）进无菌室操作前要洗手；操作过程严格执行无菌操作。

（6）定期对实验室进行彻底的消毒及清洗。

（7）工作结束，灭酒精灯，关风门、电源，处理污物、台面，将超净台内物品摆放整齐。

（8）定期检查温箱、水浴箱、冰箱及低温冰箱的性能。

（9）各种玻璃容器（例如量杯、烧杯、量筒、刻度吸管等，以及不同型号国产与进口微量加样器等）应校正使用，细菌接种环直径3～5mm、长6～8cm，接种针6～8cm。

（10）试剂的质量要求应该按照实验要求分别选出如AR、GR等级，所用溶液应用去离子水或蒸馏水配制。

二、 实验室安全规则

(1) 实验室内禁止饮食，切勿以实验用容器代替水杯，实验使用各种化学试剂均不得入口，实验结束后仔细洗手。

(2) 使用浓碱或其他强腐蚀性试剂时要谨慎小心，勿溅在皮肤、衣服、鞋袜上，用 HNO_3、$HClO_4$、H_2SO_4 等试剂时，常产生易挥发的有毒或强腐蚀性气体，要在通风柜内进行。若吸入氯、氯化氢等，可立即吸入少量酒精和乙醇的混合蒸气解毒；若吸入硫化氢而感到不适时，应立即到户外呼吸新鲜空气；眼睛或皮肤溅上强酸、强碱应立即用大量水冲洗，然后用碳酸氢钠溶液或硼酸溶液冲洗，最后再用水冲洗。

(3) 使用剧毒药品时，要特别小心，不得误入口内或接触伤口；用过的废物、废液应回收，加以特殊处理，氰化物与酸作用会放出剧毒 HCN，严禁在酸性介质中加入氰化物。

(4) 使用 CCl_4、$CHCl_3$、乙醚、苯、丙酮等有毒或易燃的有机溶剂时，一定要远离火焰及其他热源，敞口操作并有挥发时，应在通风柜内进行，用后盖紧瓶塞，置阴凉处存放，用过的废液倒入回收瓶，不要倾入水槽中。

(5) 打开浓硫酸、浓硝酸、浓氨水瓶塞时应戴防护用具，并在通风橱中进行，稀释硫酸用的容器、烧杯、锥形瓶要放在塑料盆中，只能将浓硫酸慢慢倒入水中，并不断搅拌，温度过高时，应冷却或降温后再继续进行，严禁将水倒入硫酸中。

(6) 爱护仪器，不要随便摆弄，要注意节约试剂和水、电。

(7) 离开实验室时，必须逐个认真检查电闸、水阀，关闭好水、电、门窗；遇到触电事故，首先切断电源，必要时进行人工呼吸；酒精、苯或乙醚等着火时，立即用湿布或沙土扑火；电器设备着火，必须先切断电源，再用 CO_2 或 CCl_4 灭火器灭火。

(8) 进行检验时，实验服及保护用具必须穿戴整齐。

(9) 所有药品、样品必须贴有醒目的标签，注明名称、浓度、配制时间以及有效日期等，标签字迹要清楚，绝对不要在容器内装入与标签不相符的物品。

(10) 禁止用手直接接触化学药品和危险性物质，禁止用口尝或鼻嗅的方法鉴别物质。如因工作需要，必须嗅闻时可用手微微扇风，头部应在侧面，并保持一定距离。

(11) 用移液管吸取有毒或腐蚀性液体时，管尖必须插入液面以下，防止夹带空气使液体冲出，用橡皮洗耳球吸取，禁止用嘴代替洗耳球。

(12) 易挥发或易燃的液体储瓶，在温度较高的场所或当瓶的温度较高时，应经冷却后方可开启，开启时瓶口不要对着人，最好在通风橱中进行。

(13) 取下正在沸腾的溶液时，应用瓶夹先轻轻摇动以后取下，以免溅出伤人。

(14) 停电、停水时，要及时切断电源，关闭水阀。

(15) 化验工作结束后，所有的仪器设备要清洗干净，切断电源，关闭水、电、气阀门，溶液、试剂和仪器应放回规定地点。

三、 强酸、 强碱中毒的表现及急救方法

硫酸、盐酸和硝酸中毒，主要为呼吸道吸入酸蒸气和皮肤黏膜受损。急性中毒表现为刺激黏膜和皮肤，喉头有灼干感及刺痛，结膜发炎及轻度角膜损伤。如溅到皮肤上，轻者发生红肿、疼痛，重者灼伤皮肤而出现水泡，周围组织严重充血发红，以致引起皮下组织坏死。若皮肤、眼、鼻受伤时，可用大量温清水或2%碳酸氢钠溶液冲洗或漱口。如果误服三种强

酸，会引起全身中毒，口腔、咽喉、食道、胃黏膜会强烈灼伤，应立即用温水洗胃，每次少量，多次灌服。洗胃后内服氧化镁乳、稀石灰水，或用稀肥皂水作中和剂。

强碱中毒指氢氧化钠、氢氧化钾中毒。主要由皮肤接触或误食引起。皮肤和黏膜接触碱后局部变白，周围红肿，刺痛，起水泡，重者可引起糜烂。中毒后要迅速用水冲洗，再用稀乙酸或2%硼酸充分洗涤。误服强碱可使口腔、食道、胃黏膜糜烂结痂，造成胃与食道狭窄。表现为严重灼痛、血性呕吐与血性下泻，声音嘶哑，严重可引起休克。急救时可用醋、柠檬水、橘子汁或0.5%的稀盐酸作中和剂，可避免洗胃和使用催吐剂。

四、 一般器皿的认识及使用

1. 容量瓶

容量瓶主要用于准确地配制一定物质的量浓度的溶液。它是一种细长颈、梨形的平底玻璃瓶，配有磨口塞。瓶颈上刻有标线，当瓶内液体在所指定温度下达到标线处时，其体积即为瓶上所注明的容积数。一种规格的容量瓶只能量取一个量。常用的容量瓶有100mL、250mL、500mL等多种规格，如图1-1-1所示。

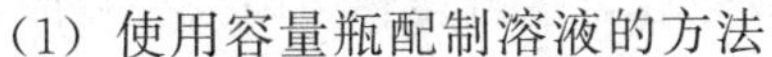

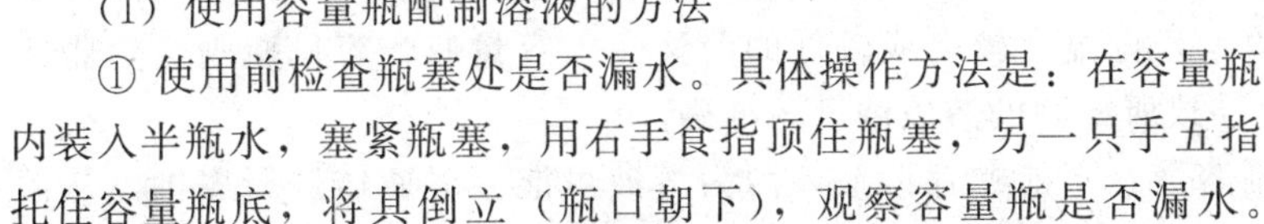

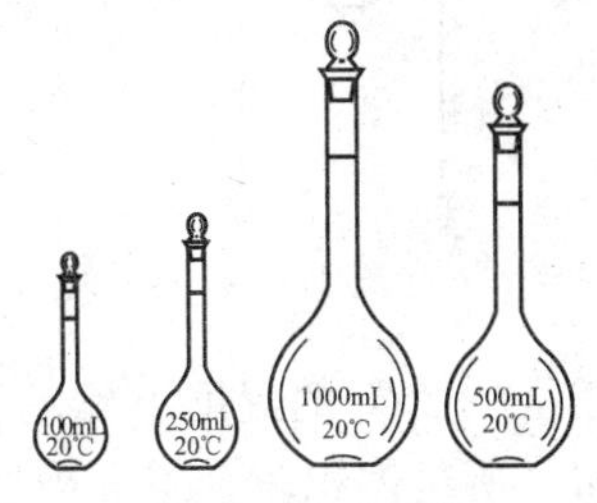

图1-1-1 容量瓶

(1) 使用容量瓶配制溶液的方法

① 使用前检查瓶塞处是否漏水。具体操作方法是：在容量瓶内装入半瓶水，塞紧瓶塞，用右手食指顶住瓶塞，另一只手五指托住容量瓶底，将其倒立（瓶口朝下），观察容量瓶是否漏水。若不漏水，将容量瓶正立且将瓶塞旋转180°后，再次倒立，检查是否漏水，若两次操作容量瓶瓶塞周围皆无水漏出，即表明容量瓶不漏水。经检查不漏水的容量瓶才能使用。

② 把准确称量好的固体溶质放在烧杯中，用少量溶剂溶解。然后把溶液转移到容量瓶里。为保证溶质能全部转移到容量瓶中，要用溶剂多次洗涤烧杯，并把洗涤溶液全部转移到容量瓶里。转移时要用玻璃棒引流。方法是将玻璃棒一端靠在容量瓶颈内壁上，注意不要让玻璃棒其他部位触及容量瓶口，防止液体流到容量瓶外壁上，如图1-1-2所示。

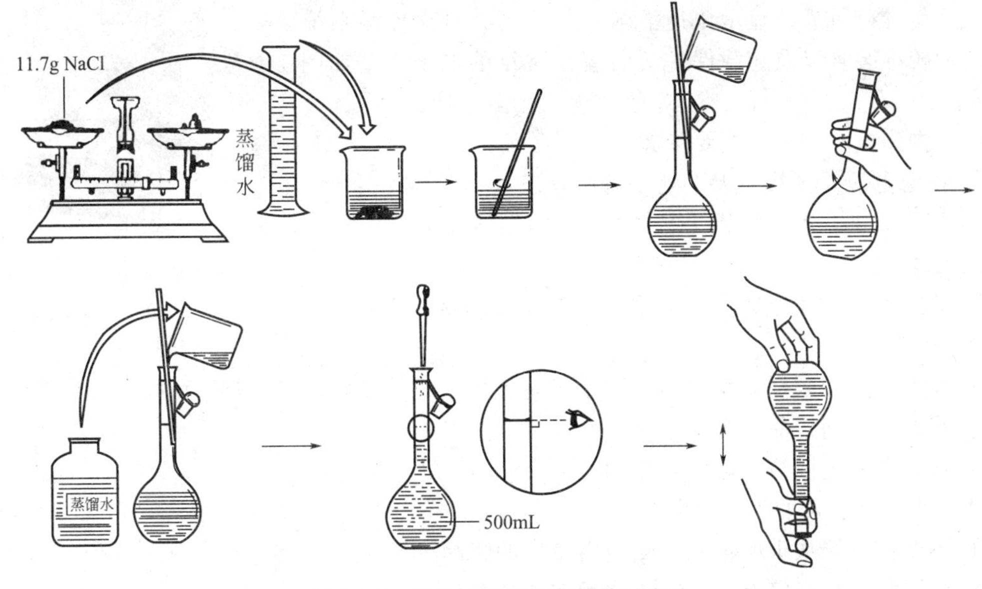

图1-1-2 使用容量瓶配制溶液的方法

③ 向容量瓶内加入的液体液面离标线 1cm 左右时，应改用滴管小心滴加，最后使液体的弯月面与标线正好相切。若加水超过刻度线，则需重新配制。

④ 盖紧瓶塞，用倒转和摇动的方法使瓶内的液体混合均匀。静置后如果发现液面低于刻度线，这是因为容量瓶内极少量溶液在瓶颈处润湿所损耗，所以并不影响所配制溶液的浓度，故不要在瓶内添水，否则，将使所配制的溶液浓度降低。

⑤ 定容时，视线要与容量瓶的刻线相平，俯视或仰视会使液面偏低或偏高，如图 1-1-3 所示。

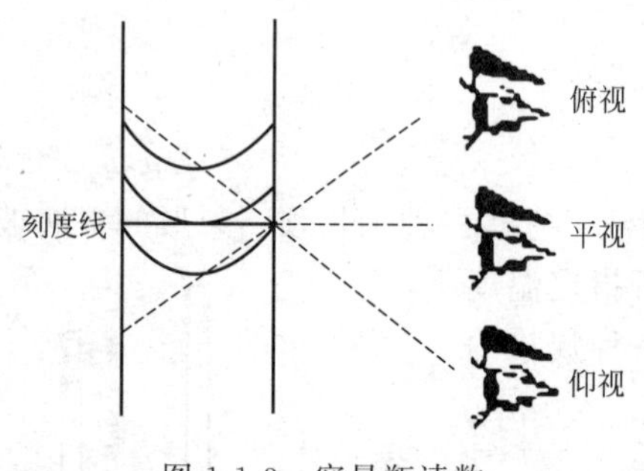

图 1-1-3　容量瓶读数

(2) 使用容量瓶时的注意事项

① 容量瓶的容积是特定的，刻度不连续，所以一种型号的容量瓶只能配制同一体积的溶液。在配制溶液前，先要弄清楚需要配制的溶液的体积，然后再选用相同规格的容量瓶。

② 不能在容量瓶里进行溶质的溶解，应将溶质在烧杯中溶解后再转移到容量瓶里。

③ 容量瓶不能进行加热。如果溶质在溶解过程中放热，要待溶液冷却后再进行转移，因为一般的容量瓶是在 20℃ 的温度下标定的，若将温度较高或较低的溶液注入容量瓶，容量瓶则会热胀冷缩，所量体积就会不准确，导致所配制的溶液浓度不准确。

④ 容量瓶只能用于配制溶液，不能贮存溶液，因为溶液可能会对瓶体进行腐蚀，从而使容量瓶的精密度受到影响。配好的溶液如果需要长期存放，应该转移到干净的磨口试剂瓶中。

⑤ 容量瓶长期不用时，应及时洗涤干净，塞上瓶塞，并在塞子与瓶口之间夹一条纸条，防止瓶塞与瓶口粘连。

2. 电子天平

人们把用电磁力平衡被称物体重力的天平称之为电子天平。其特点是称量准确可靠、显示快速清晰，并且具有自动检测系统、简便的自动校准装置以及超载保护等装置。常见的电子天平如图 1-1-4 所示。

图 1-1-4　电子天平

(1) 操作电子天平的主要步骤

① 接通电源并预热使天平处于备用状态。

② 打开天平开关（按操纵杆或开关键），使天平处于零位，否则按去皮键。

③ 放上器皿，读取数值并记录，按去皮键清零，使天平重新显示为零。

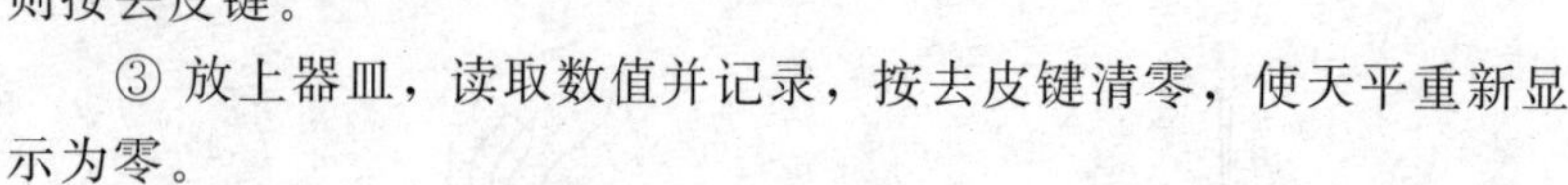

④ 在器皿内加入样品至显示所需重量时为止，记录读数，如需打印可按打印键完成。

⑤ 将器皿连同样品一起拿出。

⑥ 按天平去皮键清零，以备再用。

(2) 使用电子天平的注意事项

① 不要称直接从干燥箱或冷藏箱内拿出的物品。

② 使样品的温度接近实验室或称量室内的温度。

③ 用镊子拿物品或戴手套拿取物品。

④ 不要将手放在称量室内，否则温度会有变化。

⑤ 不可称取超过最大测量值的物品。

⑥ 使用前需要预热。

⑦ 选择接触面较小的容器。

⑧ 使用清洁干燥的容器并保持称盘的清洁无水滴。

3. 干燥器

玻璃干燥器是具有宽边磨砂盖的密封容器。在底座下半截为缩细的腰，在束腰的内壁有一宽边，用以搁放瓷板。瓷板具有大小不同的孔洞，瓷板上面存放被干燥的物质，瓷板下部底座用以存放干燥剂。盖子为拱圆状，盖顶上有一只圆玻璃滴，是用作手柄移动盖子用。盖子的宽边磨平，与底座相吻合，达到密闭的目的。实验室常见干燥器如图 1-1-5 所示。

图 1-1-5　干燥器

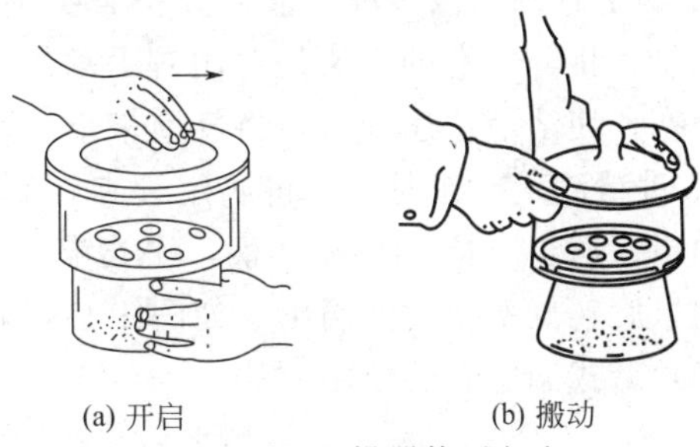

(a) 开启　　(b) 搬动

图 1-1-6　干燥器使用方法

使用方法：将干燥器洗净擦干，在干燥器底座按照需要放入不同的干燥剂（一般用变色硅胶、浓硫酸或无水氯化钙等），然后放上瓷板，将待干燥的物质放在瓷板上，再在干燥器宽边处涂一层凡士林油脂，将盖子盖好沿水平方向摩擦几次使油脂均匀，即可进行干燥。在打开干燥器盖子时一手扶住干燥器，另一手将干燥器盖子沿水平方向移动方能打开，否则用力向上拉，一方面用力过大难以打开，另一方面往往由于用力过大会将底座带起来，万一脱落将造成仪器的损坏。搬动干燥器时双手握住干燥器的宽边，大拇指按住盖子，以防盖子脱落，如图 1-1-6 所示。

使用干燥器的注意事项如下：

① 干燥剂不可放得太多，以免沾污坩埚底部。

② 搬移干燥器时，要用双手拿着，用大拇指紧紧按住盖子。

③ 打开干燥器时，不能往上掀盖，要先用左手按住干燥器，右手小心把盖子稍微推开，等冷空气徐徐进入后才能完全打开。

④ 不可将太热的物体放入干燥器。

⑤ 有时较热的物体放入干燥器后，空气受热膨胀，会把盖子顶起来，为了防止盖子被打翻，应当用手按住，不时把盖子稍微推开，以放出热空气。灼烧或烘干后的坩埚和沉淀，在干燥器内不宜放置过久，否则会吸收一些水分而使质量略有增加。

⑥ 变色硅胶干燥时为蓝色，受潮后变粉红色。可以在 120℃ 烘受潮的硅胶，待其变蓝后反复使用，直到破碎不能使用为止。

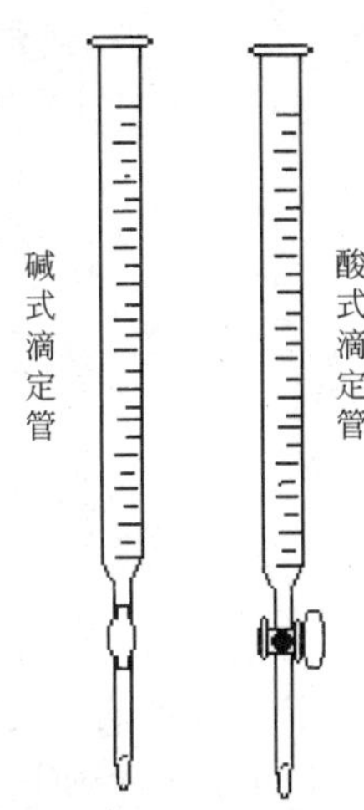

图 1-1-7　滴定管

4. 滴定管

滴定管是滴定操作时准确测量标准溶液体积的一种量器。滴定管的管壁上有刻度线和数值，最小刻度为0.1mL，“0”刻度在上，自上而下数值由小到大。滴定管分酸式滴定管和碱式滴定管两种。酸式滴定管下端有玻璃旋塞，用以控制溶液的流出。酸式滴定管只能用来盛装酸性溶液或氧化性溶液，不能盛碱性溶液，因碱与玻璃作用会使磨口旋塞粘连而不能转动。碱式滴定管下端连有一段橡胶管，管内有玻璃珠，用以控制液体的流出，橡胶管下端连一尖嘴玻璃管。凡能与橡胶起作用的溶液如高锰酸钾溶液，均不能使用碱式滴定管。常见滴定管如图1-1-7所示。

（1）酸式滴定管的使用方法

① 给旋塞涂凡士林。把旋塞芯取出，用手指蘸少许凡士林，在旋塞芯两头薄薄地涂上一层，然后把旋塞芯插入塞槽内，旋转使油膜在旋塞内均匀透明，且旋塞转动灵活。

② 试漏。将旋塞关闭，滴定管里注满水，固定在滴定管架上，放置1～2min，观察滴定管口及旋塞两端是否有水渗出，旋塞不渗水才可使用。

③ 滴定管内装入标准溶液后要检查尖嘴内是否有气泡。如有气泡，将影响溶液体积的准确测量。排除气泡的方法是：用右手拿住滴定管无刻度部分使其倾斜约30°角，左手迅速打开旋塞，使溶液快速冲出，将气泡带走。

④ 进行滴定操作时，应将滴定管夹在滴定管架上。左手控制旋塞，大拇指在管前，食指和中指在后，三指轻拿旋塞柄，手指略微弯曲，向内扣住旋塞，避免产生使旋塞拉出的力。向里旋转旋塞使溶液滴出。如图1-1-8所示。

（2）碱式滴定管的使用方法

① 试漏。给碱式滴定管装满水后夹在滴定管架上放置2min。若有漏水应更换橡皮管或管内玻璃珠，直至不漏水且能灵活控制液滴为止。

② 滴定管内装入标准溶液后，要将尖嘴内的气泡排出。方法是：把橡皮管向上弯曲，出口上斜，挤捏玻璃珠，使溶液从尖嘴快速喷出，气泡即可随之排掉。如图1-1-9所示。

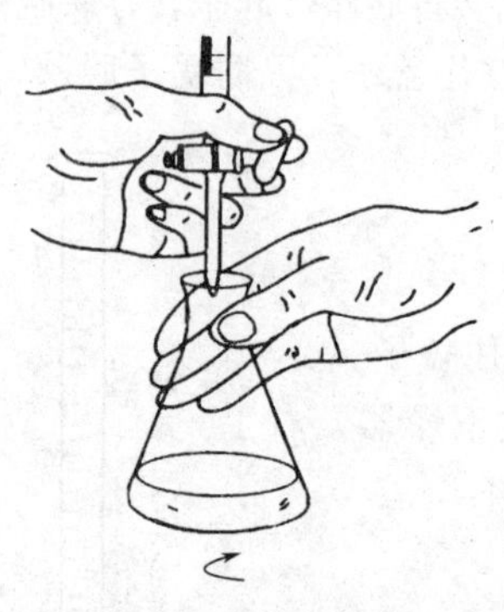

图1-1-8 滴定操作

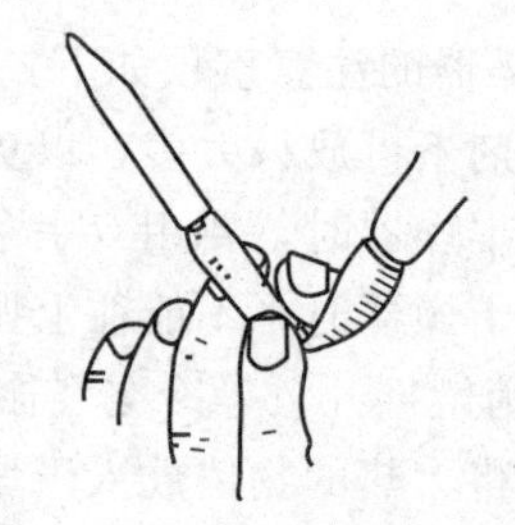

图1-1-9 滴定管排出气泡

③ 进行滴定操作时，用左手的拇指和食指捏住玻璃珠靠上部位，向手心方向捏挤橡皮管，使其与玻璃珠之间形成一条缝隙，溶液即可流出。

（3）滴定管使用时的注意事项

① 滴定管使用前和用完后都应进行洗涤。洗前要将酸式滴定管旋塞关闭。管中注入水

后，一手拿住滴定管上端无刻度的地方，一手拿住旋塞或橡皮管上方无刻度的地方，边转动滴定管边向管口倾斜，使水浸湿全管。然后直立滴定管，打开旋塞或捏挤橡皮管使水从尖嘴口流出。滴定管洗干净的标准是玻璃管内壁不挂水珠。

② 装标准溶液前应先用标准液润洗滴定管 2～3 次，洗去管内壁的水膜，以确保标准溶液浓度不变。装液时要将标准溶液摇匀，然后不借助任何器皿直接注入滴定管内。

③ 滴定管必须固定在滴定管架上使用。读取滴定管的读数时，要使滴定管垂直，视线应与弯月面下沿最低点在同一水平面上，要在装液或放液后 1～2min 进行。每次滴定时最好从“0”刻度开始。

5. 移液管

移液管是用来准确移取一定体积的溶液的量器。移液管是一种量出式仪器，只用来测量它所放出溶液的体积。移液管为细长玻璃管，下端为尖嘴状，管身上有刻度。常用的移液管有 5mL、10mL、25mL 和 50mL 等规格。有的移液管只有一个刻度，只能吸取定量液体。常见移液管如图 1-1-10 所示。

图 1-1-10 移液管

（1）移液管的使用方法

根据所移溶液的体积和要求选择合适规格的移液管使用，在滴定分析中准确移取溶液一般使用移液管，反应需控制试液加入量时一般使用吸量管。

① 检查移液管的管口和尖嘴有无破损，若有破损则不能使用。

② 洗净移液管。先用自来水淋洗后，用铬酸洗涤液浸泡，操作方法如下：用右手拿移液管或吸量管上端合适位置，食指靠近管上口，中指和无名指张开握住移液管外侧，拇指在中指和无名指中间位置握在移液管内侧，小指自然放松；左手拿洗耳球，持握拳式，将洗耳球握在掌中，尖口向下。握紧洗耳球，排出球内空气，将洗耳球尖口插入或紧接在移液管（吸量管）上口，注意不能漏气。慢慢松开左手手指，将洗涤液慢慢吸入管内，直至刻度线以上部分，移开洗耳球，迅速用右手食指堵住移液管（吸量管）上口，等待片刻后，将洗涤液放回原瓶。并用自来水冲洗移液管（吸量管）内、外壁至不挂水珠，再用蒸馏水洗涤 3 次，控干水备用。

③ 吸取溶液。摇匀待吸溶液，将待吸溶液倒一小部分于一洗净并干燥的小烧杯中，用滤纸将清洗过的移液管尖端内外的水分吸干，并插入小烧杯中吸取溶液，当吸至移液管容量的 1/3 时，立即用右手食指按住管口，取出，横持并转动移液管，使溶液流遍全管内壁，将溶液从下端尖口处排入废液杯内。如此操作，润洗 3～4次后即可吸取溶液。

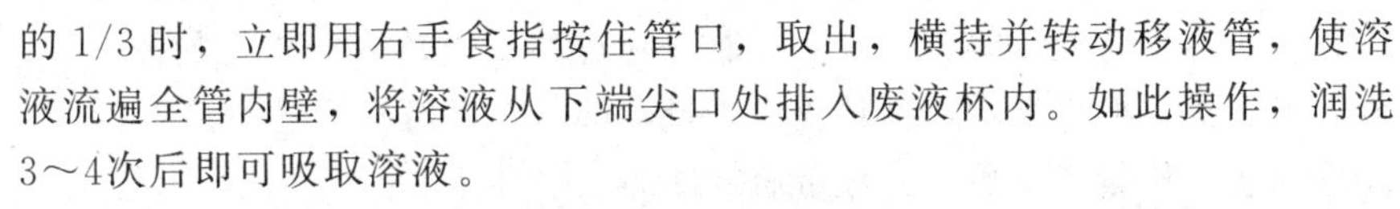

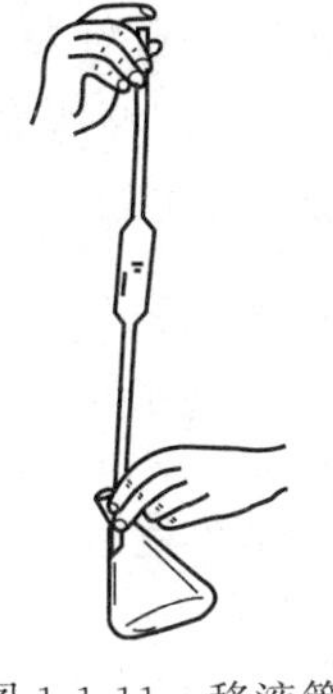

图 1-1-11 移液管使用方法

将用待吸液润洗过的移液管插入待吸液面下 1～2cm 处，用洗耳球按上述操作方法吸取溶液（注意移液管插入溶液不能太深，并要边吸边往下插入，始终保持此深度）。当管内液面上升至标线以上约 1～2cm 处时，迅速用右手食指堵住管口（此时若溶液下落至标线以下，应重新吸取），将移液管提出待吸液面，并使管尖端接触待吸液容器内壁片刻后提起，用滤纸擦干移液管或吸量管下端黏附的少量溶液（在移动移液管或吸量管时，应将移液管或吸量管保持垂直，不能倾斜）。

④ 调节液面。左手另取一干净小烧杯，将移液管管尖紧靠小烧杯内

壁，小烧杯保持倾斜，使移液管保持垂直，刻度线和视线保持水平（左手不能接触移液管）。稍稍松开食指（可微微转动移液管或吸量管），使管内溶液慢慢从下口流出，液面将至刻度线时，按紧右手食指，停顿片刻，再按上法将溶液的弯月面底线放至与标线上缘相切为止，立即用食指压紧管口。将尖口处紧靠烧杯内壁，向烧杯口移动少许，去掉尖口处的液滴。将移液管或吸量管小心移至承接溶液的容器中。

⑤ 放出溶液。将移液管或吸量管直立，接收器倾斜，管下端紧靠接收器内壁，放开食指，让溶液沿接收器内壁流下，管内溶液流完后，保持放液状态停留 15s，将移液管或吸量管尖端在接收器靠点处靠壁前后小距离滑动几下（或将移液管尖端靠接收器内壁旋转一周），移走移液管（残留在管尖内壁处的少量溶液，不可用外力强使其流出，因校准移液管或吸量管时，已考虑了尖端内壁处保留溶液的体积。除在管身上标有“吹”字的，可用洗耳球吹出，不允许保留）。如图 1-1-11 所示。

⑥ 洗净移液管，放置在移液管架上。

（2）使用注意事项

① 移液管（吸量管）不应在烘箱中烘干。

② 移液管（吸量管）不能移取太热或太冷的溶液。

③ 同一实验中应尽可能使用同一支移液管。

④ 移液管在使用完毕后，应立即用自来水及蒸馏水冲洗干净，置于移液管架上。

⑤ 移液管和容量瓶常配合使用，因此在使用前常做两者的相对体积校准。

⑥ 在使用吸量管时，为了减少测量误差，每次都应从最上面刻度（0 刻度）处为起始点，往下放出所需体积的溶液，而不是需要多少体积就吸取多少体积。

6. 称量瓶

称量瓶是一种常用的实验室玻璃器皿，一般是圆柱形，带有磨口密合的瓶盖。称量瓶一般用于准确称量一定量的固体，也用于差减法称量试样，又称量瓶。因有磨口塞，可以防止瓶中的试样吸收空气中的水分和 CO_2 等，适用于称量易吸潮的试样。称量瓶分高型称量瓶和扁型称量瓶两种，如图 1-1-12 所示。

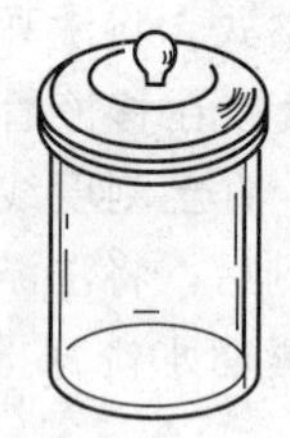

图 1-1-12　称量瓶

（1）称量瓶的使用　洗净并烘干称量瓶，放置在干燥器中备用。用纸带将称量瓶从天平上取下，拿到接受器上方，用纸片夹住盖柄，打开瓶盖（盖亦不要离开接收器口上方），将瓶身慢慢向下倾斜，用瓶盖轻敲瓶口内边缘，使试样落入容器中。接近需要量时，一边继续用盖轻敲瓶口，一边逐步将瓶身竖直，使沾在瓶口附近的试样落入瓶中，如图 1-1-13 所示。盖好瓶盖，放入天平盘，取出纸带，称其重量。量不够时，继续按上述方法进行操作，直至称够所需的物质为止。称量完毕后，将称量瓶放回原干燥器中。

（2）使用注意事项

① 盖子与瓶子务必配套使用，切忌互换。

② 称量瓶使用前必须洗涤洁净，烘干、冷却后方能用于称量。

③ 称量时要用洁净干燥结实的纸条围在称量瓶外壁进行夹取，严禁直接用手拿取称量瓶。

7. 盖勃乳脂计

乳脂计是用优质玻璃制成的计量鲜乳及乳制品中脂肪含量的计量仪器。如图 1-1-14 所示。将鲜乳或乳制品用化学试剂处理，使其中的蛋白质消化，然后在一定温度条件下，经过

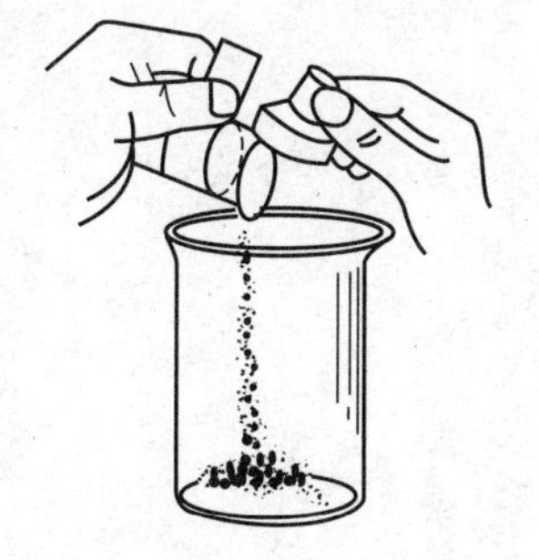
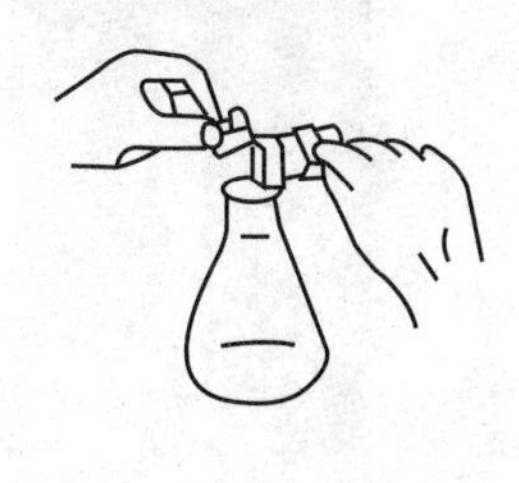

图 1-1-13　称量瓶的使用方法

离心处理，使所含脂肪分离析出并位于液体上层，直接读取乳脂计分度表上脂肪量值，即为脂肪含量。

(1) 盖勃乳脂计的各种规格

① 0～1%的乳脂计，用于测定脱脂乳和乳清、乳清粉；

② 0～4%的乳脂计，用于测定脱脂乳、乳清、乳粉和炼乳；

③ 0～5%、0～6%、0～7%、0～8%、0～9%、0～10%的乳脂计，用于测定生鲜乳和全脂乳；

④ 0～40%、0～70%、0～90%的乳脂计，为奶油乳脂计。

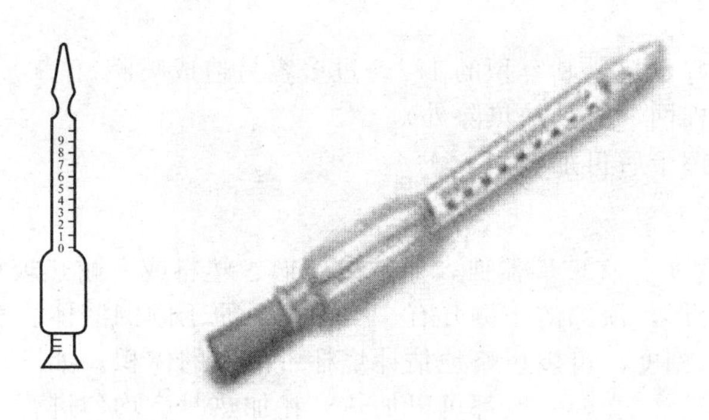

图 1-1-14　盖勃乳脂计

(2) 使用注意事项

① 加样品时，勿沾湿颈口。橡胶塞大小应该合适，如有破损或老化时应及时更换。

② 检验完应立即将液体倒掉，用清水冲洗干净或用洗涤剂浸泡一下，再洗净。若比较脏时用重铬酸钾洗液浸泡清洗。

③ 读数时要将乳脂计柱下弯月面放在与眼同一水平面上，以弯月面下限为准。

8. 乳稠计

乳稠计是利用浮力和重力相平衡的原理测定乳的密度和相对密度，如图 1-1-15 所示。乳的密度受温度影响，所以在测定乳的相对密度时必须同时测定乳的温度，并进行必要的校正。和乳稠计配合作用的还有玻璃圆筒（或 200～250mL 量筒），圆筒高应大于乳稠计的长度，其直径大小应使乳稠计沉入后，玻璃圆筒（或量筒）内壁与乳稠计的周边距离不小于5mm。具体测定方法见模块一任务五。

9. 锥形瓶

锥形瓶又称三角烧瓶，是由硬质玻璃制成的纵剖面呈三角形状的滴定反应器。如图 1-1-16 所示。其口小、底大，有利于滴定过程进行振荡时，反应充分而液体不易溅出。该容器可以在水浴或电炉上加热。

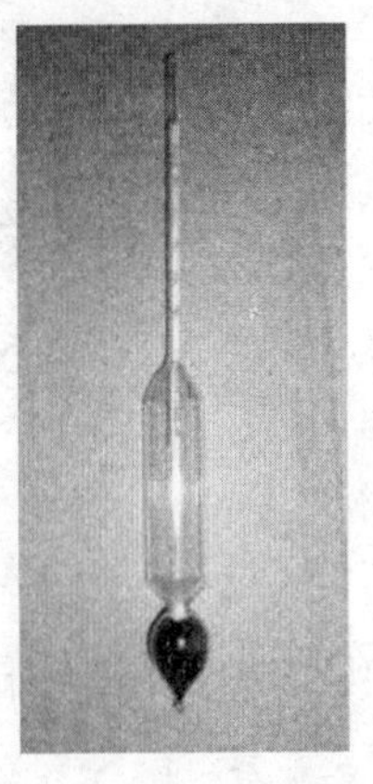

图 1-1-15　乳稠计

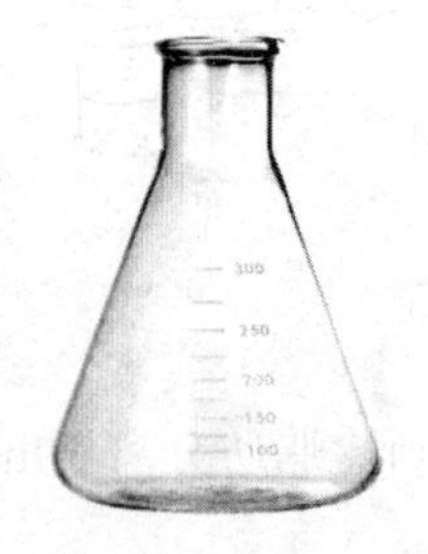

图 1-1-16　锥形瓶

锥形瓶为平底窄口的锥形容器，一般使用于滴定实验中。为了防止滴定液下滴时溅出瓶外，造成实验的误差，再将瓶子放在磁搅拌器上搅拌。也可以用手握住瓶颈以手腕晃动，即可顺利地搅拌均匀。

锥形瓶亦可用于普通实验中制取气体或作为反应容器。其锥形结构相对稳定，不会倾倒。

使用注意事项：

① 注入的液体最好不超过其容积的 1/2，过多容易造成喷溅。

② 加热时使用石棉网（电炉加热除外）。

③ 锥形瓶外部要擦干后再加热。

10. 烧杯

烧杯是一种常见的实验室玻璃器皿，通常由玻璃、塑料或者耐热玻璃制成。烧杯呈圆柱形，顶部的一侧开有一个槽口，便于倾倒液体。有些烧杯外壁还标有刻度，可以粗略地估计烧杯中液体的体积。如图 1-1-17 所示。

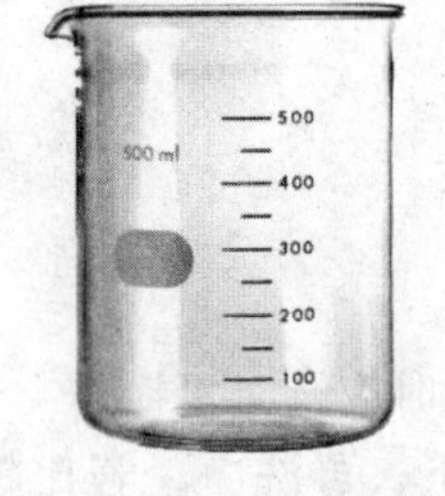

图 1-1-17　烧杯

烧杯一般都可以加热，在加热时应均匀进行，最好不要干烧。

烧杯经常用作常温或加热情况下配制溶液、溶解物质和较大量物质的反应容器。在操作时，经常会用玻璃棒或者磁力搅拌器来进行搅拌。

常见的烧杯的规格有：5mL，10mL，15mL，25mL，50mL，100mL，250mL，300mL，400mL，500mL，600mL，800mL，1000mL，2000mL，3000mL，5000mL。

使用烧杯应注意如下事项：

① 给烧杯加热时要垫上石棉网，以均匀供热。不能用火焰直接加热烧杯，因为烧杯底面大，用火焰直接加热，只可烧到局部，使玻璃受热不均而引起炸裂。加热时，烧杯外壁需擦干。

② 用于溶解时，液体的量以不超过烧杯容积的 1/3 为宜，并用玻璃棒不断轻轻搅拌。溶解或稀释过程中，用玻璃棒搅拌时，不要触及杯底或杯壁。

③ 盛液体加热时，不要超过烧杯容积的 2/3，一般以烧杯容积的 1/2 为宜。

④ 加热腐蚀性药品时，可将一表面皿盖在烧杯口上，以免液体溅出。

⑤ 不可用烧杯长期盛放化学药品，以免落入尘土和使溶液中的水分蒸发。

⑥ 不能用烧杯量取液体。

11. 量筒

量筒是用来量取液体的一种玻璃仪器。其规格以所能量度的最大容量（mL）表示，常用的有 10mL、25mL、50mL、100mL、250mL、500mL、1000mL 等，外壁刻度都是以 mL 为单位，10mL 量筒每小格表示 0.2mL，而 50mL 量筒每小格表示 1mL。如图 1-1-18 所示。量筒越大，管径越粗，其精确度越小，由视线的偏差所造成的读数误差也越大。读数时视线应与刻线平齐，俯视或仰视均会带来误差，如图 1-1-19 所示。实验中应根据所取溶液的体积，尽量选用能一次量取的最小规格的量筒。分次量取也能引起误差。如量取 70mL 液体，应选用 100mL 量筒。

量筒一般只能用于精度要求不很严格时使用，通常应用于定性分析方面，一般不用于定量分析，因为量筒的误差较大。量筒一般不需估读，因为量筒是粗量器。量筒不能直接加热，不能在量筒里进行化学反应。向量筒里注入液体时，应用左手拿住量筒，使量筒略倾斜，右手拿试剂瓶，使瓶口紧挨着量筒口，使液体缓缓流入。待注入的量比所需要的量稍少时，把量筒放平，改用胶头滴管滴加到所需要的量。读数时应把量筒放在平整的桌面上，观察刻度时，视线与量筒内液体的凹液面的最低处保持水平，再读出所取液体的体积数。否则，读数会偏高或偏低。

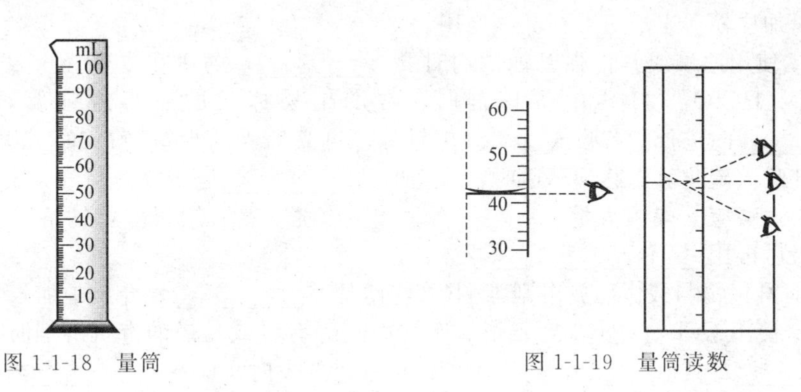

图 1-1-18　量筒　　　　图 1-1-19　量筒读数

五、 常用玻璃仪器的清洗及保存

实验室常用玻璃器皿必须经常清洗并保持洁净，污染原因主要是黏附了油脂等有机物质。没有洗净的玻璃器皿，用水冲淋时，玻璃表面附着水滴。洗涤时，可用毛刷、海绵蘸上洗涤剂洗刷，但光学器皿（如比色皿）和计量容器不允许用含摩擦材料的洗涤剂，洗涤可用化学洗液或王水（浓硝酸和浓盐酸为 1∶3 的混合液），它们都是氧化性极强的洗涤剂。

1. 清洗

（1）新购玻璃器皿的清洗　新购的玻璃器皿，其表面附有大量的灰尘和碱性物质，可以用肥皂水浸泡、刷洗，用自来水冲洗干净后，再用 1%～2% 盐酸溶液浸泡 12h 以上，然后用自来水反复冲洗，最后用蒸馏水冲洗 2～3 次（视实验要求再用二次蒸馏水或去离子水冲洗 2～3 次）。

（2）使用过的玻璃器皿的清洗

① 一般玻璃器皿的清洗　如试管、烧杯等用过后先用自来水反复冲洗、去掉污物，再用大小合适的毛刷蘸肥皂水刷洗。如果有不易洗刷掉的干涸物质，可加适当的去污粉刷洗。用自来水反复冲去肥皂和去污粉，将器皿倒置，如器皿壁上带有水珠，表明尚未清洗干净，应当重复上述清洗方法，直到没有水珠出现为止。最后用蒸馏水冲洗 2～3 次即可。

② 带有刻度的器皿的清洗　移液管、滴定管、容量瓶等用过后放在凉水中浸泡，用水反复冲去遗留液、污物后，晾干，浸泡在洗液中，浸泡的时间视洗液的好坏而定，一般来说，新配制的洗液浸泡 2h 即可，用过一段时间已经不好而且氧化能力很差的洗液，浸泡时间应当相应延长。浸泡过的器皿用自来水反复冲洗，确认洗液已经清洗干净，倒置检查不再

出现水珠后，再用蒸馏水冲洗 2～3 次。

③ 容器中油污的清洗　先倒去油污液，用适量有机溶剂，如乙醚、丙酮反复荡洗，尽可能把油脂类物质提取出去，然后再用肥皂水刷洗。切忌将带有油污和大量有机物的器皿直接放入洗液中浸泡，因为这样会使洗液变绿失效。

2. 干燥

一般的玻璃器皿可以放在烘箱内 80～100℃干燥，但带有刻度的玻璃器皿应当自然干燥或在 60℃以下的烘箱内烘干。反复的高温干燥可能影响量器的准确性。同时干燥时最好不开鼓风，防止灰尘污染。

目标自测

1. 禁止在实验室内＿＿＿＿＿、＿＿＿＿＿和＿＿＿＿＿。

2. 各种玻璃容器（例如量杯、烧杯、量筒、刻度吸管等，以及不同型号国产与进口微量加样器等）应＿＿＿＿＿使用。

3. 使用浓碱或其他强腐蚀试剂时要＿＿＿＿＿，勿溅在皮肤、衣服、鞋袜上，用 HNO_3、$HClO_4$、H_2SO_4 等试剂时，常产生易挥发的有毒或强腐蚀气体，要在＿＿＿＿＿内进行。若吸入氯、氯化氢等，可立即吸入少量酒精和乙醇的混合蒸气解毒；若吸入硫化氢而感到不适时，应立即到＿＿＿＿＿呼吸新鲜空气；眼睛或皮肤溅上强酸、强碱应立即用大量＿＿＿＿＿＿＿＿冲洗，然后用碳酸氢钠溶液或硼酸溶液冲洗，最后再用＿＿＿＿＿＿＿＿冲洗。

4. 氰化物与酸作用放出剧毒 HCN，严禁在＿＿＿＿＿性介质中加入氰化物。

5. 使用 CCl_4、$CHCl_3$、乙醚、苯、丙酮等有毒或易燃的有机溶剂时，一定要远离＿＿＿＿＿及其他＿＿＿＿＿，敞口操作并有挥发时，应在＿＿＿＿＿内进行，用后盖紧瓶塞，置＿＿＿＿＿处存放，用过的废液倒入回收瓶，不要倾入水槽中。

6. 打开浓硫酸、浓硝酸、浓氨水瓶塞时应戴＿＿＿＿＿，并在＿＿＿＿＿中进行，稀释硫酸用的容器、烧杯、锥形瓶要放在＿＿＿＿＿，只能将＿＿＿＿＿慢慢倒入＿＿＿＿＿中，并不断搅拌，温度过高时，应冷却或降温后再继续进行，严禁将＿＿＿＿＿倒入＿＿＿＿＿中。

7. 离开实验室时，必须逐个认真检查＿＿＿＿＿、＿＿＿＿＿，关闭好水、电、门窗；遇到触电事故，首先切断电源，必要时进行人工呼吸；酒精、苯或乙醚等着火，立即用＿＿＿＿＿或＿＿＿＿＿扑火；电器设备着火，必须先＿＿＿＿＿，再用 CO_2 或 CCl_4 灭火器灭火。

8. 所有药品、样品必须贴有醒目的标签，注明＿＿＿＿＿、＿＿＿＿＿、＿＿＿＿＿以及＿＿＿＿＿等，标签字迹要清楚，绝对不要在容器内装入与标签不相符的物品。

9. 用移液管吸取有毒或腐蚀性液体时，管尖必须插入＿＿＿＿＿，防止夹带空气使液体冲出，用＿＿＿＿＿吸取，禁止用嘴代替＿＿＿＿＿。

10. 停电、停水时，要及时切断＿＿＿＿＿，关闭＿＿＿＿＿。

11. 若皮肤、眼、鼻遇强酸受伤时，可用大量＿＿＿＿＿或 2%＿＿＿＿＿溶液冲洗或漱口。强碱中毒后要迅速用＿＿＿＿＿冲洗，再用＿＿＿＿＿或 2%＿＿＿＿＿充分洗涤。

项目二　化学试剂与试剂的配制

学习目标

1. 了解化学试剂的分类及保管。
2. 了解溶液浓度的表示方法。
3. 掌握化学试剂的配制方法。
4. 了解常用标准溶液的配制方法。
5. 能够完成 0.1mol/L NaOH 标准溶液的配制及标定。

一、 化学试剂

化学试剂作为检验各种化学物质的质量标准，是一种重要的化学物质。化学试剂的纯度对分析结果准确度的影响很大，不同的分析工作对试剂纯度的要求也不同。因此，必须了解化学试剂的性质、类别、用途等方面的知识，以便合理选择、正确使用、妥善管理。

1. 化学试剂的分类

化学试剂种类繁多，我国生产的化学试剂已达百万余种，按化学物质的基本分类方法，可以分为无机化学试剂和有机化学试剂两大类。无机化学试剂可分为单质和化合物两类。单质又分为金属和非金属，化合物又分为氧化物、酸、碱和盐几类。

市售化学试剂，以其中杂质含量多少分为四个等级，见表 1-1-1。

表 1-1-1　化学试剂分级表

等级	一级试剂	二级试剂	三级试剂	四级试剂
名称	优级纯	分析纯	化学纯	生化试剂
符号	GR	AR	CP	BR
标签颜色	绿色	红色	蓝色	棕色
适用范围	科学研究及精密分析实验	一般分析实验	一般化学实验	生物化学实验

2. 化学试剂的称量、 使用及保管

（1）在称量配制药品前，要先认清标签或其他注释。

（2）拿药品时标签向着掌心，打开药品，瓶盖要倒置在桌面上。

（3）固体试剂应保存在广口瓶中，液体试剂盛在细口瓶中。称量固体试剂时，用称量纸或小烧杯，药勺（匙）应干净且每种药品使用一个，不要交换使用，液体药品用吸管、干净的量筒或烧杯，勿用药勺。多余的药品放回原试剂中，以防污染。

（4）易氧化的试剂（如氯化亚锡、低价铁盐等）、易风化或潮解的试剂（氯化铝、氢氧化钠等）使用过后应密封瓶口。

（5）易受光分解的试剂（如高锰酸钾、硝酸银等），应贮存在棕色瓶中，并存放在暗处。

（6）易受热分解的试剂和易挥发的试剂应保存在阴凉处或冰箱中。

(7) 剧毒试剂，必须存放在保险橱中，加锁保管。取用时要有两人以上共同操作，并记录用途和用量，随用随取，严格管理。

二、 化学试剂的配制

1. 溶液浓度的表示方法

(1) 物质的量浓度　物质的量浓度（c_B）是指单位体积溶液中所含溶质的物质的量，这种浓度的表达式为

$$c_B=\frac{溶质的物质的量}{溶液的体积}=\frac{n_B}{V}$$

式中　c_B——物质的量浓度，mol/L；

n_B——溶质B的物质的量，mol；

V——溶液的体积，L。

(2) 质量分数　溶质B的质量与溶液的质量之比称为溶质B的质量分数，用 ω_B 表示。

$$\omega_B=\frac{m_B}{m}$$

式中　ω_B——溶质B的质量分数；

m_B——溶质B的质量；

m——溶液的质量。

(3) 体积百分比浓度　100mL溶液中所含溶质的体积（mL）数，如95%乙醇，就是100mL溶液中含有95mL乙醇和5mL水。

(4) 体积比浓度　体积比浓度是指用溶质与溶剂的体积比表示的浓度，如1∶1盐酸，即表示1体积量的盐酸和1体积量的水混合的溶液。

2. 一般酸、碱、盐溶液的配制

(1) 酸溶液的稀释

例：如何用2mol/L HCl溶液配制成1L 0.1mol/L HCl溶液？

解：设取2mol/L HCl　V mL，则

$$2\times V=0.1\times 1000$$

$$V=50(\text{mL})$$

(2) 碱溶液的配制　在台秤或托盘天平上称出所需的碱，溶于适量水中，再稀释到所需的体积。例如，配制1L 2mol/L NaOH溶液，称取80g固体NaOH，溶于适量水中，因溶解时发热，待冷却后，稀释至1L。

(3) 盐溶液的配制　配制大多数盐溶液时，在台秤或托盘天平上称取一定量的试剂溶于适量水中，再加水稀释。但是有一些易水解的盐，配制溶液时，需加入水或稀酸稀释。有些易被氧化或还原的盐，常在使用前临时配制，或采取措施，防止氧化或还原。

例如，配制1L 0.1mol/L $CuSO_4$ 溶液，称取25g$CuSO_4 \cdot H_2O$，溶于适量水中，再用水稀释至1L。

3. 标准溶液的配制

标准溶液是已知准确浓度的溶液，在滴定分析中用作滴定剂，以滴定被测物质。

能用于直接配制或标定标准溶液的物质，称为基准物质。基准物质应符合下列要求。

① 物质必须具有足够的纯度，其纯度要求≥99.9%，通常用基准试剂或优级纯物质；

② 物质的组成应与化学式相符合；

③ 试剂性质稳定；

④ 基准物质的摩尔质量应尽可能大，这样称量的相对误差就较小。

配制标准溶液的方法一般有两种，即直接法和间接法。

(1) 直接法　准确称取一定量的基准物质，溶解后定量转移入容量瓶中，加蒸馏水稀释至一定刻度，充分摇匀。根据称取基准物质的质量和容量瓶的容积，计算其准确浓度。浓度计算公式为

$$c=\frac{n}{V}=\frac{\frac{m}{M}}{V}=\frac{m}{MV}$$

式中　c——标准溶液的浓度，mol/L；

n——基准物物质的量，mol；

V——标准溶液的体积，L。

m——基准物质的质量，g；

M——基准物质的摩尔质量，g/mol。

(2) 间接法（标定法）　对于不符合基准物质条件的试剂，不能直接配制成标准溶液，可采用间接法，即先配制近似于所需浓度的溶液，然后用基准物质或另一种标准溶液来标定它的准确浓度。例如，HCl 易挥发且纯度不高，只能粗略配制成近似浓度的溶液，然后以无水碳酸钠为基准物质，标定 HCl 溶液的准确浓度。标定方法如下。

① 基准物质标定　基准物质标定可以采取称量法：准确称取 n 份基准物质，分别溶于适量水中，用待标定标准滴定溶液滴定，根据基准物的质量及消耗待标定标准溶液的体积计算其准确浓度，以 n 次浓度平均值作为其最后标定结果。

② 标准溶液标定　就是取一定体积待标定的标准溶液，用另一种已知准确浓度的标准溶液滴定，根据待标定标准溶液的体积以及另一种标准溶液的浓度及消耗体积，计算待标定标准溶液的准确浓度。

这种方法比较简便，但它的准确度不及直接标定高。因为确定标准溶液的浓度时，已经存在误差，再用它来标定待标定溶液的浓度，又将引入误差。由于误差积累，对结果影响较大。

4. 常用标准溶液的配制

(1) 氢氧化钠标准溶液的配制和标定（依据国标 GB/T 5009.1—2003）

$$c(\mathrm{NaOH})=1\mathrm{mol/L}$$

$$c(\mathrm{NaOH})=0.5\mathrm{mol/L}$$

$$c(\mathrm{NaOH})=0.1\mathrm{mol/L}$$

① 氢氧化钠标准溶液的配制　称取 120g NaOH，溶于 100mL 无 CO_2 的水中，摇匀，注入聚乙烯容器中，密闭放置至溶液清亮。用塑料管吸取下列规定体积的上层清液，注入无 CO_2 的水中并稀释至 1000mL，摇匀。

$c(NaOH)/(mol/L)$	NaOH 饱和溶液/mL
1	56
0.5	28
0.1	5.6

② 氢氧化钠标准溶液的标定

a. 测定方法。称取下列规定量的、于 105～110℃电烘箱烘至恒重的工作基准试剂邻苯二甲酸氢钾，称准至 0.0001g，溶于下列规定体积的无 CO_2 的水中，加 2 滴酚酞指示液(10g/L)，用配制好的 NaOH 溶液滴定至溶液呈粉红色并保持 30s。同时做空白试验。

$c(NaOH)/(mol/L)$	基准邻苯二甲酸氢钾/g	无 CO_2 水/mL
1	6.0	80
0.5	3.0	80
0.1	0.6	80

b. 计算。氢氧化钠标准溶液浓度按下式计算：

$$c(NaOH)=\frac{M}{(V-V_0)\times 0.2042}$$

式中 $c(NaOH)$ ——氢氧化钠标准溶液的浓度，mol/L；

V——消耗氢氧化钠的量，mL；

V_0——空白试验消耗氢氧化钠的量，mL；

M——邻苯二甲酸氢钾的质量，g；

0.2042——邻苯二甲酸氢钾的摩尔质量，kg/mol。

(2) 盐酸标准溶液的配制和标定（依据国标 GB/T 5009.1—2003)

$c(HCl)=1mol/L$

$c(HCl)=0.5mol/L$

$c(HCl)=0.1mol/L$

① 盐酸标准溶液的配制　量取下列规定体积的盐酸，注入 1000mL 水中，摇匀。

$c(HCl)/(mol/L)$	HCl/mL
1	90
0.5	45
0.1	9

② 盐酸标准溶液的标定

a. 测定方法。称取下列规定量的、于 270～300℃灼烧至质量恒定的基准无水碳酸钠，称准至 0.0001g，溶于 50mL 水中，加 10 滴溴甲酚绿-甲基红混合指示液，用配制好的盐酸溶液滴定至溶液由绿色变为紫红色，再煮沸 2min，冷却后，继续滴定至溶液再呈暗紫色。同时做空白试验。

$c(HCl)/(mol/L)$	基准无水碳酸钠/g	无 CO_2 水/mL
1	1.5	50
0.5	0.8	50
0.1	0.15	50

b. 计算。盐酸标准溶液的浓度按下式计算：

$$c(HCl)=\frac{M}{(V-V_0)\times 0.0530}$$

式中 $c(HCl)$ ——盐酸标准溶液的浓度，mol/L；

M——无水碳酸钠的质量，g；

V——盐酸溶液的用量，mL；

V_0——空白试验中盐酸溶液的用量，mL；

0.0530——无水碳酸钠的摩尔质量，kg/mol。

溴甲酚绿-甲基红混合指示剂：三份 2g/L 的溴甲酚绿乙醇溶液与两份 1g/L 的甲基红乙醇溶液混合。

(3) 硫酸标准溶液的配制和标定（依据国标 GB/T 5009.1—2003）

$$c\left(\frac{1}{2}H_2SO_4\right)=1mol/L$$

$$c\left(\frac{1}{2}H_2SO_4\right)=0.5mol/L$$

$$c\left(\frac{1}{2}H_2SO_4\right)=0.1mol/L$$

① 硫酸标准溶液的配制　量取下列规定体积的硫酸，缓缓注入 1000mL 水中，冷却，摇匀。

$\frac{1}{2}H_2SO_4$/(mol/L)	H_2SO_4/mL
1	30
0.5	15
0.1	3

② 硫酸标准溶液的标定

a. 测定方法。称取下列规定量的、于 270～300℃灼烧至恒定的基准无水碳酸钠，称准至 0.0001g，溶于 50mL 水中，加 10 滴溴甲酚绿-甲基红混合指示液，用配制好的硫酸溶液滴定溶液由绿色变为暗红色，煮沸 2min，冷却后继续滴定至溶液再呈暗红色。同时做空白试验。

$c(\frac{1}{2}H_2SO_4)$/(mol/L)	基准无水碳酸钠/g	无 CO_2 水/mL
1	1.5	50
0.5	0.8	50
0.1	0.15	50

b. 计算。硫酸标准溶液的浓度按下式计算：

$$c(\frac{1}{2}H_2SO_4)=\frac{M}{(V_1-V_0)\times 0.0530}$$

式中 $c\left(\frac{1}{2}H_2SO_4\right)$——硫酸标准溶液的浓度，mol/L；

M——无水碳酸钠的质量，g；

V_1——硫酸溶液的用量，mL；

V_0——空白试验中硫酸的用量，mL；

0.0530——无水碳酸钠的摩尔质量，kg/mol。

（4）硝酸银标准溶液的配制和标定（依据国标 GB/T 5009.1—2003）

$$c(AgNO_3)=0.1mol/L$$

① 硝酸银标准溶液的配制

a. 硝酸银溶液。称取 17.5g 硝酸银，溶于 1000mL 水中，摇匀，溶液保存于棕色瓶中。

b. 淀粉指示液。称取 0.5g 可溶性淀粉，加入约 5mL 水，搅匀后缓缓倾入 100mL 沸水中，随加随搅拌，煮沸 2min，放冷，备用。此指示液应临用时配制。

c. 荧光黄指示液。称取 0.5g 荧光黄，用乙醇溶解并稀释至 100mL。

② 硝酸银标准溶液的标定

a. 测定方法。称取 0.2g 于 270℃干燥至质量恒定的基准氯化钠（称准至 0.0001g），溶于 50mL 水中使之溶解，加入 5mL 淀粉指示液，边摇动边用 $AgNO_3$ 标准溶液滴定，避光滴定，近终点时，加入 3 滴荧光黄指示液，继续滴定浑浊液由黄色变为粉红色。同时做空白试验。

b. 计算。硝酸银标准溶液的浓度按下式计算：

$$c(AgNO_3)=\frac{M}{(V-V_0)\times 0.05844}$$

式中 $c(AgNO_3)$——硝酸银标准溶液的浓度，mol/L；

M——氯化钠的质量，g；

V——硝酸银溶液的用量，mL；

V_0——空白试验中消耗硝酸银的量，mL；

0.05844——氯化钠的摩尔质量，kg/mol。

（5）碳酸钠标准溶液的配制和标定（依据国标 GB/T 601—2002）

① 配制　称取下列规定质量的无水碳酸钠，溶于 1000mL 水中，摇匀。

$c\left(\frac{1}{2}Na_2CO_3\right)$/(mol/L)	Na_2CO_3/g
1	53
0.1	5.3

② 标定　量取 35.00～40.00mL 配制好的碳酸钠溶液，加如下规定体积的水，加 10 滴溴甲酚绿-甲基红混合指示液，用下列规定的相应浓度的盐酸标准滴定溶液滴至溶液由绿色变为暗红色，煮沸 2min，冷却后继续滴定至溶液再呈暗红色。同时做空白试验。

$c\left(\frac{1}{2}Na_2CO_3\right)$/(mol/L)	加入水的体积/mL	$c(HCl)$/(mol/L)
1	50	1
0.1	20	0.1

③ 计算　碳酸钠标准溶液的浓度按下式计算：

$$c(\frac{1}{2}Na_2CO_3)=\frac{V_1c_1}{V}$$

式中 $c\left(\frac{1}{2}Na_2CO_3\right)$——碳酸钠标准溶液的浓度，mol/L；

V_1——盐酸标准滴定溶液的用量，mL；

c_1——盐酸标准滴定溶液的浓度的准确数值，mol/L；

V——碳酸钠溶液的体积的准确数值，mL。

（6）高锰酸钾标准溶液的配制和标定（依据国标 GB/T 5009.1—2003）

$$c\left(\frac{1}{5}KMnO_4\right)=0.1mol/L$$

① 配制　称取 3.3g 高锰酸钾，加 1000mL 水。煮沸 15min。加塞静置 2 天以上，用垂熔漏斗过滤，置于具玻璃塞的棕色瓶中密塞保存。

② 标定　准确称取 0.2g 在 110℃干燥至恒重的基准草酸钠，加入 250mL 新煮沸过的冷水、10mL 硫酸，搅拌使之溶解。迅速加入约 25mL 的高锰酸钾溶液，待褪色后，加热至 65℃，继续用高锰酸钾溶液滴定至溶液呈微红色，并保持 0.5min 不褪色。在滴定终了时，溶液温度应不低于 55℃。同时做空白试验。

③ 计算　高锰酸钾标准溶液的浓度按下式计算：

$$c\left(\frac{1}{5}KMnO_4\right)=\frac{M}{(V_1-V_0)\times 0.0670}$$

式中 $c\left(\frac{1}{5}KMnO_4\right)$——高锰酸钾标准溶液的浓度，mol/L；

M——草酸钠的质量，g；

V_1——高锰酸钾标准溶液的用量，mL；

V_0——空白试验中高锰酸钾标准溶液的用量，mL；

0.0670——草酸钠的摩尔质量，kg/mol。

（7）氯化钠标准溶液的配制和标定（依据国标 GB/T 601—2002）

$$c(NaCl)=0.1mol/L$$

方法一：

① 配制　称取 5.9g 氯化钠，溶于 1000mL 水中，摇匀。

② 标定　量取 35.00～40.00mL 配制好的氯化钠溶液，加 40mL 水、10mL 淀粉溶液（10g/L），以 216 型银电极作指示电极、217 型双盐桥饱和甘汞电极作参比电极，用硝酸银标准溶液[$c(AgNO_3)=0.1mol/L$]滴定，并按相应的规定计算 V_0。

③ 计算　氯化钠标准溶液的浓度按下式计算：

$$c(NaCl)=\frac{V_0 c_1}{V}$$

式中 $c(NaCl)$——氯化钠标准溶液的浓度，mol/L；

V_0——硝酸银标准滴定溶液的用量，mL；

c_1——硝酸银标准滴定溶液的浓度的准确数值，mol/L；

V——氯化钠溶液的体积的准确数值，mL。

方法二：

① 配制　称取(5.84±0.30)g已于(550±50)℃的高温炉中灼烧至质量恒定的工作基准氯化钠，溶于水，移入1000mL容量瓶中，稀释至刻度。

② 计算　氯化钠标准溶液的浓度按下式计算：

$$c(\mathrm{NaCl})=\frac{M\times1000}{V\times58.442}$$

式中　$c(\mathrm{NaCl})$——氯化钠标准溶液的浓度，mol/L；

M——氯化钠的质量，g；

V——配制氯化钠标准溶液的准确体积，mL；

58.442——氯化钠的摩尔质量，g/mol。

(8) 硫代硫酸钠标准溶液的配制和标定（依据国标GB/T 5009.1—2003）

$$c(\mathrm{Na_2S_2O_3})=0.1\mathrm{mol/L}$$

① 配制　称取26g硫代硫酸钠($Na_2S_2O_3\cdot5H_2O$)或16g无水硫代硫酸钠，及0.2g无水碳酸钠，加入适量新煮沸过的冷水使之溶解，并稀释至1000mL，混匀，放置一个月后过滤备用。

② 标定　准确称取0.15g在120℃干燥至恒量的基准重铬酸钾，置于碘量瓶中，加入50mL水使之溶解。加入2g碘化钾及20mL硫酸溶液（1+8），密塞，摇匀，放置暗处10min后用250mL水稀释。用硫代硫酸钠溶液滴定至溶液呈浅黄绿色，再加3mL淀粉指示剂（称取0.5g可溶性淀粉，加入约5mL水，搅匀后缓缓倾入100mL沸水中，随加随搅拌，煮沸2min，放冷，备用。此指示液应临用时配制），继续滴定至溶液由蓝色消失而显亮绿色。反应液及稀释用水的温度不应超过20℃。同时做空白试验。

③ 计算　硫代硫酸钠标准溶液的浓度按下式计算：

$$c(\mathrm{Na_2S_2O_3})=\frac{M}{(V_1-V_0)\times0.04903}$$

式中　$c(\mathrm{Na_2S_2O_3})$——硫代硫酸钠标准溶液的浓度，mol/L；

M——重铬酸钾的质量，g；

V_1——硫代硫酸钠标准溶液的用量，mL；

V_0——空白试验用硫代硫酸钠标准溶液的用量，mL；

0.04903——重铬酸钾的摩尔质量，kg/mol。

5. 洗涤剂的配制

(1) 铬酸洗涤液（重铬酸钾的硫酸溶液）　该洗涤液的配制浓度各有不同，从5%～12%的各种浓度都有。其配制方法大致相同：取一定量的$K_2Cr_2O_7$（工业品即可），先用约1～2倍的水加热溶解，稍冷后，将工业品浓H_2SO_4所需体积数徐徐加入$K_2Cr_2O_7$溶液中（千万不能将水或溶液加入H_2SO_4中），边倒边用玻璃棒搅拌，并注意不要溅出，混合均匀，待冷却后，装入洗液瓶备用。例如，配制12%的洗液500mL。取60g工业品$K_2Cr_2O_7$置于100mL水中（加水量不是固定不变的，以能溶解为度），加热溶解，冷却，徐徐加入浓H_2SO_4 340mL，边加边搅拌，冷后装瓶备用。

铬酸洗涤液具有强氧化性、腐蚀性，去除油污效果极佳，对玻璃仪器极少有侵蚀作用。这种洗液在实验室内使用最广泛。常用于不易用刷子刷洗的器皿，但作用比较慢，因此使用时需将洗涤液倒入要洗涤的器皿中浸泡数分钟。在使用过程中，应避免稀释，并防止对衣物、皮肤造成腐蚀。铬酸洗涤液使用后，应倒回原来容器内以反复使用。如果洗涤液颜色变绿（还原成Cr^{3+}），表示洗液已无氧化洗涤力，必须回收后统一处理，再重新配制。

（2）碱性乙醇洗液　2.5g KOH溶于少量水中，再用乙醇稀释至100mL或120g NaOH溶解于150mL水中用95%乙醇稀释至1L，主要用于去油污及某些有机物。

（3）盐酸-乙醇洗液　盐酸和乙醇以1∶1体积比混合，是还原性强酸溶液，适用于洗去多种金属离子的沾污。比色皿常用此洗液洗涤。

（4）纯酸洗液　用盐酸（1+1）、硫酸（1+1）、硝酸（1+1）或等体积浓硝酸+浓硫酸均可配制，用于清洗碱性物质沾污或无机物沾污。

（5）有机溶液洗涤液　有机溶剂如汽油、丙酮、苯、乙醚、二氯乙烷、酒精等，可先去油污及能溶于溶剂的有机物。使用这类溶剂时，注意其毒性及可燃性。有机溶液价格较高，毒性较大。能用刷子洗刷的大件仪器尽量采用碱性洗液。只有无法使用刷子的小件或特殊形状的仪器才使用有机溶液洗涤，如活塞孔、移液管尖头、滴定管尖头、滴定管活塞孔、滴管、小瓶等。

（6）合成洗涤剂　合成洗涤剂高效、低毒，既能溶解油污，又能溶于水，对玻璃器皿的腐蚀性小，不会损坏玻璃，是洗涤玻璃器皿的最佳选择。

目标自测

1. 市售化学试剂，以其中杂质含量多少分为四个等级，分别是________、________、________以及________。其符号分别是________、________、________以及________。
2. 拿药品时标签向着掌心，打开药品，瓶盖要________在桌面上。
3. 固体试剂应保存在________瓶中，液体试剂盛在________瓶中。
4. 易受光分解的试剂应贮存在________瓶中，并存放在暗处。
5. 物质的量浓度（c_B）是指________。
6. 配制标准溶液的方法一般有两种，即________和________。
7. 氢氧化钠标准溶液的配制和标定常用的基准物质是________。
8. 在滴定分析法中常用________判断滴定的终点。
9. 铬酸洗涤液的浓度一般可配制为________至________。

项目三　分析结果的表示与数据处理

学习目标

1. 了解准确度与精密度的概念及区别。
2. 了解偏差的概念及相对偏差在实际中的应用。
3. 掌握误差产生的原因及误差减免的方法。
4. 掌握有效数字的概念、数字的修约及运算。
5. 掌握分析结果的表示方法。

一、定量分析的误差

1. 准确度与精密度

准确度是指分析结果与真实值相接近的程度。它们之间的差值越小，则分析结果的准确度就越高。

为了获得可靠的分析结果，在实际分析中，人们总是在相同条件下对试样平行测定几份，然后取平均值，如果几个数据比较接近，说明分析的精密度高。所谓精密度就是几次平行测定结果相互接近的程度。

精密度是保证准确度的先决条件。精密度差，所测结果不可靠，就失去了衡量准确度的前提。对于教学实验来说，首先要重视测量数据的精密度。

高的精密度不一定能保证高的准确度，但可以找出精密而不准确的原因，而后加以校正，就可以使测定结果既精密又准确。

2. 误差的表示

（1）误差　准确度的高低用误差来衡量。误差表示测定结果与真实值的差异，差值越小，误差就越小，即准确度越高。误差一般用绝对误差和相对误差来表示。绝对误差表示测定值与真实值之差。相对误差是指绝对误差在真实值中所占的百分率。绝对误差和相对误差都有正值和负值，分别表示分析结果偏高或偏低。由于相对误差能反映误差在真实值中所占的比例，故常用相对误差来表示或比较各种情况下测定结果的准确度。

（2）偏差　在实际分析工作中，真实值并不知道，一般是取多次平行测定值的算术平均值来表示分析结果，各次测定值与平均值之差称为偏差。偏差的大小可表示分析结果的精密度，偏差越小说明测定值的精密度越高。偏差也分为绝对偏差和相对偏差。

绝对偏差指某一次测量值与平均值的差值。绝对偏差 d 为某单次测定结果（x_i）与平行测定各单次测定结果的平均值之差。

相对偏差 d_r 指某一次测量的绝对偏差占平均值的百分比。相对偏差只能用来衡量单项测定结果相对平均值的偏离程度。即：

绝对偏差＝单次测定值－平均值

相对偏差＝[(单次测定值－平均值)/平均值]×100％

如，在一次实验中得到的测定值分别是17.16％、17.18％和17.17％，则绝对偏差为：

$$d_1=17.16\%-17.17\%=-0.01\%$$

$$d_2=17.18\%-17.17\%=0.01\%$$
$$d_3=17.17\%-17.17\%=0$$

相对偏差为：

$$d_{r1}=[(17.16\%-17.17\%)/17.17\%]\times100\%=-0.058\%$$
$$d_{r2}=[(17.18\%-17.17\%)/17.17\%]\times100\%=0.058\%$$
$$d_{r3}=[(17.17\%-17.17\%)/17.17\%]\times100\%=0$$

（3）公差　由前面的讨论可知，误差与偏差具有不同的含义。前者以真实值为标准，后者是以多次测定值的算术平均值为标准。严格地说，人们只能通过多次反复的测定，得到一个接近于真实值的平均结果，用这个平均值代替真实值来计算误差。显然，这样计算出来的误差还是偏差。因此，在生产部门并不强调误差与偏差的区别，而用“公差”范围来表示允许误差的大小。

公差是生产部门对分析结果允许误差的一种限量，又称为允许误差。如果分析结果超出允许的公差范围称为“超差”。遇到这种情况，则该项分析应该重做。公差范围的确定一般是根据生产需要和实际情况而制定的，所谓根据实际情况是指试样组成的复杂情况和所用分析方法的准确程度。对于每一项具体的分析工作，各主管部门都规定了具体的公差范围。

3. 误差的分类

误差按性质不同可分两类：系统误差和随机误差。

（1）系统误差　这类误差是由某种固定的原因造成的，它具有单向性，即正负、大小都有一定的规律性。当重复进行测定时系统误差会重复出现。若能找出原因，并设法加以校正，系统误差就可以消除，因此也称为可测误差。系统误差产生的主要原因有：

① 方法误差　指分析方法本身所造成的误差。例如，在滴定分析中，由指示剂确定的滴定终点与化学计量点不完全符合以及副反应的发生等，都将系统地使测定结果偏高或偏低。

② 仪器误差　主要是仪器本身不够准确或未经校准所引起的。如天平、砝码和容量器皿刻度不准等，在使用过程中就会使测定结果产生误差。

③ 试剂误差　由于试剂不纯或蒸馏水中含有微量杂质所引起的。

④ 操作误差　是由于操作人员的主观原因造成。例如，对终点颜色变化的判断，有人敏感，有人迟钝；滴定管读数偏高或偏低等。

（2）随机误差　随机误差也称偶然误差。这类误差是由一些偶然和意外的原因产生的，如温度、压力等外界条件的突然变化，仪器性能的微小变化，操作稍有出入等原因引起的。在同一条件下多次测定所出现的随机误差，其大小、正负不定，是非单向性的，因此不能用校正的方法来减少或避免此项误差。

4. 误差的减免

从误差的分类和各种误差产生的原因来看，只有熟练操作并尽可能地减少系统误差和随机误差，才能提高分析结果的准确度。减免误差的主要方法如下。

（1）对照实验　这是用来检验系统误差的有效方法。进行对照实验时，常用已知准确含量的标准试样（或标准溶液），按同样方法进行分析测定以资对照，也可以用不同的分析方法，或者由不同单位的化验人员分析同一试样来互相对照。

在生产中，常常在分析试样的同时，用同样的方法做标样分析，以检查操作是否正确和仪器是否正常，若分析标样的结果符合“公差”规定，说明操作与仪器均符合要求，试样的分析结果是可靠的。

（2）空白试验　在不加试样的情况下，按照试样的分析步骤和条件而进行的测定叫空白试验。得到的结果称为“空白值”。从试样的分析结果中扣除空白值，就可以得到更接近于真实含量的分析结果。由试剂、蒸馏水、实验器皿和环境带入的杂质所引起的系统误差，可以通过空白试验来校正。空白值过大时，必须采取提纯试剂或改用适当器皿等措施来降低。

(3) 校准仪器　在日常分析工作中，因仪器出厂时已进行过校正，只要仪器保管妥善，一般可不必进行校准。在准确度要求较高的分析中，对所用的仪器如滴定管、移液管、容量瓶、天平、砝码等，必须进行校准，求出校正值，并在计算结果时采用，以消除由仪器带来的误差。

(4) 方法校正　某些分析方法的系统误差可用其他方法直接校正。例如，在重量分析中，使被测组分沉淀绝对完全是不可能的，必须采用其他方法对溶解损失进行校正。如在沉淀硅酸后，可再用比色法测定残留在滤液中的少量硅，在准确度要求高时，应将滤液中该组分的比色测定结果加到重量分析结果中去。

(5) 进行多次平行测定　这是减小随机误差的有效方法，随机误差初看起来似乎没有规律性，但事实上偶然中包含有必然性，经过人们大量的实践发现，当测量次数很多时，随机误差的分布服从一般的统计规律：

① 大小相近的正误差和负误差出现的机会相等，即绝对值相近而符号相反的误差是以同等机会出现的；

② 小误差出现的频率较高，而大误差出现的频率较低。

平行测定的次数越多，则测得的算术平均值越接近真值。无限多次测定的平均值，在校正了系统误差的情况下，即为真值。

应该指出，由于操作者的过失，如器皿不洁净、溅失试液、读数或记录差错等而造成的错误结果，是不能通过上述方法减免的，因此必须严格遵守操作规程，认真仔细地进行实验，如发现错误测定结果，应予以剔除，不能用来计算平均值。

二、 有效数字及其运算规则

1. 有效数字及记录规则

为了得到准确的分析结果，不仅要准确测量，而且还要正确地记录和计算，即记录的数字不仅表示数量的大小，而且要正确地反映测量的精确程度。在记录测量数据和计算结果时，应根据所使用的测量仪器的准确度，使所保留的有效数字中，只有最后一位是估计的“不定数字”，即可疑数字。

2. 数字修约规则

为了避免“四舍五入”规则造成的结果偏高、误差偏大的现象出现，一般采用“四舍六入五留双”规则。

(1)“四舍六入五留双”规则的具体方法

① 当尾数小于或等于4时，直接将尾数舍去。

例如，将下列数字全部修约为四位有效数字，结果为：

0.53664→0.5366

10.2731→10.27

18.5049→18.50

0.58344→0.5834

16.4005→16.40

27.1829→27.18

② 当尾数大于或等于6时，将尾数舍去并向前一位进位。

例如，将下列数字全部修约为四位有效数字，结果为：

0.53666→0.5367

8.3176→8.318

16.7777→16.78

0.58387→0.5839

21.0191→21.02

③ 当尾数为5，而尾数后面的数字均为0时，应看尾数“5”的前一位：若前一位数字此时为奇数，就应向前进一位；若前一位数字此时为偶数，则应将尾数舍去。数字“0”在此时应被视为偶数。

例如，将下列数字全部修约为四位有效数字，结果为：

0.153050→0.1530

12.645→12.64

18.2750→18.28

0.153750→0.1538

12.7350→12.74

21.84500→21.84

④ 当尾数为5，而尾数“5”的后面还有任何不是0的数字时，无论前一位在此时为奇数还是偶数，也无论“5”后面不为0的数字在哪一位上，都应向前进一位。

例如，将下列数字全部修约为四位有效数字，结果为：

0.326552→0.3266

12.73507→12.74

21.84502→21.85

12.64501→12.65

18.27509→18.28

38.305010→38.31

按照四舍六入五留双规则进行数字修约时，也应像四舍五入规则那样，一次性修约到指定的位数，不可以进行数次修约，否则得到的结果也有可能是错误的。

例如，将数字10.2749945001修约为四位有效数字时，应一步到位：10.2749945001——10.27（正确）。如果分步修约将得到错误的结果：10.2749945001——10.274995——10.275——10.28（错误）。

（2）数据运算　运算前可比有效数字多留一位，避免误差积累。

例如　1.02，1.23，2.365，5.69874，求和（要求结果保留两位有效数字）。

$$1.02+1.23+2.37+5.70=10.32=10$$

（3）加减法

① 加减运算结果有效数字位数的保留，应以小数点后有效数字位数最少的为准进行取舍。

例如　25.0123，23.75，3.40874，求和。

$$25.0123+23.75+3.40874=52.17104=52.17$$

② 运算时可多保留一位可疑数字。

例如　5.2727，0.075，3.7，2.12，求和。

$$5.27+0.08+3.7+2.12=11.17=11.2$$

（4）乘除法　其有效数字位数，应以其中有效数字位数最少（即相对误差最大）的那个数为准。

(5) 在对数运算中，所取位数应与真数有效位数相等。

(6) 表示准确度和精密度时，百分数只取一位有效数字，最多取两位。

3. 数据的处理

(1) 算术平均值$\overline{x}$

对某试样进行n次测定，测定数据为x_1，x_2，…，x_n，则

$$\overline{x}=\left(\frac{1}{n}\right)(x_1+x_2+\cdots+x_n)=\left(\frac{1}{n}\right)\sum_{i=1}^{n}x_i$$

(2) 极差R

$$R=x_{\max}-x_{\min}$$

(3) 平均偏差$\overline{d}$

$$d_i=x_i-\overline{x}(i=1,2,\cdots,n)$$

然后求其绝对值之和的平均值：

$$\overline{d}=\left(\frac{1}{n}\right)\sum_{i=1}^{n}|d_i|=\left(\frac{1}{n}\right)\sum_{i=1}^{n}|x_i-\overline{x}|$$

(4) 相对平均偏差d_r

$$d_r=\frac{\overline{d}}{\overline{x}}\times100\%$$

(5) 可疑数字的舍弃　在实验中得到的一组数据中，往往有个别数据离群较远，这一数据称为异常值，又称离群值或可疑值。如果这一数据是已知原因的过失造成的，如加错试剂、滴定过量等，则这一数据必须舍去。如果不是这种情况，则对异常值不能随意取舍，特别是测定数据较少时，更应慎重对待。统计学处理异常值的方法有多种，常用的为$4d$法、Q检验法及格鲁布斯法。

$4d$法：可疑值与平均值差值的绝对值若大于等于4倍平均偏差时舍去。

三、分析结果的表示

1. 固体物质

固体试样中待测组分的含量，一般以质量分数表示，在实际工作中通常使用的百分比符号“%”是质量分数的一种表示方法，即表示每百克样品中所含被测物质的质量(g)。当待测组分含量很低时，可采用mg/kg或μg/kg。

2. 液体试样

液体试样中待测组分的含量，可用下列方式表示。

(1) 物质的量浓度　表示待测组分的物质的量除以试液的体积，常用单位mol/L。

(2) 质量摩尔浓度　表示待测组分的物质的量除以试液的质量，常用单位mol/g。

(3) 质量分数　表示待测组分的质量除以试液的质量，量纲为1。

(4) 体积分数　表示待测组分的体积除以试液的体积，量纲为1。

(5) 摩尔分数　表示待测组分的物质的量除以试液的物质的量，量纲为1。

(6) 质量浓度　表示单位体积中某种物质的量，常用单位mg/L。

目标自测

1. 准确度的高低用__________来衡量。

2. 误差表示__________与__________的差异。差值越小，误差就越__________，即准确度越__________。

3. 绝对误差表示__________与__________之差。相对误差是指__________在__________中所占的百分率。

4. 偏差分为__________和__________。偏差的大小可表示分析结果的__________，偏差越小说明测定值的精密度越__________。

5. 系统误差产生的主要原因有__________、__________、__________、__________。

6. 数据的记录应根据分析方法和测量仪器的准确度来决定，只允许保留__________位可疑数字。

7. 数字的修约按__________的规则进行。修约数字时，只允许对原测量值__________次修约到所需要的位数，不能__________修约。

8. 加减运算结果有效数字位数的保留，应以小数点后位数__________的数为依据。乘除法运算结果的有效数字位数，应与其中有效数字位数__________（即相对误差最大）的那个数相对应。

9. 固体试样中待测组分的含量，一般以__________表示，常使用__________符号，是质量分数的一种表示方法，即表示每百克样品中所含被测物质的质量（g）。当待测组分含量很低时，可采用__________或__________。

10. 某试样五次测定结果为：12.42%，12.34%，12.38%，12.33%，12.47%，数据12.47%是否应舍弃？

11. 测定硫酸铵中氮含量为20.84%，已知真实值为20.82%，求其绝对误差和相对误差。

12. 有甲、乙两位同学分别测定同一份浓度为0.1000的溶液，甲同学三次平行测定的结果为：0.1004、0.0997、0.1008；乙同学三次平行测定的结果为0.0983、0.1016、0.1004。试比较甲、乙两位同学分析结果的准确度和精密度。

13. 将下列数字按要求进行修约

0.5580（两位有效数字）__________ 10.6759（四位有效数字）__________。

7.505（两位有效数字）__________ 12.7350（四位有效数字）__________。

16.4005（四位有效数字）__________。

14. 正确修约数字并计算

(1) $0.030\times12.11\times1.01=$

(2) $1.02+1.23+2.365+5.69874$（要求保留两位有效数字）$=$

项目四　滴定分析与指示剂配制

学习目标

1. 了解滴定分析的概念，以及滴定分析方式。
2. 掌握指示剂的概念、种类及变色原理。
3. 掌握常用指示剂的配制方法。

一、滴定反应的条件

适用于滴定分析法的化学反应必须具备下列条件。

（1）反应必须定量地完成　即反应按一定的反应式进行完全，通常要求达到99.9%以上，无副反应发生。这是定量计算的基础。

（2）反应速率要快　对于速率慢的反应，应采取适当措施提高反应速率。

（3）能用比较简便的方法确定滴定终点。

凡能满足上述要求的反应均可用于滴定分析。

二、滴定方式

1. 直接滴定法

用标准溶液直接进行滴定，利用指示剂或仪器指示化学计量点到达的滴定方式，称为直接滴定法。通过标准溶液的浓度及消耗滴定剂的体积，计算出待测物质的含量。

2. 返滴定法

通常是在待测试液中准确加入适当过量的标准溶液，待反应完全后，再用另一种标准溶液返滴剩余的第一种标准溶液，从而测定待测组分的含量，这种方式称为返滴定法。

3. 转换（置换）滴定法

此方法是先加入适当的试剂与待测组分定量反应，生成另一种可被滴定的物质，再用标准溶液滴定反应产物，然后由滴定剂消耗量、反应生成的物质与待测组分的关系计算出待测组分的含量，这种方法称为置换滴定法。

4. 间接滴定法

某些待测组分不能直接与滴定剂反应，但可通过其他的化学反应，间接测定其含量。

由于返滴定法、转换滴定法、间接滴定法的应用，更加扩展了滴定分析的应用范围。

三、指示剂及其配制

1. 指示剂

指示剂是借颜色改变来判断化学计量点的试剂。指示剂颜色变化的转变点称为滴定终点。滴定终点与化学计量点不一定恰好符合，所以会产生终点误差。终点误差的大小取决于指示剂的性质，指示剂越灵敏终点误差越小。

（1）酸碱指示剂　在一定 pH 值范围内，能发生颜色变化的指示剂叫做酸碱指示剂。

① 酸碱指示剂的作用原理　酸碱指示剂一般是有机弱酸或有机弱碱。它们在水溶液中离解，它们的分子和离子具有不同的颜色，当溶液的 pH 变化时，指示剂失去质子由酸式转变为碱式，或得到质子由碱式转化为酸式，它们的酸式及碱式具有不同的颜色。因此，结构上的变化将引起颜色的变化。为简单起见，可以用通式 HIn 表示弱酸指示剂，它在溶液中的电离平衡如下：

$$\underset{\text{酸式色}}{HIn} \rightleftharpoons H^{+} + \underset{\text{碱式色}}{In^{-}}$$

当溶液的 $[H^{+}]$ 增加时，平衡向左移动而呈酸式色（分子色），当 $[H^{+}]$ 降低时，平衡向右移动而呈现碱式色（离子色）。由此可知，溶液中 $[H^{+}]$ 的改变会使指示剂颜色改变。

通过上述分析，可以得出结论，酸碱指示剂变化的内因是指示剂本身结构的变化、外因是溶液的 $[H^{+}]$ 改变。

② 混合指示剂　一种是利用颜色之间的互补作用，使变色更加敏锐；另一种是一种指示剂与一种惰性染料组成，配制时应严格控制两种组成的比例。例如广泛 pH 试纸就是用混合指示剂制作的。

（2）氧化还原指示剂　氧化还原指示剂是一种有机化合物，本身具有氧化还原性质，其氧化态与还原态具有不同的颜色，因氧化还原作用发生颜色变化。

① 自身指示剂。

② 特殊指示剂　碘在碘化钾存在时，与淀粉形成包结化合物（蓝色）。

（3）金属指示剂　判断配位滴定终点的指示剂称为金属指示剂。

2. 常用指示剂及其配方

（1）酚酞　称取 0.5g 酚酞溶于 75mL 体积分数为 95％的乙醇中，并加入 20mL 蒸馏水，然后滴加 0.1mol/L NaOH 至微粉色，再加入蒸馏水定容到 100mL。

（2）次甲基蓝（10g/L）　10g 次甲基蓝，1L 蒸馏水。

（3）甲基红-溴甲酚绿混合指示剂　用体积分数为 95％的乙醇，将溴甲酚绿及甲基红分别配成 1g/L 的乙醇溶液，使用时按 1g/L 溴甲酚绿：1g/L 甲基红为 5∶1 的比例混合，临用时混合。

（4）玫瑰红酸（0.5g/L 乙醇溶液）　0.5g 玫瑰红酸，1L 体积分数为 95％的乙醇。

3. 指示剂的配制

指示剂的配制方法分为下列几种。

（1）易溶于水，在水中较稳定的指示剂都用水作溶剂，例如甲基橙、二苯胺磺酸钠等。

（2）对于难溶于水的指示剂，可用有机溶剂作溶剂，例如酚酞、酚红等。

（3）有的指示剂根据它的特殊性质来配制。例如，二苯胺溶于浓硫酸，因此加浓硫酸配制时，淀粉溶液极易腐坏，应在滴定时新配制。

（4）有些金属指示剂易被日光、氧化剂、空气所分解；有些在水溶液中不稳定；有些日久变质。

四、 滴定分析

滴定分析法是将一种已知准确浓度的试剂即标准溶液，通过滴定管滴加到待测溶液中，直到标准溶液和待测组分恰好完全定量反应为止。这时加入标准溶液物质的量与待测定组分的物质的量符合反应的化学计量关系，然后根据标准溶液的浓度和所消耗的体积，计算出待测组分的含量。这一类分析方法称为滴定分析法。滴加的溶液称为滴定剂，滴加溶液的操作过程称为滴定。当滴加的标准溶液与待测组分恰好定量反应完全时的一点，称为化学计量点。

通常利用指示剂颜色的突变或仪器测试来判断化学计量点的到达而停止滴定操作的一点称为滴定终点。实际分析操作中，滴定终点与理论上的化学计量点常常不能恰好吻合，它们之间往往存在很小的差别，由此而引起的误差称为终点误差。

滴定分析法是分析化学中重要的一类分析方法，它常用于测定含量大于等于1%的常量组分。此方法快速、简便、准确度高，在生产实际和科学研究中应用非常广泛。

滴定分析法主要包括酸碱滴定法、配滴定法、氧化还原滴定法和沉淀滴定法等。

1. 滴定分析方法

(1) 酸碱滴定法　利用酸碱中和反应。

(2) 沉淀滴定法　沉淀反应。

(3) 配位滴定法　测钙、镁、磷、钾、钠等。

(4) 氧化还原滴定法　测乳糖、钾、钙、铁、硒、铜等。

2. 滴定分析对滴定反应的要求

(1) 反应要按化学计量关系进行。

(2) 反应要定量进行。

(3) 反应要迅速进行。

(4) 要有合适的确定反应终点的方法（本身颜色变化或加指示剂）。

目标自测

1. 药品按纯度分为________级，分别是________、________、________、________、________。

2. 指示剂是借________改变来判断化学计量点的试剂。指示剂颜色变化的转变点称为________。滴定终点与化学计量点不一定恰好符合，所以会产生________。终点误差的大小取决于指示剂的性质，指示剂越灵敏终点误差越________。

3. 对于难溶于水的指示剂，可用________作溶剂。

4. 滴定分析方法包括哪几种？

5. 写出 0.1mol/L NaOH 表示的含义。

6. 滴定分析对滴定反应的要求是什么？

7. 写出酚酞的配制方法。是什么？

项目五　样品的制备

学习目标

1. 了解样品的概念及分类。
2. 掌握样品采集时的注意事项。
3. 掌握不同样品采集数量的区别。
4. 掌握样品预处理的方法。

一、样品的采集

样品的采集简称采样，是指从大量的物料中抽取一定量具有代表性的样品。

1. 样品的分类

样品一般分为原始样品、平均样品和试验样品三种。

原始样品是从一批物料中抽取的样品；平均样品是指从原始样品中平均地分出一部分样品，供化验室分析用；试验样品是指从平均样品中分出一小部分样品，供测定某组分用的样品。

2. 采样的准备工作

（1）采样人员　正规的乳制品分析实验室，应确定专门的人员采样，其他化验室也应具有一定经验的采样人员。采样人员需接受专门的训练，学习有关知识并熟练地掌握采样操作技术。有条件时应实行双人平行采样。

（2）样品的封装与贴标　采好的样品要密封包装，贴上标签。标签上应注明样品名称、来源、数量、采样日期和编号等内容。

3. 样品采集时的注意事项

（1）产品应按照生产班次分批，连续生产不能按班次者，则按生产日期分批。取样品量为1万瓶以下者抽2瓶，1万～5万瓶每增加1万瓶抽1瓶，5万瓶以上者每增加2万瓶增抽1瓶。所取样品应贴上标签，标明下列各项：① 产品名称；②工厂名称及生产日期；③采样日期及时间；④产品数量及批号。所取各批样品均应进行容量（或质量）鉴定，其容量（或质量）与标签上标明的容量（或质量）差不应超过±1.5%。

（2）采样工具应该清洁，不应将任何有害物质带入样品中；样品在检测前不得受到污染、发生变化。所用样品应及时检验，如果在1h以内不能检验者，应贮于2～6℃的冷库内。

（3）奶站在牛乳装车前，必须搅拌5min，奶车到厂后，采样员必须搅拌15次以上。

（4）每批样品中至少有1瓶做微生物检验，其余做感官检验和理化检验。相对密度、酸度、细菌总数和大肠菌群为每批必检项目，脂肪、全乳固体、杂质度、致病菌和汞应由工厂化验室和卫生防疫部门定期抽检。如奶站对滋气味判定有异议时，可在30min内向调配部门提出申请复检，由调配部门主任级以上人员责成品控人员再次组织判定；对化验结果有异议时，可以到权威部门化验。误差范围在±0.15内为正常，如超出±0.15时，责任由检验部门承担。

4. 采样的数量

不同形态的样品采样的数量也有所不同，一般样品按形态不同可分为固体样品、半固体样品和液体样品。

(1) 半固体样品采样的数量　在乳制品中一般包括炼乳、奶油等产品。

① 炼乳　将瓶或铁罐的表面先用水洗净，再以点燃的酒精棉球将瓶口或铁罐表面消毒，然后用灭菌的开罐（瓶）器打开，以无菌手续称取 25g 检样，放入装有 225mL 灭菌生理盐水的三角烧瓶内，振摇混匀。

② 奶油（稀奶油）　用无菌手续取适量检样，置于灭菌三角瓶内，在 45℃水浴或保温箱中加温，熔化后立即将瓶取出，以灭菌吸管吸取 25mL 检样，加入装有 225mL 灭菌生理盐水或灭菌奶油稀释液的三角瓶内（瓶装稀释液应置于 45℃水浴或保温箱中保温，做 10 倍递增稀释时所用稀释液亦同），振摇混匀，从检样熔化至接种完毕的时间不应超过 30min。

(2) 固体样品采样的数量　在乳制品中一般包括干酪、乳粉等产品。

① 干酪　因为这些产品的抽样主要用于成分检测，所以样品容器的大小只要刚好能盛下样品就行，这样可以减小因湿气的进入而带来的成分变化。

a. 小干酪和零售包装的干酪（≥100g)：采集整块干酪或整包干酪。

b. 块状干酪：用一个不锈钢刀在面上平行切 2 刀，除去表面层后取至少 100g 的一块。

c. 大块干酪［640lb（1lb=0.45359237kg）］：抽样方法依照干酪情况和生产方法来定。如果有可能，用一个不锈钢取样器在 75%乙醇擦过表面的干酪的末端取样 5～10cm 长的样品。第二次取样从中心取，第三次取样点在第一和第二取样点的中间。

每次取样时，将取样部位表面的蜡皮用灭菌刀削掉，然后用点燃的酒精棉球消毒后以灭菌刀切开，再以灭菌刀切取表层和深层检样各少许，置于灭菌乳钵内切碎，加入少量灭菌盐水研成糊状。

②乳粉　乳粉如是小型包装，应该采取整件的原包装。罐装或瓶装乳粉，按照炼乳处理方法将容器外部消毒后，以无菌手续开封取样。塑料袋装乳粉以 75%酒精棉球将袋口两面擦拭一遍，然后用灭菌刀剪切开，以无菌手续取样 25g，放入装有 225mL 灭菌生理盐水的三角瓶内（瓶内含有适量的灭菌的玻璃珠），振摇使其溶解并混合均匀。

乳粉如是大包装，可分为罐装和袋装，规格为 12.5kg 和 25kg 两种，可用灭菌后的无菌刀或勺从有代表性的各部位每件取出不少于 200g 的样品。

(3) 液体样品采样的数量　在乳制品中一般包括生鲜乳、酸奶等产品。

生鲜乳、酸奶以无菌手续去掉采样瓶口的纸罩。混匀，瓶口经火焰灭菌后，用无菌手续称取 25g（mL）检样，放入装有 225mL 灭菌生理盐水的三角瓶内，振摇混匀。

5. 采样细则

① 袋装（箱装）原料的检验　由原辅料检验员根据“原辅料检验验证项目表”的要求从不同部位抽取 4 袋（4 箱），在每袋的四角及中心各取 100～200g 做感官指标检验，凡需进行理化、微生物指标检验的，将样品混合均匀后取 300～500g 送检验部门做理化、微生物指标检验。不足 4 袋的按实有数量进行抽检，抽检合格后方可使用；不合格的依据复检规则进行复检。

② 桶装原料的检验　依据“原辅料检验验证项目表”的要求在不同部位抽取 4 桶，在每桶的上、中、下三处或摇匀后取 100～200g 做感官指标检验，凡需进行理化、微生物指标检验的，将样品混合均匀后取 300～500g 做理化、微生物指标检验。不足 4 桶的按实有数量

进行抽检，检验合格后方可使用；不合格的依据复检规则进行复检。

③ 生产用水的检验　由检验中心每月对各生产用水进行一次检验，取水地点为配料房出水口及主水管道。用灭菌瓶在无菌的条件下直接取样，及时送化验室检验。检验项目为：硬度及微生物指标（大肠菌群、细菌），其他指标每年送防疫站进行一次检验。对不符合要求的生产用水应处理后再用。

④ 辅料涂抹检验　由检验部门每月对各类直接接触产品的辅料（如包装袋、雪糕棒、吸管等）分别进行一次涂抹检验，对检验不合格的产品不可使用。

⑤ 检验结果的出具　所有项目全部检验结束后，由检验中心出具“原材料检验结果报告单”与“原辅材料感官检验验证报告单”，并在48h内录入计算机待查（只进行感官检验的，当日内将结果输入计算机）。

二、样品的预处理

总的处理原则是：①消除干扰因素；②保证被测组分在分离过程中的损失要小到可以忽略不计；③被测组分需浓缩，以便获得更可靠的结果；④选用的分离富集方法应简便。实际工作中，对样品进行预处理的方法有很多种，常用的预处理方法介绍如下。

（1）直接溶解法　试样中的被测物质，大多数能直接溶于水中，所以这类物质一般是将试样加水溶解稀释后直接测定，有些物质则需要用水和加热提取后测定。有些难溶于水的有机物质，常用乙醚、乙醇、四氯化碳、氯仿等有机溶剂溶解。

（2）有机质破坏法　乳及乳制品中许多微量元素与蛋白质等有机物结合成为难溶的或难离解的化合物，因此，在测定前，要先破坏有机结合体，使被测组分释放出来，根据操作不同分为干法灰化、湿法消化、微波炉消解等方法。

① 干法灰化　此法是将样品置于坩埚中，先在电炉上小火炭化，除去水分后，再置于500～600℃的高温炉中灼烧灰化，使有机物彻底氧化破坏，生成二氧化碳和水逸出，取出残灰，冷却后用稀盐酸或稀硝酸溶解过滤，滤液定容后供测定用。

干法灰化的优点是破坏彻底，操作简便，试剂用量少；缺点是时间长，挥发性元素在高温下损失较大，坩埚对被测组分有吸留作用，致使测定结果和回收率降低。

② 湿法消化　强酸性溶液中，在加热条件下，利用硫酸、硝酸、高氯酸等的氧化作用，使有机物分解产生气体，被测金属呈离子状态留在消化液中待测。

湿法消化的优点是加热温度相对较低，减少了元素损失；有机物分解速度快，所需时间短；缺点是在消化过程中产生大量有害气体，因此，试验要在通风橱中完成；消化初期，易产生大量泡沫外溢，故需操作人员随时照管。

（3）蒸馏法　蒸馏法是利用被测物质中各组分挥发性的差异来进行分离的方法，可以用于除去干扰组分，也可将被测组分蒸馏出来，收集后进行分析，例如乳及乳制品中蛋白质的测定。常用的方法有以下三种。

① 常压蒸馏　常用于被测组分受热不易分解的或沸点不太高的样品，加热方法可视情况选择水浴、油浴或直接加热。

② 减压蒸馏　用于常压蒸馏容易使被测组分分解或沸点太高的样品。

③ 水蒸气蒸馏　可用于被测组分加热到沸点时可能分解；或被蒸馏组分沸点较高，直接加热蒸馏时，因受热不均易引起局部炭化的样品。

（4）萃取法　溶剂萃取法是在试剂中加入一种与原溶剂不相溶的有机溶剂，利用试液中组分在此有机溶剂中溶解的特性，而使之与不溶于此溶剂的其他组分分离。溶剂萃取法主要用于物质的分离和富集，例如在测定乳及乳制品中脂肪的含量时，利用脂肪在乙醚中的溶解性进行抽提。

优点为：设备简单，操作迅速，分离效果好，在食品分析中应用较广。

缺点为：进行成批量分析时，工作量较大，同时，萃取溶剂常易挥发、易燃且有毒性，故操作时应加以注意。

(5) 沉淀分离法　沉淀分离法是利用被测物质或者杂质能与试剂生成沉淀的反应，经过过滤等操作，使被测物质同杂质分离。

(6) 吸附法　吸附法是利用聚酰胺、硅胶、硅藻土、氧化铝等吸附剂对被测成分均有适当的吸附能力，达到与其他干扰成分的分离，如对着色剂有较强的吸附能力，其他杂质难于被吸附。在鉴定食品中着色剂的操作步骤中，常常应用吸附法处理样品。样品液中的着色剂被吸附剂吸附后，经过过滤、洗涤，再用适当的溶剂解析，从而得到比较纯净的着色剂溶液。吸附剂可以直接加入样品中吸附色素，也可将吸附剂装入玻璃管中做成吸附柱或涂布成薄层板使用。

目标自测

1. 样品的采集简称__________，是指从大量的物料中抽取一定量具有__________的样品。

2. 样品一般分为__________、__________和__________三种。原始样品是从一批物料中__________的样品；平均样品是指从__________中平均地分出一部分样品，供化验室分析用；试验样品是指从__________中分出一小部分样品，供测定某组分用的样品。

3. 采好的样品要__________包装，贴上__________。标签上应注明样品__________、__________、__________和__________等内容。

4. 难溶于水的有机物质，常用__________、__________、__________、__________等有机溶剂溶解。

5. 蒸馏法是利用被测物质中各组分__________的差异来进行分离的方法。

6. 强酸性溶液中，在加热条件下，利用__________、__________等的氧化作用，使有机物分解产生__________，被测金属呈__________状态留在消化液中待测。

7. 常用的预处理方法有哪几种?

8. 干法灰化和湿法消化各有什么优缺点?

9. 样品预处理的原则是什么?

项目六　乳与乳制品的感官检验

学习目标

1. 了解感官检验的方法及注意事项。
2. 掌握感官鉴别后的食用与处理原则。
3. 掌握乳及乳制品感官分析要点。

感官鉴别就是凭借人体自身的感觉器官，具体地讲就是凭借眼、耳、鼻、口（包括唇和舌头）和手，对食品的质量状况做出客观的评价。也就是通过用眼睛看、鼻子嗅、耳朵听、用口品尝和用手触摸等方式，对食品的色、香、味和外观形态进行综合性的鉴别和评价。食品质量的优劣最直接地表现在它的感官性状上，通过感官指标来鉴别食品的优劣和真伪，不仅简便易行，而且灵敏度高，直观而实用，与使用各种理化、微生物的仪器进行分析相比，有很多优点，因而它也是食品的生产、销售、管理人员所必须掌握的一门技能。广大消费者从维护自身权益角度讲，掌握这种方法也是十分必要的。应用感官手段来鉴别食品的质量有着非常重要的意义。常用的感官检验方法分为三类，有差别检验法、类别检验法、描述检验法。

感官鉴别能否真实、准确地反映客观事物的本质，除了与人体感觉器官的健全程度和灵敏程度有关外，还与人们对客观事物的认识能力有直接的关系。只有当人体的感觉器官正常，又熟悉有关食品质量的基本常识时，才能比较准确地鉴别出食品质量的优劣。当食品的感官性状只发生微小变化，甚至这种变化轻微到有些仪器都难以准确发现时，通过人的感觉器官，如嗅觉等都能给予应有的鉴别。可见，食品的感官质量鉴别有着理化和微生物检验方法所不能替代的优越性。在食品的质量标准和卫生标准中，第一项内容一般都是感官指标，通过这些指标不仅能够直接对食品的感官性状做出判断，而且还能够据此提出必要的理化和微生物检验项目，以便进一步证实感官鉴别的准确性。

一、感官分析的内容

感官
- 味觉（甜、苦、酸、咸等）、嗅觉（香、臭等）——化学感官
- 触觉（硬、黏、热等）、运动感觉（滑、干等）——物理感官
- 视觉（色、形状等）、听觉（声音等）——心理感官

1. 视觉检验

通过观察乳制品的外观形态、颜色光泽、组织状态等，来评价产品的品质（如新鲜程度、有无不良改变等），食品的色泽是人的感官评价食品品质的一个重要因素。不同的食品显现着各不相同的颜色，红、橙、黄、绿、青、蓝、紫中的某一色或某几色的光反射刺激视觉而显示其颜色的基本属性，明度、色调、饱和度是识别每一种色的三个指标。对于判定食品的品质也可从这三个基本属性全面地衡量和比较，这样才能准确地判断和鉴别出食品的质

量优劣，以确保购买优质食品。

（1）明度　颜色的明暗程度。物体表面的光反射率越高，人眼的视觉就越明亮，这就是说它的明度也越高。人们常说的光泽好，也就是说明度较高。新鲜的食品常具有较高的明度，明度的降低往往意味着食品的不新鲜。

（2）色调　对于食品的颜色起着决定性的作用，由于人眼的视觉对色调的变化较为敏感，色调稍微改变对颜色的影响就会很大，有时可以说完全破坏了食品的商品价值和实用价值。色调的改变可以用语言或其他方式恰如其分地表达出来（如食品的褪色或变色），这说明颜色在食品的感官鉴别中有着很重要的意义。

（3）饱和度　颜色的深浅、浓淡程度，也就是某种颜色色调的显著程度。当物体对光谱中某一较窄范围波长的光的发射率很低或根本没有发射时，表明它具有很高的选择性，这种颜色的饱和度就越高。越饱和的颜色和灰色不同，当某波长的光成分越多时，颜色也就越不饱和。食品颜色的深浅、浓淡变化对于感官鉴别而言也是很重要的。

2. 嗅觉检验

通过人的嗅觉感官检验乳品的风味，进行评价产品质量的方法。嗅觉器官主要是鼻子，大多数具有浓烈气味的食物，由于它的芳香对嗅觉器官产生强烈刺激，人是通过嗅觉神经传到大脑后半球做出判定的。每一种气味都是四种基本味的混合。这四种基本味是香味、酸味、腐臭和焦香。气味是具有挥发性的，随温度的高低而增减，鉴别时最好在20～45℃。

3. 味觉检验

利用人的味觉器官，通过品尝样品的滋味和风味，从而鉴别产品品质优劣的方法，也是用来识别是否酸败、发酵的重要手段。呈味原理是可溶性呈味物质⟶味蕾（味细胞）⟶大脑⟶味觉。呈味物质的味觉，除化学结构外，与品尝温度、食物的软硬度、黏度和咀嚼感等因素也有关。最佳品尝温度为10～45℃，30℃最敏感。一般咸味与苦味随温度升高而减少，酸味和甜味随温度升高而增加。在感官鉴别其质量时，常将滋味分类为甜、酸、咸、苦、辣、涩、浓、淡、碱味及不正常味等。如各种味觉最敏感部位在舌面上的分布见图1-1-20。

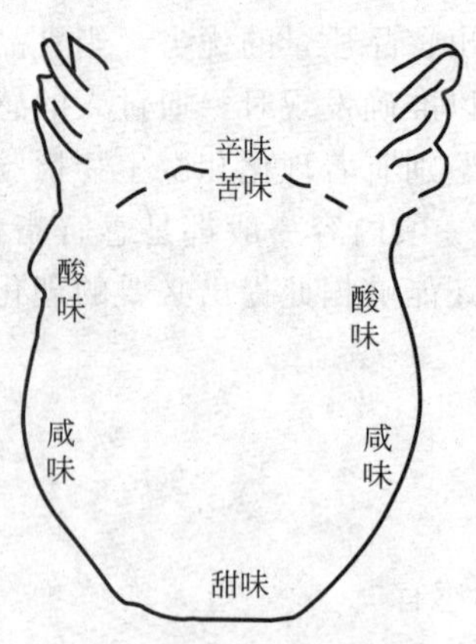

图1-1-20　各种味觉最敏感部位在舌面上的分布

呈味物质的结构是影响味感的内因。

糖类：葡萄糖、蔗糖——多呈甜味

羧酸：乙酸、柠檬酸、乳酸——多呈酸味

盐类：氯化钠、氯化钾——多呈咸味

生物碱、重金属盐——呈苦味

但也有例外情况，如糖精、乙酸铅等非糖有机盐也有甜味，草酸并无酸味而呈涩味等。总之，物质结构与味感关系非常复杂。

另外还有与此相反的消减作用，如食盐和砂糖以相当的浓度混合，则砂糖的甜味会明显减弱甚至消失。

4. 听觉检验

凭借人体的听觉器官对声音的反应来检验产品的方法，主要检测样品的流动状态和质地。

5. 触觉检验

通过被检样作用于鉴定者的触觉器官（一般通过人手的皮肤表面接触物体）产生的反应来评价产品品质的一种方法。这个特性一般表现为形状、组织状态和稠度。当把它们作为构成乳制品全部感官质量的重要组成部分时，它们的特性也在一定程度上取决于触摸的感觉。评定硬度与稠度时要求温度在15～20℃时测定。

二、 感官鉴别的优点

作为鉴别食品质量的有效方法之一，感官鉴别可以概括出以下三大优点。

(1) 通过对食品感官性状的综合性检查，可以及时、准确地鉴别出食品质量有无异常，以便于早期发现问题，及时进行处理，可避免对人体健康和生命安全造成损害。

(2) 方法直观、手段简便，不需要借助任何仪器设备和专用、固定的检验场所以及专业人员。

(3) 感官鉴别方法常能够察觉其他检验方法所无法鉴别的食品质量特殊性污染微量变化。

三、 感官检验中的注意事项

(1) 视觉鉴别方法的注意事项：鉴别时应注意整体外观、大小、形态、块形的完整程度、清洁程度，表面有无光泽、颜色的深浅色调等。在鉴别液态食品时，要将它注入无色的玻璃器皿中，透过光线来观察，也可将瓶子颠倒过来，观察其中有无夹杂物下沉或絮状物悬浮。

(2) 嗅觉鉴别方法应注意的事项：人的嗅觉器官相当敏感，甚至用仪器分析的方法也不一定能检查出来极轻微的变化，而用嗅觉鉴别却能够发现。当发生轻微的腐败变质时，就会有不同的异味产生。气味是一些具有挥发性的物质形成的，所以在进行嗅觉鉴别时常需稍稍加热，但最好是在15～25℃的常温下进行，因为食品中的气味挥发性物质常随温度的高低而增减。在鉴别时，液态食品可滴在清洁的手掌上摩擦，以增加气味的挥发。气味鉴别的顺序应当是先识别气味淡的，后鉴别气味浓的，以免影响嗅觉的灵敏度。在鉴别前禁止吸烟。

(3) 味觉鉴别注意事项：感官鉴别中的味觉对于辨别品质的优劣是非常重要的一环。味觉器官不但能品尝到食品的滋味，而且对于食品中极轻微的变化也能敏感地察觉。在进行滋味鉴别时，最好使样品处在20～45℃之间，以免温度的变化会增强或减低对味觉器官的刺激。几种不同味道的样品在进行感官评价时，应当按照刺激性由弱到强的顺序，最后鉴别味道强烈的食品。在进行大量样品鉴别时，中间必须休息，每鉴别一种食品之后必须用温水漱口。

(4) 触觉鉴别时的注意问题：凭借触觉来鉴别样品的膨、松、软、硬、弹性（稠度），以评价产品品质的优劣，也是常用的感官鉴别方法之一。在感官测定如产品硬度（稠度）时，要求温度应在15～20℃之间，因为温度的升降会影响到食品状态的改变。

(5) 评定人员不能吸烟，以免影响自己和他人的感官评定。身体欠佳特别是患感冒者不得参加评定（因感冒患者的味觉、嗅觉明显降低），否则会出现不准确的评定结果。

(6) 评定前30min，不能食用高香料食品，不能喝口味浓的饮料，不能吃糖果或嚼口香糖。

(7) 评定人员不能使用气味浓郁的化妆品，应该用无香味的香皂洗手。

（8）评定人员不能处于饥饿状态，任何烦恼和兴奋均会影响评定结果。

（9）感官评定的样品应一致，在颜色、形状、数量、温度等方面没有显著差异。品尝时应使少量样品接触舌头的各部位仔细品尝，要避免吞咽或大口地喝。每品尝一种样品后都要用温清水漱口。

（10）感官评定场所应该是安静、清洁，光线良好，无任何干扰气味（如霉味、化学药品味等），所使用的器皿须清洁。

四、感官鉴别适用的范围

凡是作为乳品原料、半成品或成品的样品，其品质优劣与真伪评价，都适用于感官鉴别。而且乳品的感官鉴别，既适用于专业技术人员在室内进行技术鉴定，也适合广大消费者在市场上选购食品时应用。可见，感官鉴别方法具有广泛的适用范围。其具体适用范围如下：消毒鲜乳或者个体送奶户的鲜乳直接来用感官鉴别也是非常适用的。在选购乳制品时，也适用于感官鉴别，从包装到制品颗粒的细洁程度，有无异物污染、悬浮物、杂质异物等，通过感官鉴别即可一目了然。

五、乳与乳制品感官鉴别应遵循的原则

（1）要坚持对具体情况做具体分析，充分做好调查研究工作。因此，感官鉴别乳与乳制品的品质时，要着眼于各方面的指标进行综合性考评，尤其要注意感官鉴别的结果，必要时参考检验数据，做全面分析，以期得出合理、客观、公正的结论。

（2）进行感官鉴别时，除遵循上述原则外，还要注意以下要求：

① 进行感官鉴别的人员，必须具有健康的体魄，无不良嗜好、偏食和变态性反应，并应具有丰富的专业知识和感官鉴别经验。

② 检查人员自身的感觉器官机能良好，对色、香、味的变化有较强的分辨力和较高的灵敏度。

③ 非专业人员在检查和鉴别感官性状时，除具有正常的感觉器官外，还应对所选购的食品有一般性的了解，或对该食品正常的色、香、味、形具有习惯性经验。

（3）鉴别后的食用与处理原则。鉴别和挑选乳与乳制品时，遇有明显变化者，应当即做出能否供给食用的确切结论。对于感官变化不明显的乳品，尚需借助理化指标和微生物指标的检验，才能得出综合性的鉴别结论。因此，通过感官鉴别之后，特别是对有疑虑和争议的，必须再进行实验室的理化和细菌检验，以便辅助感官鉴别。尤其是混入了有毒、有害物质或被分解蛋白质的致病菌所污染的产品，在感官评价后，必须做上述两种专业操作，以确保鉴别结论的正确性。并且应提出该产品是否存在有毒、有害物质，阐明其来源和含量、作用和危害，根据被鉴别产品的具体情况提出食用或处理原则。这里应遵循的原则如下。

① 凡经感官鉴别后认为是良质的乳及乳制品，可以销售或直接供人食用。但未经有效灭菌的新鲜乳不得市售和直接供人食用。

② 凡经感官鉴别后认为是次质的乳及乳制品均不得销售和直接供人食用，可根据具体情况限制作为食品加工原料用。

③ 凡经感官鉴别后认为是劣质、假冒、掺杂的乳及乳制品，均不得供人食用，也不得作为食品工业原料，只可限制作为非食品加工用原料或予以销毁。

④ 经感官鉴别认为除了色泽稍差外，其他几项指标均为良质的乳品，可供人食用。但这种情况较少，因为乳及乳制品一旦发生质量不良改变，其感官指标中的色泽、组织状态、

气味和滋味等四项内容均会有不同程度的变化。在乳及乳制品的这四项感官指标中，若有一项表现为劣质品级即应按第③条所述方法处理；若有一项指标为次质品级，而其他三项均为良质者，即应按第②条所述的方法处理。

六、 乳及乳制品的感官分析要点

感官鉴别乳及乳制品，主要指的是眼观其色泽和组织状态、嗅其气味和尝其滋味，应做到三者并重，缺一不可。对于乳而言，应注意其色泽是否正常、质地是否均匀细腻、滋味是否纯正以及乳香味如何。同时应留意杂质、沉淀、异味等情况，以便做出综合性的评价。除应注意上述鉴别内容以外，还要有针对性地观察了解诸如酸乳有无乳清分离、乳粉有无结块、奶酪切面有无水珠和霉斑等情况，这些对于感官鉴别也有重要意义。必要时可以将乳制品冲调后进行感官鉴别。不同乳制品感官鉴别要点各有不同，具体如下所述。

1. 鲜乳的质量鉴别

（1）色泽鉴别

良质鲜乳——乳白色或稍带微黄色。

次质鲜乳——色泽较良质鲜乳为差，白色中稍带青色。

劣质鲜乳——呈浅粉色或显著的黄绿色，或是色泽灰暗。

（2）组织状态鉴别

良质鲜乳——呈均匀的流体，无沉淀、凝块和机械杂质，无黏稠和浓厚现象。

次质鲜乳——呈均匀的流体，无凝块，但可见少量微小的颗粒，脂肪聚黏表层呈液化状态。

劣质鲜乳——呈稠而不匀的溶液状，有乳凝结成的致密凝块或絮状物。

（3）气味鉴别

良质鲜乳——具有乳特有的乳香味，无其他任何异味。

次质鲜乳——乳中固有的香味稍淡或有异味。

劣质鲜乳——有明显的异味，如酸臭味、牛粪味、金属味、鱼腥味、汽油味等。

（4）滋味鉴别

良质鲜乳——具有鲜乳独具的纯香味，滋味可口而稍甜，无其他任何异常滋味。

次质鲜乳——有微酸味（表明乳已开始酸败），或有其他轻微的异味。

劣质鲜乳——有酸味、咸味、苦味等。

2. 炼乳的质量鉴别

（1）色泽鉴别

良质炼乳——呈均匀一致的乳白色或稍带微黄色，有光泽。

次质炼乳——色泽有轻度变化，呈米色或淡肉桂色。

劣质炼乳——色泽有明显变化，呈肉桂色或淡褐色。

（2）组织状态鉴别

良质炼乳——组织细腻，质地均匀，黏度适中，无脂肪上浮，无乳糖沉淀，无杂质。

次质炼乳——黏度过高，稍有一些脂肪上浮，有沙粒状沉淀物。

劣质炼乳——凝结成软膏状，冲调后脂肪分离较明显，有结块和机械杂质。

（3）气味鉴别

良质炼乳——具有明显的牛乳乳香味，无任何异味。

次质炼乳——乳香味淡或稍有异味。

劣质炼乳——有酸臭味及较浓重的其他异味。

(4) 滋味鉴别

良质炼乳——淡炼乳具有明显的牛乳滋味，甜炼乳具有纯正的甜味，均无任何异味。

次质炼乳——滋味平淡或稍差，有轻度异味。

劣质炼乳——有不纯正的滋味和较重的异味。

3. 乳粉的质量鉴别

(1) 固体乳粉

① 色泽鉴别

良质乳粉——色泽均匀一致，呈淡黄色，脱脂乳粉为白色，有光泽。

次质乳粉——色泽呈浅白或灰暗，无光泽。

劣质乳粉——色泽灰暗或呈褐色。

② 组织状态鉴别

良质乳粉——粉粒大小均匀，手感疏松，无结块，无杂质。

次质乳粉——有松散的结块或少量硬颗粒、焦粉粒、小黑点等。

劣质乳粉——有焦硬的、不易散开的结块，有肉眼可见的杂质或异物。

③ 气味鉴别

良质乳粉——具有消毒牛乳纯正的乳香味，无其他异味。

次质乳粉——乳香味平淡或有轻微异味。

劣质乳粉——有陈腐味、发霉味、脂肪哈喇味等。

④ 滋味鉴别

良质乳粉——有纯正的乳香滋味，加糖乳粉有适口的甜味，无任何其他异味。

次质乳粉——滋味平淡或有轻度异味，加糖乳粉甜度过大。

劣质乳粉——有苦涩或其他较重异味。

(2) 冲调乳粉　若经初步感官鉴别仍不能断定乳粉质量好坏时，可加水冲调，检查其冲调还原乳的质量。

冲调方法为：取乳粉 4 汤匙（每平匙约 7.5g），倒入玻璃杯中，加温开水 2 汤匙（约 25mL），先调成稀糊状，再加 200mL 开水，边加水边搅拌，逐渐加入，即成为还原乳。

冲调后的还原乳，在光线明亮处进行感官鉴别。

① 色泽鉴别

良质乳粉——乳白色。

次质乳粉——乳白色。

劣质乳粉——白色凝块，乳清呈淡黄绿色。

② 组织状态鉴别　取少量冲调乳置于平皿内观察。

良质乳粉——呈均匀的胶状液。

次质乳粉——带有小颗粒或有少量脂肪析出。

劣质乳粉——胶态液不均匀，有大的颗粒或凝块，甚至水乳分离，表层有游离脂肪上浮。

③ 冲调乳的气味与滋味感官鉴别同固体乳粉的鉴别方法。

(3) 鉴别真假乳粉

① 手捏鉴别

真乳粉——用手捏住袋装乳粉包装来回摩搓，真乳粉质地细腻，发出“吱、吱”声。

假乳粉——用手捏住袋装乳粉包装来回摩搓，假乳粉由于掺有白糖、葡萄糖而颗粒较粗，发出“沙、沙”的声响。

② 色泽鉴别

真乳粉——呈天然乳黄色。

假乳粉——颜色较白，细看呈结晶状，并有光泽，或呈漂白色。

③ 气味鉴别

真乳粉——嗅之有牛乳特有的乳香味。

假乳粉——没有乳香味。

④ 滋味鉴别

真乳粉——细腻发黏，溶解速度慢，无糖的甜味。

假乳粉——入口后溶解快，不粘牙，有甜味。

⑤ 溶解速度鉴别

真乳粉——用冷开水冲时，需经搅拌才能溶解成乳白色混悬液，用热水冲时，有悬漂物上浮现象，搅拌时会粘住调羹。

假乳粉——用冷开水冲时，不经搅拌就会自动溶解或发生沉淀，用热开水冲时，其溶解迅速，没有天然乳汁的香味和颜色。

(4) 全脂乳粉与脱脂乳粉的区别　全脂乳粉，用水冲调复原为鲜乳时，表面会出现一层泡沫状浮垢，这是脂肪和蛋白质的络合物。脱脂乳粉比全脂乳粉乳糖含量多，故吸潮能力强，一旦乳粉潮湿较重，会改变蛋白质的胶体状态，使在水中的溶解度降低。

4. 酸牛乳的质量鉴别

(1) 色泽鉴别

良质酸牛乳——色泽均匀一致，呈乳白色或稍带微黄色。

次质酸牛乳——色泽不匀，呈微黄色或浅灰色。

劣质酸牛乳——色泽灰暗或出现其他异常颜色。

(2) 组织状态鉴别

良质酸牛乳——凝乳均匀细腻，无气泡，允许有少量黄色脂膜和少量乳清。

次质酸牛乳——凝乳不均匀也不结实，有乳清析出。

劣质酸牛乳——凝乳不良，有气泡，乳清析出严重或乳清分离。瓶口及酸乳表面均有霉斑。

(3) 气味鉴别

良质酸牛乳——有清香、纯正的酸奶味。

次质酸牛乳——酸牛乳香气平淡或有轻微异味。

劣质酸牛乳——有腐败味、霉变味、酒精发酵及其他不良气味。

(4) 滋味鉴别

良质酸牛乳——有纯正的酸牛乳味，酸甜适口。

次质酸牛乳——酸味过度或有其他不良滋味。

劣质酸牛乳——有苦味、涩味或其他不良滋味。

5. 冰激凌的质量鉴别

(1) 色泽鉴别　进行冰激凌色泽的感官鉴别时，先取样品开启包装后直接观察，接着再用刀将样品纵切成两半进行观察。

良质冰激凌——呈均匀一致的乳白色或与本花色品种相一致的均匀色泽。

次质冰激凌——尚具有与本品种相适应的色泽。

劣质冰激凌——色泽灰暗而异样，与各品种应该具有的正常色泽不相符。

(2) 组织状态鉴别　进行冰激凌组织状态的感官鉴别时，也是先打开包装直接观察，然后用刀将其切分成若干块再仔细观察其内部质地。

良质冰激凌——形态完整，组织细腻滑润，没有乳糖、冰晶及乳酪粗粒存在，无直径超过0.5cm的孔洞，无肉眼可见的外来杂质。

次质冰激凌——外观稍有变形，冻结不坚实，带有较大冰晶，稍见脂肪、蛋白质等淤积，只有一般原、辅料带进的杂质。

劣质冰激凌——外观严重变形，摊软或溶化，冻结不坚实并有严重的冰结晶和较多的脂肪、蛋白质淤积块，有头发、金属、玻璃、昆虫等恶性杂质。

(3) 气味鉴别　感官鉴别冰激凌的气味时，可打开杯盖或在蛋托上直接嗅闻。

良质冰激凌——具有各香型品种特有的香气。

次质冰激凌——香气过浓或过淡。

劣质冰激凌——香气不正常或有外来异常气味。

(4) 滋味鉴别　取样品少许置口中，直接品味。

良质冰激凌——清凉细腻，绵甜适口，给人愉悦感。

次质冰激凌——稍感不适口，可嚼到冰晶粒。

劣质冰激凌——有苦味、金属味或其他不良滋味。

6. 硬质干酪的质量鉴别

(1) 色泽鉴别

良质硬质干酪——呈白色或淡黄色，有光泽。

次质硬质干酪——色泽变黄或灰暗，无光泽。

劣质硬质干酪——呈暗灰色或褐色，表面有霉点或霉斑。

(2) 组织状态鉴别

良质硬质干酪——外皮质地均匀，无裂缝、无损伤，无霉点及霉斑。切面组织细腻，湿润，软硬适度，有可塑性。

次质硬质干酪——表面不均，切面较干燥，有大气孔，组织状态疏松。

劣质硬质干酪——外表皮出现裂缝，切面干燥，有大气孔，组织状态呈碎粒状。

(3) 气味鉴别

良质硬质干酪——除具有各种干酪特有的气味外，一般都是香味浓郁。

次质硬质干酪——干酪味平淡或有轻微异味。

劣质硬质干酪——具有明显的异味，如霉味、脂肪酸败味、腐败变质味等。

(4) 滋味鉴别

良质硬质干酪——具有干酪固有的滋味。

次质硬质干酪——干酪滋味平淡或有轻微异味。

劣质硬质干酪——具有异常的酸味或苦涩味。

7. 奶油的质量鉴别

(1) 色泽鉴别

良质奶油——呈均匀一致的淡黄色，有光泽。

次质奶油——色泽较差且不均匀，呈白色或着色过度，无光泽。

劣质奶油——色泽不匀，表面有霉斑，甚至深部发生霉变，外表面浸水。

（2）组织状态鉴别

良质奶油——组织均匀紧密，稠度、弹性和延展性适宜，切面无水珠，边缘与中心部位均匀一致。

次质奶油——组织状态不均匀，有少量乳隙，切面有水珠渗出，水珠呈白浊而略黏。有食盐结晶（加盐奶油）。

劣质奶油——组织不均匀，黏软、发腻、粘刀或脆、硬、疏松且无延展性，切面有大水珠，呈白浊色，有较大的孔隙及风干现象。

（3）气味鉴别

良质奶油——具有奶油固有的纯正香味，无其他异味。

次质奶油——香气平淡、无味或微有异味。

劣质奶油——有明显的异味，如鱼腥味、酸败味、霉变味、椰子味等。

（4）滋味鉴别

良质奶油——具有奶油独具的纯正滋味，无任何其他异味，加盐奶油有咸味，酸奶油有纯正的乳酸味。

次质奶油——奶油滋味不纯正或平淡，有轻微的异味。

劣质奶油——有明显的不愉快味道，如苦味、肥皂味、金属味等。

（5）外包装鉴别

良质奶油——包装完整、清洁、美观。

次质奶油——外包装可见油污迹，内包装纸有油渗出。

劣质奶油——不整齐、不完整或有破损现象。

目标自测

1. 感官鉴别就是凭借人体自身的__________器官，具体地讲就是凭借眼、耳、鼻、口（包括唇和舌头）和手，对食品的__________做出__________的评价。

2. 视觉检验是通过观察乳制品的__________、__________、__________等，来评价产品的品质。

3. 气味是具有挥发性的，随温度的高低而增减，鉴别时最好在__________℃。

4. 呈味物质的味觉，除化学结构外，与__________、食物的软硬度、黏度和咀嚼感等因素也有关。最佳品尝温度为__________℃，__________℃最敏感。

5. 作为鉴别食品质量的有效方法之一，感官鉴别有哪些优点？

6. 进行感官检验时，对检验人员有什么要求？

7. 对酸奶进行感官检验时应从哪几个方面进行鉴别？

理化检验技能训练

任务一　乳及乳制品酸度的测定

知识储备

知识点1：牛乳的酸度

牛乳的酸度分为固有酸度（外表酸度）和发酵酸度（真实酸度）。固有酸度和发酵酸度之和称为牛乳的总酸度。

刚挤出的新鲜牛乳的酸度为0.15%～0.18%（16～18°T），主要由乳中的蛋白质、柠檬酸盐、磷酸盐及CO_2等酸性物质所造成，称为固有酸度，其中来源于CO_2的占0.01%～0.02%（2～3°T）、乳蛋白占0.05%～0.08%（3～4°T）、柠檬酸盐占0.01%、磷酸盐占0.06%～0.08%（10～12°T）。

乳在微生物的作用下发酵产生乳酸，导致乳的酸度逐渐升高。由于发酵产酸而升高的这部分酸度称为发酵酸度。

知识点2：吉尔涅尔度

牛乳的酸度一般是以中和100mL牛乳所消耗的0.1mol/L的氢氧化钠的体积来表示，表示方法为°T（吉尔涅尔度），此为滴定酸度，简称酸度。正常牛乳酸度为16～18°T，但也因牛的品种、饲料、挤乳和泌乳期的不同而有差异。如果牛乳存放时间过长，细菌繁殖可致使牛乳的酸度明显增高。如果乳牛健康状况不佳，患急、慢性乳房炎等，则可使牛乳的酸度降低。因此，牛乳的酸度是反映牛乳质量的一项重要指标。

知识点3：乳酸度（%）

牛乳的酸度除用滴定酸度表示外，也可用乳酸的百分数来表示，与总酸度的计算方法一样，也可由滴定酸度直接换算成乳酸百分数（%）（1°T=0.09%乳酸）。

知识点4：pH值

酸度可用氢离子浓度的负对数（pH值）表示，正常新鲜牛乳的pH值为6.6～6.8，一般酸败乳或初乳的pH值在6.4以下，乳房炎乳或低酸度乳pH值在6.8以上。

知识点5：胶体

胶体，又称胶状分散体，是一种悬浮于流体媒介中的粒子团。在胶体中含有两种不同状态的物质，一种分散，另一种连续。分散的一部分是由微小的粒子或液滴所组成，分散质粒子直径在1～100nm。胶体是一种分散质粒子直径介于粗分散体系和溶液之间的分散体系，这是一种高度分散的多相不均匀体系。

知识点6：酪蛋白

在温度20℃时，调节脱脂乳的pH到4.6时沉淀的一类蛋白质称为酪蛋白。纯酪蛋白为白色，不溶于水。在乳中，95%的酪蛋白是以近似于球状的颗粒存在的，即酪蛋白胶粒。酪蛋白胶粒直径为40～500nm。每个胶粒平均由10^{14}个酪蛋白分子缔合而成，也含有一些无机物质，主要是磷酸钙，约为8g/100g酪蛋白。酪蛋白胶粒也含有少量的其他蛋白质，如某些酶类。酪蛋白胶粒结合了大约63%的水，它是一种多孔性物质，带有负电荷。酪蛋白不是单一的蛋白质，而是由α_{s1}-酪蛋白、α_{s2}-酪蛋白、β-酪蛋白、κ-酪蛋白4种蛋白质组成。

知识点7：乙醇

乙醇的化学式为C_2H_5OH（结构简式为CH_3CH_2OH），俗称酒精，在常温、常压下是一种易燃、易挥发的无色透明液体，有特殊香味，能与水、氯仿、乙醚、甲醇、丙酮和其他多数有机溶剂混溶，密度是0.789g/cm^3，沸点是78.4℃，熔点是−114.3℃，其蒸气能与空气形成爆炸性混合物，能与水以任意比互溶。乙醇的用途很广，可用乙醇来制造乙酸、饮料、香精、染料、燃料等。99.5%的酒精称为无水酒精。医疗上也常用体积分数为70%～75%的乙醇作消毒剂等。

子任务一　酸碱滴定法测定牛乳的酸度（生乳）

【测定原理】

以酚酞为指示液，用0.1000mol/L氢氧化钠标准溶液滴定100g试样至终点所消耗的氢氧化钠溶液体积，经计算确定试样的酸度。

【任务准备】

(1) 试剂

① 0.5%中性酚酞乙醇指示剂　称取0.5g酚酞溶于75mL体积分数为95%的乙醇溶液中，并加入20mL水，然后滴加氢氧化钠溶液至微粉色，再加入水定容至100mL。

② 0.1000mol/L氢氧化钠标准溶液。

(2) 仪器　碱式滴定管，洗耳球，150mL三角瓶，50mL烧杯，10mL移液管等。

【任务实施】

称取10g（精确到0.001g）已混匀的试样，置于150mL三角瓶中，加20mL新煮沸冷却至室温的水，混匀，用0.1000mol/L氢氧化钠标准溶液以电位滴定法滴定至pH8.3为终点；或于溶解混匀后的试样中加入2.0mL酚酞指示液，混匀后用氢氧化钠标准溶液滴定至微红色，并在30s内不褪色，记录消耗的氢氧化钠标准滴定溶液的体积（mL），代入下列公式进行计算：

$$X=\frac{c\times V\times 100}{m\times 0.1}$$

式中　X——试样的酸度，°T；

c——氢氧化钠标准溶液的摩尔浓度，mol/L；

V——滴定时消耗氢氧化钠标准溶液的体积，mL；

m——试样的质量，g；

0.1——酸度理论定义氢氧化钠的摩尔浓度，mol/L。

以在重复性条件下获得的两次独立测定结果的算术平均值表示，结果保留三位有效数字。

子任务二　酒精试验（生乳）

【测定原理】

(1) 乳中酪蛋白胶粒带有负电荷，酪蛋白胶粒具有亲水性，在胶粒周围形成了结合水层，所以酪蛋白在乳中以稳定的胶体状态存在。

（2）酒精具有脱水作用。

（3）当乳的酸度增高时，酪蛋白胶粒带有的负电荷被 H^+ 中和。

（4）酪蛋白胶粒周围的结合水易被酒精脱去，中和负电荷造成凝集。

（5）用一定浓度的酒精与等量牛乳混合，根据蛋白质的凝聚，判定牛乳的酸度，以测定原料乳在高温加工过程中的热稳定性（试验的标准温度是20℃）。

【任务准备】

（1）φ＝68%的乙醇（调至中性）；φ＝70%的乙醇（调至中性）；φ＝72%的乙醇（调至中性）。

（2）试管或平皿。

【任务实施】

用吸管（或2mL取液器）取2mL乳样于干燥、干净的试管或平皿内，吸取等量酒精加入其中，边加边转动试管或平皿，使酒精与乳样充分混合（勿使局部酒精浓度过高而发生凝聚）。振摇后不出现絮片的牛乳符合表2-1-1酸度标准，出现絮片的牛乳为酒精试验阳性乳，表示其酸度较高。

结果对照见表1-2-1。

表1-2-1　酒精试验与酸度对照表

酒精浓度	不出现絮状的酸度
68%	20°T以下
70%	19°T以下
72%	18°T以下

【注意事项】

（1）取样要具有代表性。

（2）样品中勿混入水分及其他离子，以免造成检验误差。

（3）注意乳样与酒精等体积混合。

（4）所用吸管与平皿必须干燥、干净。

（5）配制酒精时，所加的水必须是煮沸过的，且水温保持室温。

（6）配制酒精时，酒精与水必须充分混匀。

子任务三　煮沸试验（生鲜牛乳）

【测定原理】

牛乳新鲜度越差，酸度越高，热稳定性越差，加热后越易发生凝固。

【任务实施】

取10mL牛乳，放入试管中，置于沸水中5min，取出观察管壁有无絮片出现或发生凝固现象。如产生絮片或发生凝固，表示牛乳已不新鲜，酸度大于26°T。

子任务四　其他乳制品酸度的测定

1. 巴氏杀菌乳、灭菌乳、发酵乳

同生乳。

2. 乳粉（常规法）

【测定原理】

以酚酞作指示剂、硫酸钴作参比溶液（颜色），用 0.1mol/L 氢氧化钠标准溶液滴定 100mL 干物质含量为 12%的复原乳至粉红色所消耗的体积，经计算确定其酸度。

【任务准备】

（1）试剂

① 氢氧化钠标准溶液　0.1000mol/L。

② 参比溶液　将 3g 七水硫酸钴（$CoSO_4 \cdot 7H_2O$）溶解于水中，并定容至 100mL。

③ 酚酞指示剂　称取 0.5g 酚酞溶于 75mL 体积分数为 95%的乙醇中，并加入 20mL 蒸馏水，然后滴加氢氧化钠标准溶液至微粉色，再加水定容至 100mL。

（2）仪器

① 分析天平　感量为 1mg。

② 滴定管　分刻度为 0.1mL，可准确至 0.05mL。

【任务实施】

称取 4g 样品（精确到 0.01g）于锥形瓶中。用量筒量取 96mL 约 20℃的水，使样品复原，搅拌，静置 20min。向其中的一只锥形瓶中加入 2.0mL 参比溶液，轻轻转动，使之混合，得到标准颜色。若要测定多个相似的产品，则此标准溶液可用于整个测定过程，但时间不得超过 2h。向第二只锥形瓶中加入 2.0mL 酚酞指示液，轻轻转动，使之混合。用滴定管向第二只锥形瓶中滴加氢氧化钠溶液，边滴定边转动锥形瓶，直到颜色与标准溶液的颜色相似，且 5s 内不消褪，整个滴定过程应在 45s 内完成，记录所用氢氧化钠的体积（mL），精确至 0.05mL，代入下列公式计算。

$$X_1 = \frac{c_1 \times V_1 \times 12}{m \times (1-w) \times 0.1}$$

式中　X_1——试样的酸度，°T；

c_1——氢氧化钠标准溶液的摩尔浓度，mol/L；

V_1——滴定时消耗氢氧化钠标准溶液的体积，mL；

m——试样的质量，g；

w——试样中水分的质量分数，g/100g；

12——12g 乳粉相当于 100mL 复原乳（脱脂乳应为 9，脱脂乳清粉应为 7）；

0.1——酸度理论定义氢氧化钠的摩尔浓度，mol/L。

以在重复性条件下获得的两次独立测定结果的算术平均值表示，结果保留三位有效数字。

在重复性条件下获得的两次独立测定结果的差的绝对值不得超过 1°T。

3. 奶油

【任务准备】

（1）中性乙醇-乙醚混合液　取乙醇、乙醚等体积混合后加数滴酚酞指示剂，以氢氧化钠溶液（4g/L）滴至微红色。

（2）指示剂　酚酞-乙醇溶液（1g/L）。

（3）氢氧化钠标准溶液［c（NaOH）=0.1000mol/L］。

【任务实施】

准确称取10g试样，加30mL中性乙醇-乙醚混合液，混匀，加3滴酚酞指示剂，以氢氧化钠标准溶液（0.1000mol/L）滴至微红色，30s内不褪色为终点，记录消耗的氢氧化钠标准溶液（0.1mol/L）的体积（mL），代入下列公式进行计算。

$$X_1=\frac{c_1 \times V_1 \times 12}{m \times (1-w) \times 0.1}$$

式中各物理量含义同上所述。

任务思考

（1）牛乳的酸度分为__________和__________，两者之和称为牛乳的总酸度。

（2）牛乳酸度的三种表示方法是__________、__________、__________。

（3）正常牛乳酸度为__________°T。

（4）在温度__________℃时，调节脱脂乳的pH到__________时沉淀的一类蛋白质称为酪蛋白。

（5）酸碱滴定法测定牛乳酸度的原理是根据酸碱中和原理，以__________为指示剂，滴定终点由__________变为__________（30s不褪色）。

（6）牛乳酸度的三种测定方法是__________、__________、__________。

（7）简述酸碱滴定法测定牛乳酸度的操作步骤。

（8）酒精试验的原理是什么？

任务二 牛乳脂肪的测定

知识储备

知识点1：乳脂肪球的结构

牛乳中的脂肪以脂肪球的形式存在，如果在显微镜下对牛乳进行观察，会看到乳浆中漂浮着大小不等的小球或小液滴，每个小球由一层薄膜包围，脂肪球内部是乳脂肪，包括甘油三酯、甘油二酯、脂肪酸、固醇、类胡萝卜素和脂溶性维生素等主要成分。脂肪球膜厚度仅为5～10nm，主要由磷脂、脂蛋白、单甘油酯、蛋白质、核酸、酶、金属、水等成分构成，这层膜可以保护乳脂肪免受乳中酶的破坏，并有乳化功能，使乳脂肪以油/水型乳浊液形式存在于乳中。

知识点2：盖勃法（Gerber法）

盖勃法是乳和乳制品中脂肪快速分析方法中最常用的方法之一，对液体乳和其他乳制品的检验结果接近其脂肪含量的真实值，对生产具有一定的指导意义。

对糖分高的样品，如采用此方法容易焦化，致使结果误差大，故不适宜。此方法不适用于脂肪100%为乳脂肪的产品

。

子任务一 乳品中脂肪的测定（液态乳及发酵乳制品）

【测定原理】

用乙醚和石油醚提取样品的碱水解液，通过蒸馏或蒸发去除溶剂，测定溶于溶剂中的提取物的质量。

【任务准备】

(1) 试剂

① 淀粉酶：酶活力≥1.5U/mg。

② 氨水：质量分数约为25%（可以使用比此浓度更高的氨水）。

③ 乙醇：体积分数至少为95%。

④ 乙醚：不含过氧化物，不含抗氧化剂。

⑤ 石油醚：沸程30～60℃。

⑥ 混合溶剂：等体积混合的乙醚和石油醚，使用前制备。

⑦ 碘溶液：约0.1mol/L。

⑧ 刚果红溶液：将1g刚果红溶于水中，稀释至100mL（可选择性地使用，刚果红溶液可使溶剂和水相界面清晰，也可使用其他能使水相染色但不影响测定结果的溶液）。

⑨ 盐酸（6mol/L）：量取50mL盐酸（12mol/L）缓慢倒入40mL水中，定容至100mL，混匀。

(2) 仪器

① 离心机 可用于旋转抽脂瓶或管，转速为500r/min或600r/min。

② 烘箱。

③ 水浴。

④ 抽脂瓶　抽脂瓶应带有软木塞或其他不影响溶剂使用的瓶塞（如硅胶或聚四氟乙烯）。软木塞应先浸于乙醚中，后放入60℃或60℃以上的水中保持至少15min，冷却后使用。不用时需浸泡在水中，浸泡用水每天更换一次。

【任务实施】

（1）称取充分混匀的试样10g（精确至0.0001g）于抽脂瓶中。

（2）加入2.0mL氨水，充分混匀后立即将抽脂瓶放入65℃±5℃的水浴中，加热15～20min，不时取出振荡。取出后，冷却至室温，静置30s。

（3）加入10mL乙醇，缓和但彻底地进行混合，避免液体太接近瓶颈，如果需要可加入2滴刚果红溶液。

（4）加入25mL乙醚，塞上瓶塞，将抽脂瓶保持在水平位置，小球的延伸部分朝上夹到摇混器上，约按100次/min振荡1min，也可采用手动振摇方式。但应注意避免形成持久乳化液。抽脂瓶冷却后，小心地打开塞子，用少量混合溶剂冲洗塞子和瓶颈，使冲洗液流入抽脂瓶。

（5）加入25mL乙醚，塞上重新润湿的塞子，将抽脂瓶保持在水平位置，按步骤（4）轻轻振荡30s。

（6）将加塞的抽脂瓶放入离心机，在500r/min或600r/min下离心5min。否则将抽脂瓶静置至少30min，直到上清液澄清，并明显与水相分离。

（7）小心地打开瓶塞，用少量的混合溶剂冲洗塞子和瓶颈内壁，使冲洗液流入抽脂瓶。如果两相界面低于小球与瓶身相接处，则沿瓶壁边缘缓慢地加入水，使液面高于小球与瓶身连接处（见图1-2-1和图1-2-2），以便于倾倒。

（8）将上层液尽可能地倒入已准备好的加入沸石的脂肪收集瓶中，避免倒出水层。

（9）用少量混合溶剂冲洗瓶颈外部，冲洗液收集在脂肪收集瓶中，要防止溶剂溅到抽脂瓶的外面。

（10）向抽脂瓶中加入5mL乙醇，用乙醇冲洗瓶颈内壁，按步骤（3）进行混合，重复步骤（4）～（9）再进行二次抽提，但只用15mL乙醚和15mL石油醚。

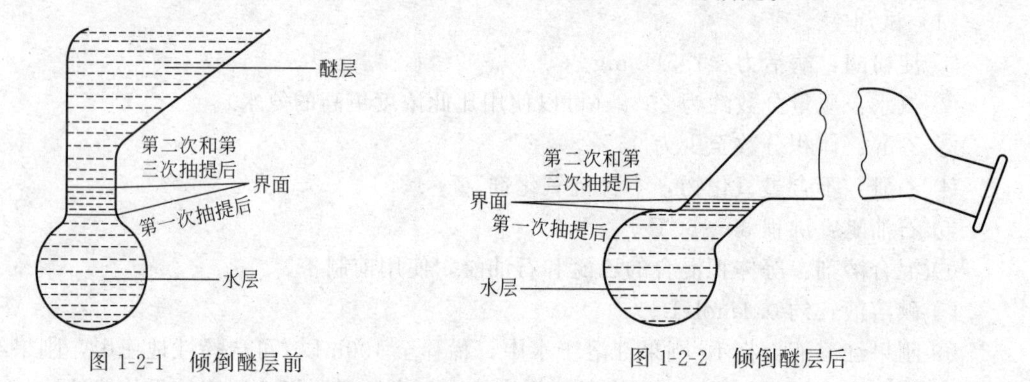

图1-2-1　倾倒醚层前　　图1-2-2　倾倒醚层后

（11）重复步骤（3）～（9），再进行第三次抽提，但只用15mL乙醚和15mL石油醚（如产品中脂肪的质量分数低于5%，可只进行两次抽提）。

（12）合并所有抽提液，既可采用蒸馏的方法除去脂肪收集瓶中的溶剂，也可用在沸水浴上蒸发至干来除掉溶剂。蒸馏前用少量溶剂冲洗瓶颈内部。

（13）将脂肪收集瓶放入102℃±2℃的烘箱中烘干1h，取出脂肪收集瓶，冷却至室温，称量，精确至0.1mg。

(14) 重复步骤（13），直到脂肪收集瓶两次连续称量值不超过 0.5mg，记录脂肪收集瓶和抽提物的最低质量。

(15) 为验证抽提物是否全部溶解，向脂肪收集瓶中加入 25mL 石油醚，微热，振摇，直到脂肪全部溶解。如果抽提物全部溶解于石油醚中，则含抽提物的脂肪收集瓶的最终质量和最初质量之差，即为脂肪含量。

(16) 若抽提物未全部溶于石油醚中，或怀疑抽提物是否全部为脂肪，则用热的石油醚洗提。小心地倒出石油醚，不要倒出任何不溶物，重复此操作 3 次以上，再用石油醚冲洗脂肪收集瓶口的内部。最后用混合溶剂冲洗脂肪收集瓶口的外部，避免溶液溅到瓶的外壁。将脂肪收集瓶放入 102℃±2℃ 的烘箱中烘干 1h，按步骤（13）、（14）操作。

(17) 取步骤（14）中测得的质量和步骤（16）中测得的质量之差作为脂肪的质量。

(18) 同时做空白试验，使用相同步骤和相同试剂，但用 10mL 水代替试样。

(19) 结果计算

样品中脂肪含量按下列公式进行计算。

$$X=\frac{(m_1-m_2)-(m_3-m_4)}{m}\times 100$$

式中　X——样品中脂肪的含量，g/100g；

m——样品的质量，g；

m_1——步骤（14）中测得的脂肪收集瓶和抽提物的质量，g；

m_2——脂肪收集瓶的质量，或在有不溶物存在时，步骤（16）测得的脂肪收集瓶和不溶物的质量，g；

m_3——空白试验中，脂肪收集瓶和步骤（14）中测得的抽提物的质量，g；

m_4——空白试验中脂肪收集瓶的质量，或有不溶物存在时，步骤（16）测得的脂肪收集瓶和不溶物的质量，g。

以重复性条件下获得的两次独立测定结果的算术平均值表示，结果保留三位有效数字。

以重复性条件下获得的两次独立 测定结果之差应符合：

脂肪含量≥15%，≤0.3g/100g。

脂肪含量 5%～15%，≤0.2g/100g。

脂肪含量≤5%，≤0.1g/100g。

【注意事项】

(1) 实验要进行空白试验，以消除环境及温度对检验结果的影响。

(2) 空白试样与样品测定应同时进行。

(3) 应该对乙醚中的过氧化物进行检验。检验方法为：取一只玻璃小量筒，用乙醚冲洗，然后加入 10mL 乙醚，再加入 1mL 新配制的 100g/L 的碘化钾溶剂，振荡，静置 1min，两相中均不得有黄色。也可使用其他方法检验过氧化物。

子任务二　盖勃法测牛乳脂肪

【测定原理】

在牛乳中加硫酸，可破坏牛乳的胶质性，使牛乳中的酪蛋白钙盐转变成可溶性的重硫酸酪蛋白化合物，并且能减小脂肪球的吸附力，同时还可增加消化液的密度，使脂肪更容易浮出液面，在操作中还需要加入异戊醇，降低脂肪球的表面张力，促进脂肪球离析，但是异戊醇的溶解度很小，所以在操作中，不能加得太多，如果加得太多，异戊醇会进入脂肪，使脂肪体积增大，而且会有一部分异戊醇和硫酸作用生成硫酸酯。

在操作过程中的65～70℃水浴和离心处理，目的都是使脂肪迅速而彻底分离。

【任务准备】

(1) 试剂

① 硫酸　密度1.820～1.825g/mL——除奶油、干酪外的其他乳制品；密度1.60g/mL——测奶油用；密度1.50～1.55g/mL——测干酪用。

② 异戊醇　沸点128～132℃，相对密度0.8090～0.8115。

(2) 仪器

① 盖勃乳脂计　各种规格的乳脂计如下。

0～1%的乳脂计：脱脂乳和乳清、乳清粉；

0～4%的乳脂计：脱脂乳、乳清、乳粉和炼乳；

0～5%，6%，7%，8%，9%，10%的乳脂计：生鲜乳和全脂乳；

0～40%，70%，90%：奶油乳脂计。

② 11mL牛乳吸管，1mL移液管，10mL移液管。

③ 离心机。

④ 恒温水浴锅。

【任务实施】

量取硫酸10mL，注入乳脂计内，颈口勿沾湿硫酸。用11mL吸管吸牛乳样品至刻度，加入同一牛乳乳脂计内，再加异戊醇1mL，塞紧橡皮塞，充分摇动，使牛乳凝块溶解。将乳脂计放入65～70℃的水浴中保温5min，转入或转出橡皮塞使脂肪柱适合乳脂计刻度部分，然后置离心机中以1000r/min离心5min，再放入65～70℃的水浴中保温5min，取出立即读数，读数时要将乳脂肪柱下弯月面放在与眼同一水平面上，以弯月面下限为准。所得数值即为脂肪的百分数。

【注意事项】

硫酸浓度及用量要严格遵守方法中规定的要求，硫酸浓度过大会使牛乳炭化成黑色溶液而影响读数；浓度过小则不能使酪蛋白完全溶解，结果会使测定值偏低或使脂肪层浑浊。

任务思考

(1) 牛乳中的脂肪以________的形式存在，外面包裹的膜叫做________。这层膜可以保护乳脂肪免受乳中酶破坏，并有乳化功能，使乳脂肪以________型乳浊液形式存在于乳中。

(2) 盖勃法测牛乳脂肪时，在牛乳中加硫酸，可破坏牛乳的________，使牛乳中的________变成可溶性的重硫酸酪蛋白化合物，在操作中还需要加入异戊醇，降低脂肪球的________，促进脂肪球离析。在操作过程中的65～70℃水浴和离心处理，目的都是________。

(3) 简述盖勃法测定牛乳脂肪含量的操作步骤。

任务三　乳及乳制品中蛋白质的测定

知识储备 >>>

知识点1：蛋白质

蛋白质是由氨基酸组成的天然高分子化合物。必须从食物中摄取的氨基酸称为必需氨基酸（EAA），人体所需的必需氨基酸有赖氨酸、苯丙氨酸、缬氨酸、蛋氨酸、色氨酸、亮氨酸、异亮氨酸及苏氨酸，此外，组氨酸对婴儿生长也是必需的。牛乳中的蛋白质含量为3%～3.7%，是主要的含氮物质，其中主要为酪蛋白和乳清蛋白，还有少量的脂肪球膜蛋白。乳蛋白就整体而言，富含必需氨基酸且配比适宜，比自然界中任何其他天然食物都多，但酪蛋白中蛋氨酸的含量却较少。乳中所含氮的95%为真蛋白，其余5%是非蛋白质含氮化合物，其中有尿素、氨、氨基酸和肌酸等。

知识点2：酪蛋白的结构

酪蛋白约占乳蛋白质总量的80%～82%，又可分为α-酪蛋白、β-酪蛋白和κ-酪蛋白；乳清蛋白约占乳蛋白总量的18%～20%，由β-乳球蛋白、α-乳清蛋白、血清蛋白和免疫球蛋白组成，其中β-乳球蛋白是牛乳乳清蛋白中的主要蛋白质，含量最高可达9.7%。

知识点3：凯氏定氮法

凯氏定氮法是测定化合物或混合物中总氮量的一种方法。即在有催化剂的条件下，用浓硫酸消化样品将有机氮都转变成无机铵盐，然后在碱性条件下将铵盐转化为氨，随水蒸气馏出并为过量的酸液吸收，再以标准酸滴定，就可计算出样品中的含氮量。由于蛋白质含氮量比较恒定，可由其含氮量计算蛋白质含量，故此法是经典的蛋白质定量方法。

子任务一　凯氏定氮法测蛋白质（微量凯氏定氮法）

【测定原理】

蛋白质是含氮的有机化合物。样品与浓硫酸和催化剂一同加热消化，使蛋白质分解，其中碳和氢被氧化为二氧化碳和水逸出，而样品中的有机氮转化为氨，与硫酸结合生成硫酸铵。然后加碱蒸馏使氨游离，用硼酸吸收后，再以硫酸或盐酸标准溶液滴定，根据酸的消耗量乘以换算系数，即为蛋白质的含量。

（1）消化　浓硫酸具有脱水性，使有机物脱水后被炭化为碳、氢、氮。浓硫酸又具有氧化性，可将有机物炭化后的碳氧化为二氧化碳，硫酸则被还原为二氧化硫。二氧化硫使氮还原为氨，本身则被氧化为三氧化硫，氨随之与硫酸作用生成硫酸铵留在酸性溶液中。

$$蛋白质+13H_2SO_4 \longrightarrow (NH_4)_2SO_4+6CO_2+12SO_2+16H_2O$$

消化时加入的硫酸铜是作催化剂，以加速分解反应，还可以加入氧化汞、氧化铜等作催化剂，为防止汞的污染，通常用硫酸铜较多。如果以汞或汞化合物作催化剂，则消化和加碱后，形成汞氨化合物。此化合物在蒸馏时不能完全分解，在这种情况下，必须加入锌粉或硫代硫酸钠或硫化钠，使汞氨化合物分解。

$$C+2CuSO_4 \longrightarrow Cu_2SO_4+SO_2\uparrow+CO_2\uparrow$$
$$Cu_2SO_4+2H_2SO_4 \longrightarrow 2CuSO_4+2H_2O+SO_2$$

有机物消化完后，溶液具有清澈的硫酸铜的蓝绿色，同时硫酸铜在下一步蒸馏时可作碱性反应的指示剂。

在消化过程中添加硫酸钾，与硫酸反应生成硫酸氢钾，是为了提高溶液沸点，从而提高反应温度（纯硫酸沸点 338℃，添加 10g 硫酸钾后，可达 400℃），加速反应过程。此外，也可以加硫酸钠、氯化钾等盐类来提高沸点。

在消化过程中，随着硫酸的不断分解、水分的不断蒸发，硫酸钾的浓度逐渐增大，沸点升高，加速了对有机物的分解作用。

加入过氧化氢，是利用其氧化性，以加快反应速度：

$$2H_2O_2 \xrightarrow[\text{加热}]{} O_2+2H_2O$$

(2) 蒸馏　在消化完全的样品溶液中加入浓氢氧化钠使呈碱性，硫酸铵在碱性条件下释放出氨，通过加热蒸馏，氨随水蒸气蒸出：

$$(NH_4)_2SO_4+2NaOH \longrightarrow 2NH_3+Na_2SO_4+2H_2O$$

(3) 吸收　加热蒸馏时放出的氨可用硼酸溶液进行吸收。

$$2NH_3+4H_3BO_3 \longrightarrow (NH_4)_2B_4O_7+5H_2O$$

(4) 滴定　待吸收完全后，用硫酸或盐酸标准溶液滴定生成的硼酸铵，属于盐类的滴定。硼酸为极弱的酸，在滴定中并不影响所用指示剂的变色反应。

$$(NH_4)_2B_4O_7+H_2SO_4+5H_2O \longrightarrow (NH_4)_2SO_4+4H_3BO_3$$

$$(NH_4)_2B_4O_7+2HCl+5H_2O \longrightarrow 2NH_4Cl+4H_3BO_3$$

(5) 计算　根据硫酸或盐酸溶液消耗的体积，计算总氮含量，再乘以蛋白质系数，即为粗蛋白的含量。

【任务准备】

(1) 试剂

① 浓硫酸（分析纯）。

② 硫酸钾（分析纯）。

③ 硫酸铜（$Cu_2SO_4 \cdot 5H_2O$）（分析纯）。

④ 过氧化氢溶液：体积分数为 30%。

⑤ 硼酸溶液（30g/L）：取 30g 硼酸，溶解在 1L 水中。

⑥ 甲基红-溴甲酚绿混合指示剂：用体积分数为 95% 的乙醇，将溴甲酚绿及甲基红分别配成 1g/L 的乙醇溶液，使用时按 1g/L 溴甲酚绿与 1g/L 甲基红为 5∶1 的比例混合，临用

时混合。

⑦ 标准滴定溶液　硫酸标准溶液　$[c(H^+)=0.1000mol/L]$；盐酸标准溶液　$[c(H^+)=0.1000mol/L]$。

⑧ 氢氧化钠溶液（质量比为400/1000）　称取400g氢氧化钠，用1000mL水溶解，待冷却后移入试剂瓶中。

注：所有试剂均用不含氮的蒸馏水配制。

（2）仪器　凯氏烧瓶：500mL或250mL；定氮蒸馏器；滴定管25mL；三角烧瓶250mL。

【任务实施】

（1）样品的称取　精密称取0.20～2.00g固体样品或2.00～5.00g半固体样品或吸取10.00～25.00mL（或用减量法称取12～15g）液体样品（相当于氮30～40mg），将样品和滤纸一起小心移入凯氏烧瓶的球部；液体样品要用减量法倒入凯氏烧瓶中，倾倒样品时要顺着连烧杯一起称重的小玻璃棒小心操作，尽量使样品不挂在凯氏烧瓶的颈口部。

（2）消化　在凯氏烧瓶中加入10g硫酸钾和1g硫酸铜，量取20mL浓硫酸，徐徐加入到凯氏烧瓶中，混合，置于有石棉网的电炉上倾斜加热（通风橱内进行）。开始火要小，小心烧瓶内泡沫冲出而影响测定结果。当瓶内发泡停止，再加大火力，同时，分数次加入10mL过氧化氢溶液（加前需将烧瓶冷却一会儿），冲下瓶颈和瓶壁上的炭化粒。当烧瓶内容物的颜色逐渐变成透明的淡绿色时，继续消化0.5～1h。

（3）转移　使消化好的样品稍冷，沿瓶壁吹入少许水，混合，再逐渐沿瓶壁吹入少许水（防止剧烈沸腾水迸出烧瓶）至烧瓶内液体的体积约60mL，沿玻璃棒将烧瓶壁内的液体倒入放有小漏斗的100mL容量瓶中，以水洗凯氏烧瓶三次，洗涤液沿玻璃棒倒入容量瓶中。冷却容量瓶，定容。

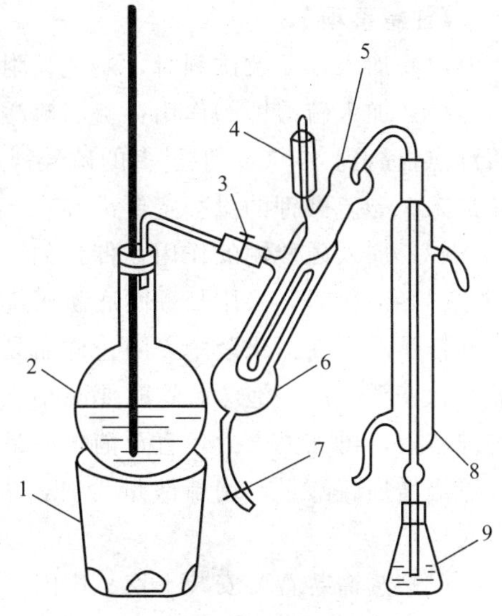

图1-2-3　定氮蒸馏装置

1—电炉；2—水蒸气发生器（平底烧瓶）；3—螺旋夹；4—小烧杯及棒状玻塞；5—反应室；6—反应室外层；7—橡胶管及螺旋夹；8—冷凝器；9—蒸馏液接收瓶

（4）蒸馏　接好定氮装置（图1-2-3），于水蒸气发生瓶中装入2/3以下的水，加入数粒玻璃珠防止爆沸，加热煮沸水蒸气发生瓶内的水，接通冷凝水。在接收瓶中加入50mL 30g/L硼酸溶液和3滴混合指示剂，使冷凝器的出液端口位于接收瓶液面下。将25mL消化液小心移入定氮器的蒸馏瓶中，再缓慢加入25mL 400g/L氢氧化钠溶液，迅速塞好塞子，用水封好，通入蒸汽进行蒸馏。待接收瓶内的液体约为150mL时，稍移动接收瓶，使出液口位于液面之上；流出的蒸馏液沿瓶壁流下，至接收瓶内液体接近200mL，用少量蒸馏水冲洗冷凝管的出液口，将冲洗液收集入接收瓶，拿开接收瓶，停止蒸馏。

（5）用硫酸标准溶液滴定至灰红色。

（6）空白实验　在测定样品的同时进行空白试验，即除不加样品外，其他过程和样品的测定一样。

【结果计算】

$$X=\frac{(V_1-V_2)\times 2\times c\times 0.014}{m\times\frac{25}{100}}\times F\times 100$$

式中 X——样品中蛋白质的含量，g/100g(g/100mL)；

V_1——样品消耗硫酸或盐酸标准溶液的体积，mL；

V_2——试剂空白消耗硫酸或盐酸标准溶液的体积，mL；

c——硫酸或盐酸标准溶液的浓度，mol/L；

0.014——1.00mL 硫酸 $c_{(H^+)}=0.1000mol/L$ 或盐酸 $c_{(H^+)}=0.1000mol/L$ 标准溶液中相当的氮的质量，g；

m——样品的质量（或体积），g（或 mL）；

F——氮换算为蛋白质的系数。一般食物为 6.25；乳制品为 6.38；面粉为 5.70；玉米、高粱为 6.24；花生为 5.46；米为 5.95；大豆及其制品为 5.71；肉与肉制品为 6.25；大麦、小米、燕麦、裸麦为 5.83。

【注意事项】

(1) 加入样品及试剂时，避免黏附在瓶颈上。

(2) 加入硫酸钾的作用：提高硫酸的沸点（338℃），增进反应速度。10g 硫酸钾可将硫酸沸点提高到 400℃，但过多的硫酸钾会造成沸点太高。生成的硫酸铵在 513℃ 会分解，故此加入 10g 硫酸钾的量一定要准确。

(3) 加入硫酸铜的作用：催化剂，使氧化作用加速。

(4) 消化时，采用长颈圆底凯氏烧瓶斜支于电炉上，其操作必须在通风橱中进行，并使全部样品浸泡在消化液中，防止样品黏附在瓶颈上部，以致消化不完全；在消化过程中，样品炭化变黑，产生泡沫，这时要减小火力。勿使黑色物质上升到凯氏烧瓶颈部，待消化液均匀沸腾后，再加大火力，直至消化液黑褐色消失呈淡蓝色透明为止。如样品含脂肪较多时，应适当增加硫酸量，用硫酸量少时，过多的硫酸钾会形成硫酸氢钾而不与氨作用，导致氨损失。

(5) 蒸馏装置要安装平稳、牢固、严密，各连接部分不能漏气。水蒸气发生器装水不可太满，加玻璃珠以防爆沸。

(6) 蒸馏时，蒸汽要发生均匀、充足，不得停火断汽，否则蒸馏瓶内压力降低会发生倒吸；避免瓶中的液体发泡冲出进入接收瓶。加碱量要足，动作要快，防止氨损失。冷凝管出口一定要浸入吸收液中，防止氨挥发损失。

(7) 蒸馏结束后，应先将吸收液离开冷凝管口，以免发生倒吸。判断是否蒸馏完全，可用 pH 试纸测试冷凝管口的冷凝液而确定。

子任务二 半自动凯氏定氮仪测乳粉中的蛋白质

【样品制备】

用于凯氏分析的样品必须进行仔细制备，以避免引起最终结果的误差。样品制备程序通常包括一步或多步处理以均质样品，理想的样品粒度要小于 1mm。提高分析样品的均匀度将提高方法的重现性，并可减少样品的用量而不影响最终结果的质量。使用小颗粒的样品，消化速度也将加快。

1. 样品的称重——固态

在凯氏分析中要使用万分之一分析天平。

分析中样品的实际称重主要取决于样品的均匀度。对于不均匀的样品，若使用的样品量太少，将不能获得高的精度。而对于均匀的样品，称样没有严格要求，只要正确地选择称样量和滴定酸浓度，最终得到一个合适的滴定体积（大约为 2～20mL）即可。

使用 0.1～0.2mol/L 的滴定酸可以参考表 1-2-2 选择称样量。

表 1-2-2　称样量参考

蛋白质含量	样品量/mg
<5%	1000～5000
5%～30%	500～1500
>30%	200～1000

2. 样品消化

完整的凯氏定氮系统如图 1-2-4 所示。

(1) 模块式消化炉，如图 1-2-5 所示。

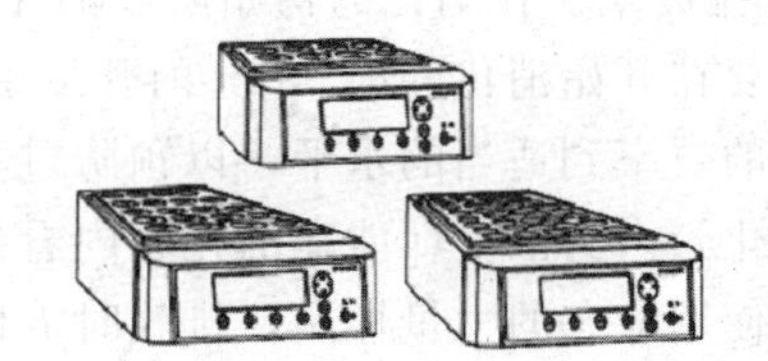

图 1-2-5　8 位/20 位/40 位消化炉

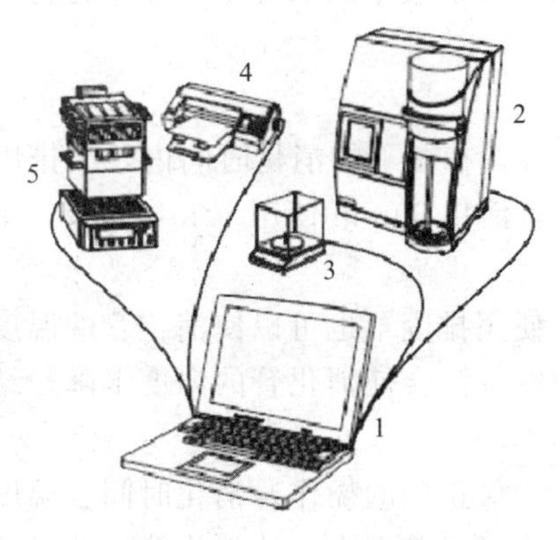

图 1-2-4　凯氏定氮系统

1—计算机；2—凯氏定氮仪；
3—电子天平；4—打印机；5—消化炉

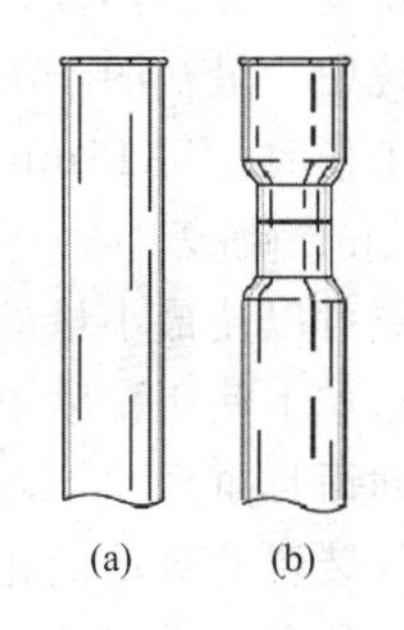

图 1-2-6　消化管

(a) 直形消化管；(b) 凹形消化管

使用模块式消化炉消化样品要比使用传统消化器消化样品使用酸的体积少得多。传统凯氏法一般要使用 20～30mL 酸。而在模块式消化系统中，使用 250mL 或 400mL 消化管通常只需用 10～15mL 硫酸，若使用 100mL 的微量管，只需用 2～5mL 硫酸。消化管形式如图 1-2-6 所示。

(2) 废气排出系统　在所有的凯氏消化系统中，消化过程中都要产生一些酸雾。为了控制这些废气扩散到环境中，要使用一个排气系统。排气系统可以有效地控制废气，但是出于安全考虑应安装在通风橱内使用。排废罩放在消化管的顶端，酸雾被水抽气泵排到下水管内或进入一个密闭的涤气收集系统中。如图 1-2-7 所示。

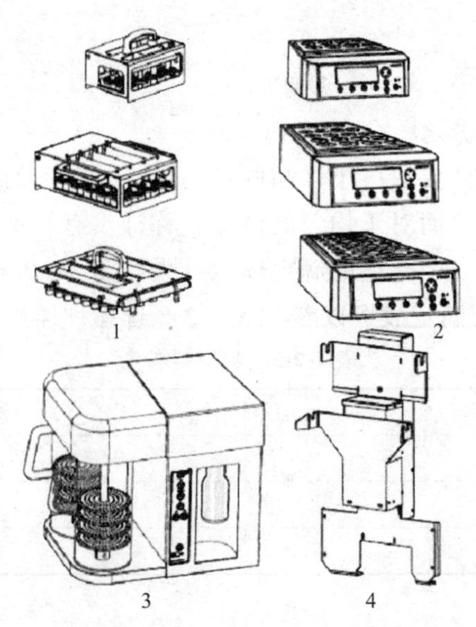

图 1-2-7　排废罩（1）/消化炉（2）/2501
涤气装置（3）/2515 升降装置（4）

① 排废罩。在消化的初始阶段消化管内会产生大量的烟雾，此时需要较大的排气效率。这就需要在开始消化的前 5min 内开足水抽气泵的流量来实现。5～10min 以后，必须减小水抽气泵的效率到适当的水平，以预防过量的酸被消耗。正确的排气最低水平是以能使烟雾停留在消化管内为准。即能在消化管内看到“烟雾”而又不使烟雾从管中溢出。

若使用液态的大量样品，排气时需使用最大的水抽气泵效率到水分全部蒸发完为止，然后减小流量，降低效率。

同时使用排废罩和护热板，可避免使用过量的酸。

在这个系统中，最初的 15min 蒸发损失约 8%的酸，在剩下的消化时间内，当排废罩在低效率状态下工作时，每 15min 只损失 0.8%的酸。若消化 60min 使用 12mL 硫酸，则通过蒸发仅损失 1.2mL 硫酸。

使用排废罩可以使最小量的酸排到环境中。同时使用排废罩也可以使消化管的温度保持在正确水平上。如不使用排废罩和护热板，通风橱中的气流会使消化管的温度下降，结果是延长了消化时间而且重现性不好。

一个带涤气装置的自动消化炉可自动控制排废，确保正确的操作。消化时间、温度和排废条件将是统一的和可重现的。而且和水抽气泵相比也可以节省水。从消化管中蒸发的少量的硫酸能被排气系统收集，然后在涤气系统中被中和。

如果是使用流动注射或者隔断流分析仪检测氮，严格控制最终消化液中酸的浓度是很重要的。使用涤气系统能够得到一致的消化条件。

② 涤气装置　使用涤气装置可以避免酸雾散发到大气中。此系统在没有另外的供水系统的情况下也能工作。它的水路是一个封闭的系统。它的另一优点是供水量的变化不会影响酸雾的排出。酸雾收集到桶内被碱中和，最后的废液是碱性硫酸钠溶液。

一般涤气装置可以和任何厂家的排废罩配套使用。当和基本型消化炉或其他厂家的消化炉配套使用时，需要手动按侧面的按钮控制抽气量。涤气装置中的碱液瓶中应加入指示剂以方便监控。当溶液变成酸性时，需要更换新的 15%～20%的 NaOH。

使用内置程序的升降装置可以实现更高程度的自动控制。

③ 消化管架　如图 1-2-8 所示。

图 1-2-8　各种消化管架

消化管架被用来简化消化管的整体移动。称重的样品可以直接加入置于消化管架内的消化管中。装入消化管的消化管架可以直接放入消化炉内消化。消化以后整体移出冷却，最后去蒸馏。当使用自动进样器时，带消化管的消化管架可以直接放入自动进样器内，消化管将被自动地装入自动定氮仪去蒸馏。

注意，不要把热的消化管直接放在冷的表面上，这可能会引起消化管底部产生星形裂纹，这样的消化管很容易破裂。必须使用独立的架子来冷却消化管。

消化管架可以成批地移动消化管，无论是热的或者是冷的。

锁定板（图 1-2-9）可以将管子固定在消化管架上，以便所有的消化管能在分析以后被同时清洗和干燥。

在实验室的质量控制中，消化管架也是一个保证质量的重要条件。使用消化管架可以在分析过程中排除混淆消化管的可能，从而提高了可靠性。

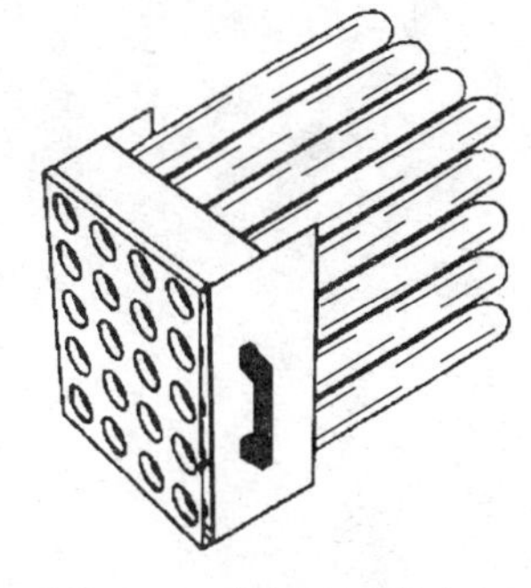

图 1-2-9　使用中的锁定板

（3）消化系统的检验　在日常工作中，为了确保得到高质量的分析结果，有必要在所有批次的消化和分析中都包括一个监测样品。通过监测这个样品的检验结果，可以知道检验结果是否正确。

以下 4 个基本方法可以用于检验消化过程的精度。

① 消化一个已知含氮量的标准物质。甘氨酸和乙酰苯胺是通常使用的标准物质。甘氨酸的氮含量是 18.66%，乙酰苯胺的氮含量是 10.36%。称重 500mg，包括消化在内的回收率误差应在±1%以内。要考虑到试样的质量和纯度。假如蒸馏/滴定单元的性能满足要求，这一方法可校验消化过程。

② 消化一个已证明过的样品。

③ 参加多人参加的样品测试，即和其他实验室定期比较结果。

④ 在实验室内制作一个参照样品，并与其他实验室比较检验其含量。在日常工作中可使用这一样品作为参比。

（4）注意事项

① 消化管的清洗　在普通的凯氏消化分析中，于蒸馏后使用去离子水冲洗消化管即可。也可以使用一个带锁定板的消化管架，以便同时清洗或处理所有的消化管。

② 消化管的检查　应经常检查消化管以发现有无任何可见的损伤。如果消化管已有裂纹应立即更换。同时还要检查管子的底部有无“星状”破损，若有此问题，消化和蒸馏过程中管子破碎的危险增加，此时的消化管也应立即更换。消化管底部的“星状”破损常常是由热的消化管立即置于凉的表面上造成的。在冷却过程中，应用一个独立的支架来支撑消化管架。

【蒸馏】

如图 1-2-10 所示为 KjeltecTM 2100 自动蒸馏装置。

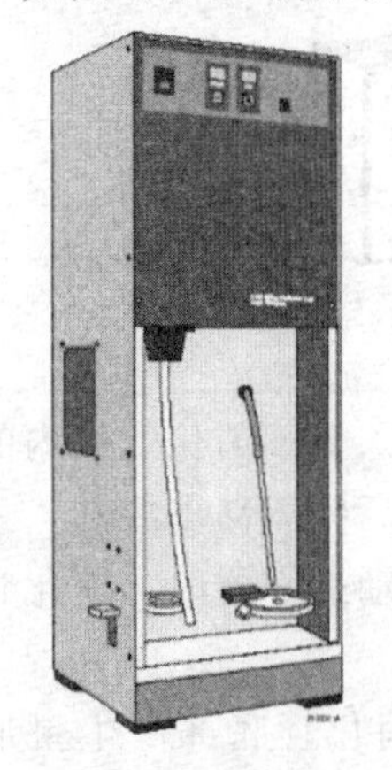

图 1-2-10　KjeltecTM 2100 自动蒸馏装置

该仪器的主要功能是作为凯氏定氮的蒸馏仪来使用，仪器自动加入设定量的碱后开始自动蒸馏，蒸馏时间由操作者自行设定。蒸馏液被收集到一个接收瓶中用于下一步的滴定分析。本蒸馏装置也可用于其他类型的蒸馏，如用于硫/氰/酚的分析，也可用于直接蒸馏法定氮。其操作原理介绍如下。

一个典型的凯氏定氮装置如图 1-2-11 所示。

将带有消化好的样品的消化管（2）用 75mL 蒸馏水稀释，并将其连接在蒸馏头（3）上。按开始键，仪器开始自动分析过程，碱被碱泵自动加入到消化管中，蒸馏过程自动启动。蒸馏将根据程序设定的时间自动停止，游离氨气将随蒸汽通过蒸馏头（3）进入冷凝器（10）冷却并被收集到含有吸收液的三角烧瓶中。

（1）蒸汽发生器　为确保操作者的安全，蒸汽只有当安全门关闭的时候才能打开。当按键或键时，蒸汽发生器（4）

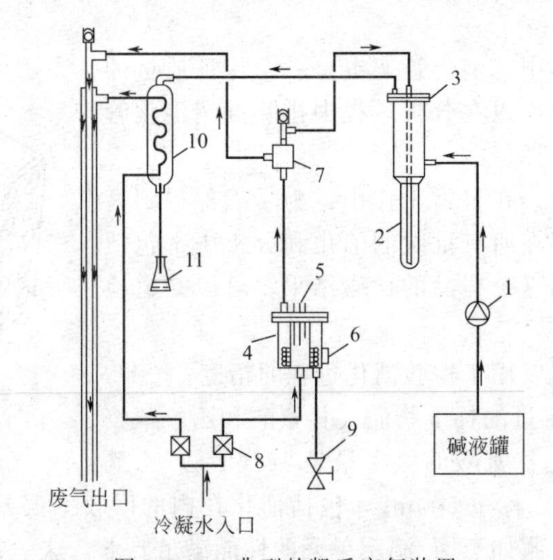

图 1-2-11　典型的凯氏定氮装置

1—碱泵；2—消化管；3—蒸馏头；4—蒸汽发生器；5—水位探针；
6—过热保护；7—蒸汽阀；8—进水阀（双体）；9—排废阀；10—冷凝器；11—吸收瓶

才开始通电，冷却水阀被打开，蒸馏过程开始。蒸汽发生器中的水位是靠水位探针（5）来控制的。

蒸馏时间是靠程序设定的，蒸馏时间可以在 1～15min 内自己选定（1min 为步距）。当蒸馏过程结束后，蒸汽继续产生 10s，多余的蒸汽通过废水管排向下水，同时冷却水阀自动关闭。蒸汽发生系统不会有过压产生，因为它的出口不是连接消化管就是转到排废系统，同时在蒸汽发生器上设计了一个过压保护装置，防止因为特殊原因管路堵塞而造成危险。

（2）碱泵系统　为确保操作者的安全，碱泵只有当安全门关闭的时候才能打开。

确保消化管被正确地放在位置上，按面板上的键，碱将被正确地加入到消化管中，加碱量将等于在程序中设定的数量，它可以在 0～150mL 之间按 10mL 的步距调节。注意要排出系统中的空气。根据应用，碱泵系统也可以用来加入硫酸、硼酸等试剂。

注意：该 2100 蒸馏仪使用自来水为蒸汽发生器的水源，自来水必须是无氨的用于保证低空白值，如果希望使用蒸馏水或去离子水，需要安装一套独立供水装置。

操作程序如下。

① 控制键如图 1-2-12 所示。

② 功能键

NaOH手动加碱。操作者可以使用本键手动加入氢氧化钠，加入的量等于在键上方显示的数值，本数值是可以改变的。按键开始加入，再按一次停止。

手动蒸汽键。利用本键可以手动启动蒸汽发生器，开启时间等于本键上方的显示值，本数值是可以改变的。按键开始蒸馏，再按一次停止。

分析键。自动分析键，按此键仪器自动加入氢氧化钠，并根据设定的蒸馏时间自动完成蒸馏步骤。

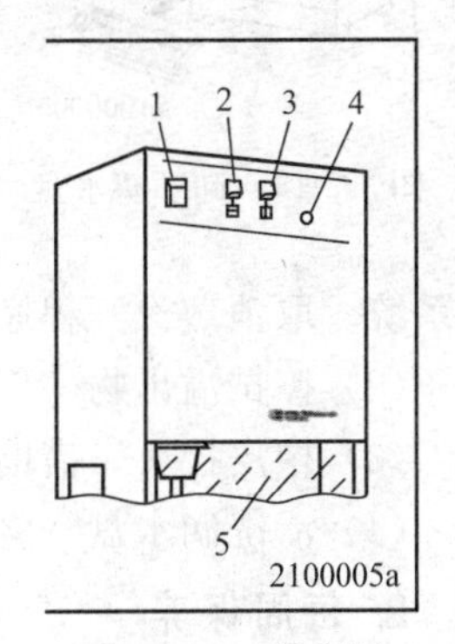

图 1-2-12　控制键

1—电源开关；2—手动加碱键；3—手动蒸汽键；4—自动分析键

分析模式：本蒸馏装置可以使用延时及 SAFE 功能，在使用 SAFE 功能时，蒸汽在碱泵启动前两秒加入，保证在碱加入时没有剧烈的酸碱反应。使用延时功能时，蒸汽发生器将在加入碱后的 12s 后开始启动。

③ 开始

a. 检查碱桶中碱液的量，不足时补齐。

b. 打开电源。

c. 确保消化管及接收三角烧瓶放好，安全门关好。

d. 打开冷却水开关。

注意：蒸汽发生器打开前，冷却水及蒸馏器上水的阀门是不会打开的。蒸汽发生器关闭后，冷却水阀也会自动关闭。

e. 按键，手动打开蒸汽发生器，蒸馏数分钟直到在三角烧瓶中有液体流出，说明仪器已经准备好。

④ 开始蒸馏

a. 将消化管及接收瓶移走。

b. 换上第一个需要蒸馏的样品，在接收瓶中放好接受液，如图 1-2-13 所示，为了避免交叉污染，不要用手接触输出管，必要时可握住输出管的塑料部分。

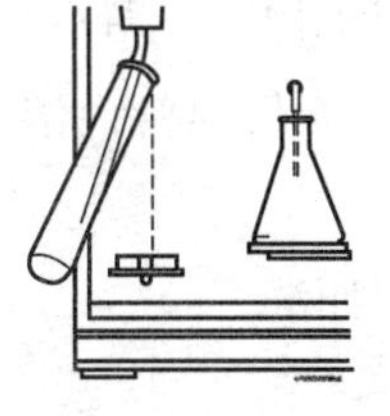
图 1-2-13　蒸馏管及接收瓶

c. 关闭安全门。

d. 按键开始运转完整的蒸馏程序。

e. 完成后，置换消化管及接收瓶，再按键开始第二个样品，直到完成全部样品的蒸馏。

注意：如果分析完成后，没有将安全门打开，再次按动键，仪器将显示“TUBE”数秒，以提醒操作者置换消化管。

⑤ 关机

a. 根据［维护］中的程序完成日常的保养工作。

b. 将图 1-2-14 所示的滴水盘卸下，用清水清洗。

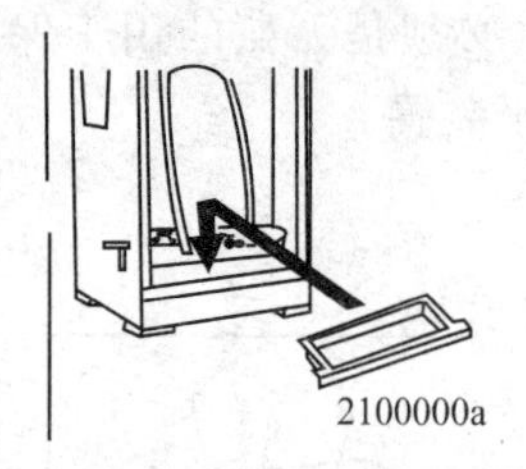

图 1-2-14　卸下滴水盘

c. 关闭电源及冷却水。

【维护】

1. 每日保养

为避免出现故障及延长使用寿命，每日使用完的设备应按如下程序进行日常保养。

（1）分析仪的循环系统清洗　在蒸馏装置中放入一加满蒸馏水的消化管，按[蒸汽]键蒸馏使蒸汽发生器产生蒸汽约 5min，以清洗系统。取消蒸汽开程序，蒸汽发生器停止，取下消化管，倒掉内容物。关闭电源与水源。

（2）擦拭溢出物　用湿布或海绵擦净仪器上任何部位的溢出物。

（3）橡皮接头　借助温水用湿布或海绵擦净橡皮接头，并擦净防护罩上的溅出物。

（4）清洗滴水盘　将滴水盘卸下并用清水清洗。

2. 每周保养

除了上述的日常保养外，以下为每周或根据需要的保养工作，并做维修记录备案。

（1）试剂桶的检查和清洗　检查各桶是否有裂纹，如有损坏，更换新桶。检查是否有结晶体堵塞通气孔，如有用温水清洗直至其溶解，干燥后装回原处。

（2）消化管的检查　检查消化管管口边缘有否缺口、裂缝、裂纹。消化管的此类损伤会在消化管与橡皮接头处产生泄漏，从而导致分析回收率的损失。检查消化管底部有否碎纹、裂痕，它会导致意想不到的炸裂，伤及操作者并损坏消化与蒸馏系统。为安全起见，要弃掉所有破损的消化管。

由于消化而引起的消化管底部的发暗发灰是正常现象，不需要进行更换。

（3）清洁安全门　将安全门上的任何水滴擦净。

注意：检查安全门的传感器，在蒸馏过程中将安全门打开，仪器将会立即停止工作并且自动复原。如果仪器在安全门被打开后仍然正常工作，则需立即关闭安全门，停止使用该仪器，与维修人员联系尽快修复仪器。

3. 每一个月至三个月的保养

除了上述以外，每一个月至三个月或按照使用情况还应做以下保养工作并做维修记录备案。

（1）检查消化管接头　将消化管接头从仪器上卸下，仔细检查是否有破损而影响仪器的稳定结果。

（2）碱泵的清洗　用温水清洗碱液桶后，在干净的碱桶中注入约 2L 的 40℃蒸馏水，连接系统[NaOH]键加碱程序几次，抽出残余的碱液。按照通常的废液处理程序倾倒出管内溶液。重新放入一个新的蒸馏管。再次选择手动模式，用温水冲洗加碱系统。

这一步骤也可在分析仪的碱液入口处连接一小管，使用烧杯加入温水冲洗。

以上两种方法清洗温水最少为 0.5L。

注意：以上方法需要在使用约 200mL 水后，将管排空。更换蒸馏管继续冲洗。这一程序保证了整个碱液系统的清洗，从而避免了产生碱结晶而导致的对泵和连接器工作的影响。当清洗过程全部结束后，重新在碱桶中注入新鲜碱液冲洗整个系统，以去除残余的水和空气。取下蒸馏管，倒去内容物，擦净管接头的残余碱晶体。

（3）检查碱的体积　在仪器上插入一个测试空管，注意再将泵泵入的液体倒进一个量筒中，与设定值比较检查体积。

如果需要调整，操作如下：顺时针旋转调节螺母为增加体积，逆时针为减少体积。

注意：每一圈程为10mL。

（4）喷淋头的清洗　将大约25mL的蒸馏水与相同体积的醋酸注入蒸馏管中。在蒸馏装置上放入一蒸馏管，运行“蒸汽开”程序5～10min，关闭程序停止蒸汽。放入另一盛有约50mL蒸馏水的消化管继续蒸馏5min。如此操作至少三次以除去残余的酸，从而不致影响后面的分析。

（5）蒸汽发生器的清洗　保证排放管与蒸汽发生器出口连接完好，打开发生器的排放阀，排空。再注入柠檬酸水溶液（100g柠檬酸溶于800mL水），最好是热溶液。在蒸汽发生器的管口连接一个大漏斗，抬高漏斗使其高于蒸汽发生器，同时关闭排放阀。

方法①：让溶液在蒸汽发生器中过夜，直至蒸汽缸不再有沉淀物。

方法②：在设备中放入一蒸馏管，在手动状态下运行蒸汽开程序5min，然后关闭蒸汽与电源。打开排放阀排空。

注意：在第二种方法中溶液将会非常热。

使用漏斗用水彻底冲洗蒸汽发生器，洗净后关闭排空阀。取下漏斗，重新连接好管路。

任务思考

（1）蛋白质是由__________组成的天然高分子化合物。

（2）牛乳中的蛋白质含量为__________，是主要的含__________物质，其中主要为酪蛋白和乳清蛋白。酪蛋白约占乳蛋白总量的__________，乳清蛋白约占乳蛋白总量的__________。

（3）凯氏定氮法测蛋白质的原理是：蛋白质是含氮的有机化合物。样品与__________一同加热消化，使__________分解，其中碳和氢被氧化为二氧化碳和水逸出，而样品中的有机氮转化为氨，与硫酸结合生成__________。然后加碱蒸馏使氨游离，用__________吸收后，再以硫酸或盐酸标准溶液滴定，根据酸的消耗量乘以换算系数，即为蛋白质的含量。

（4）凯氏定氮法测蛋白质加入硫酸铜的作用是__________。

任务四　乳粉中乳糖、蔗糖的测定

知识储备

知识点 1： 糖

糖是多羟基醛或多羟基酮的化合物，从结构上可分为单糖、双糖和多糖。

知识点 2： 乳糖

乳糖是哺乳动物特有的一种化合物，是一种双糖，其本身具有还原性，水解生成一分子葡萄糖和一分子半乳糖。乳中糖类的 99.8%以上是乳糖，此外还含有极少量的葡萄糖、果糖、半乳糖等。乳糖是人体非常有益的营养成分，它能促进人体肠道内有益乳酸菌的生长，抑制肠道内异常发酵造成的中毒现象，乳糖还可以促进机体对钙的吸收。

知识点 3： 蔗糖

蔗糖也是一种双糖，不具有还原性，水解后生成一分子葡萄糖和一分子果糖。在生产过程中，为了改变乳品的风味，提高乳品的甜度，蔗糖成为一种必不可少的添加物。

子任务一　乳粉中乳糖的测定（莱因-艾农法）

【测定原理】

费林甲、乙液等量混合，立即生成蓝色的沉淀，它立即与酒石酸钾钠反应，生成可溶性的深蓝色酒石酸钾钠络合物。样品经除去蛋白质以后，在加热条件下，样液中的还原糖与酒石酸钾钠络合物反应，生成红色的氧化亚铜沉淀，达到终点后，稍过量的还原糖把次甲基蓝还原，溶液由蓝色变为无色，显示出氧化亚铜沉淀的鲜红色。根据样液消耗的体积，计算乳糖含量。

费林液由甲、乙液组成，甲液为硫酸铜溶液，乙液为氢氧化钠与酒石酸钾钠溶液。平时甲、乙液分别贮存，测定时才等体积混合，混合时，硫酸铜与氢氧化钠反应，生成氢氧化铜沉淀：

$$2NaOH + CuSO_4 = Cu(OH)_2 \downarrow + Na_2SO_4$$

生成的氢氧化铜沉淀与酒石酸钾钠反应，生成酒石酸钾钠与铜的络合物，使氢氧化铜溶解：

$$\begin{array}{l} COOK \\ | \\ CHOH \\ | \\ CHOH \\ | \\ COONa \end{array} + Cu(OH)_2 = \begin{array}{l} COOK \\ | \\ CHO \\ | \\ CHO \\ | \\ COONa \end{array}\!\!>Cu + 2H_2O$$

酒石酸钾钠铜络合物中的二价铜是一个氧化剂，能使还原糖氧化，而二价铜被还原成一价的红色氧化亚铜沉淀：

$$2\begin{matrix}COOK\\|\\CHO\\|\\CHO\\|\\COONa\end{matrix}\!\!>Cu+\begin{matrix}CHO\\|\\(CHOH)_4\\|\\CH_2OH\end{matrix}+2H_2O=2\begin{matrix}COOK\\|\\CHOH\\|\\CHOH\\|\\COONa\end{matrix}+\begin{matrix}COOH\\|\\(CHOH)_4\\|\\CH_2OH\end{matrix}+Cu_2O\downarrow$$

反应终点用次甲基蓝指示剂显示。次甲基蓝是氧化能力较二价铜更弱的一种弱氧化剂，故待二价铜全部被还原糖还原，过量一滴还原糖立即使次甲基蓝还原，溶液的蓝色即消失。反应终点应为氧化亚铜的砖红色。

【任务准备】

(1) 试剂

① 费林液

甲液：取 34.639g 硫酸铜，溶于水中，加入 0.5mL 浓硫酸，稀释至 500mL。

乙液：取 173g 酒石酸钾钠及 50g 氢氧化钠溶解于水中，稀释至 500mL，静置两天后过滤。

② 次甲基蓝溶液：10g/L。

③ 醋酸铅溶液：$c(PbAc_2)$ 为 200g/L。取 20g 醋酸铅，溶解于 100mL 蒸馏水中。

④ 草酸钾-磷酸氢二钠溶液：取草酸钾 3g、磷酸氢二钠 7g，溶解于 100mL 蒸馏水中。

(2) 仪器　250mL 三角瓶（蒸馏水洗净烘干）；酸式滴定管（0～50mL，0.1mL 精确度）；250mL、100mL 容量瓶；5mL、50mL 移液管；电炉。

【任务实施】

(1) 用乳糖标定费林液　称取预先在 92～94℃烘箱中干燥 2h 的乳糖标样约 0.75g（准确到 0.2mg），用水溶解并稀释至 250mL。将此乳糖溶液注入一个 50mL 滴定管中，待滴定。

① 预滴定　取 10mL 费林液（甲、乙液各 5mL）于 250mL 三角瓶中，再加入 20mL 蒸馏水，从滴定管中放出 15mL 乳糖溶液于三角瓶中，置于电炉上加热，使其在 2min 内沸腾，沸腾后关小火焰，保持沸腾状态 15s，加入 3 滴次甲基蓝溶液，继续滴入乳糖溶液至蓝色完全褪尽为止，读取所用乳糖的体积（mL）。

② 精确滴定　另取费林液（甲、乙液各 5mL）于 250mL 三角瓶中，再加入 20mL 蒸馏水，一次加入比预备滴定量少 0.5～1.0mL 的乳糖溶液，置于电炉上，使其在 2min 内沸腾，沸腾后关小火焰，维持沸腾状态 2min，加入 3 滴次甲基蓝溶液，然后继续滴入乳糖溶液（一滴一滴徐徐滴入），待蓝色完全褪尽即为终点。以此滴定量作为计算的依据（在同时测定蔗糖时，此即为转化前滴定量）。

费林液的乳糖校正值（f_1）：

$$A_1=\frac{V_1\times m_1\times 1000}{250}=4\times V_1\times m_1$$

$$f_1=\frac{4\times V_1\times m_1}{AL_1}$$

式中　A_1——实测乳糖数，mg；

V_1——滴定时消耗乳糖液量，mL；

m_1——称取乳糖的质量，g。

AL_1——由乳糖液滴定体积（mL）查表1-2-3所得的乳糖数，mg。

（2）乳糖的测定

① 样品处理　称取2.5～3g样品（准确至0.01g），用100mL水分数次溶解并洗入250mL容量瓶中。

加4mL醋酸铅、4mL草酸钾-磷酸氢二钠溶液，每次加入试剂时都要徐徐加入，并摇动容量瓶，用水稀释至刻度。静置数分钟，用干燥滤纸过滤，弃去最初25mL滤液后，所得滤液作滴定用。

② 滴定

a. 预滴定　将此滤液注入一个50mL滴定管中，待测定。取10mL费林液（甲、乙液各5mL）于250mL三角瓶中，再加入20mL蒸馏水，从滴定管中放出15mL滤液于三角瓶中，置于电炉上加热，使其在2min内沸腾后关小火焰，保持沸腾状态15s，加入3滴次甲基蓝。然后徐徐滴入乳糖溶液至蓝色完全褪尽为止，读取所用乳糖的体积（mL）。

b. 精确滴定　另取10mL费林液（甲、乙液各5mL）于250mL三角瓶中，再加入20mL蒸馏水，一次加入比预滴定量少0.5～1.0mL的乳糖溶液，置于电炉上加热，使其在2min内沸腾，沸腾后关小火焰，维持沸腾状态2min，加入3滴次甲基蓝溶液，然后一滴一滴徐徐滴入乳糖溶液，待蓝色完全褪尽即为终点。以此滴定量作为计算的依据（在同时测定蔗糖时，此即为转化前滴定量）。

乳糖含量的计算：

$$L=\frac{F_1\times f_1\times 0.25\times 100}{V_1\times m}$$

式中　L——样品中乳糖的质量分数，g/100g；

F_1——由消耗样液的体积（mL）查表1-2-3所得乳糖数，mg；

f_1——费林液乳糖校正值；

V_1——滴定消耗滤液量，mL；

m——样品的质量，g。

子任务二　蔗糖的测定

【测定原理】

样品除去蛋白质后，其中蔗糖经盐酸水解转化为具有还原能力的葡萄糖和果糖，再按还原糖测定。将水解前后转化糖的差值乘以相应的系数即为蔗糖含量。

【任务准备】

（1）试剂

① 费林液

甲液：取34.639g硫酸铜，溶于水中，加入0.5mL浓硫酸，稀释至500mL。

乙液：取173g酒石酸钾钠及50g氢氧化钠溶解于水中，稀释至500mL，静置两天后过滤。

② 次甲基蓝溶液：10g/L。

③ 盐酸溶液：体积比1∶1。

④ 酚酞溶液：0.5g酚酞溶于75mL体积分数为95%的乙醇中，并加入20mL蒸馏水，然后再加入约0.1mol/L的氢氧化钠溶液，直到加入一滴立即变成粉红色，再加水定容

至 100mL。

⑤ 氢氧化钠溶液：$c(NaOH)$ 为 300g/L。取 300g 氢氧化钠，溶于 1000mL 蒸馏水中。

⑥ 醋酸铅溶液：$c(PbAc_2)$ 为 200g/L。取 20g 醋酸铅，溶解于 100mL 蒸馏水中。

⑦ 草酸钾-磷酸氢二钠溶液：取草酸钾 3g、磷酸氢二钠 7g，溶解于 100mL 蒸馏水中。

(2) 仪器　250mL 三角瓶（蒸馏水洗净烘干）；酸式滴定管（0～50mL，0.1mL 精确度）；250mL、100mL 容量瓶；5mL、50mL 移液管；电炉。

【任务实施】

(1) 用蔗糖标定费林液

① 称取在 105℃烘箱中干燥 2h 的蔗糖约 0.2g（准确到 0.2mg），用 50mL 水溶解并洗入 100mL 容量瓶中，加水 10mL，再加入 10mL 盐酸，置 75℃水浴锅中，时时摇动，在 2min 30s 至 2min 45s 之间，使瓶内温度升至 67℃。自达到 67℃后继续在水浴中保持 5min，于此时间内使其温度升至 69.5℃，取出，用冷水冷却，当瓶内温度冷却至 35℃时，加 2 滴甲基红指示剂，用 300g/L 的氢氧化钠中和至呈中性。冷却至 20℃，用水稀释至刻度，摇匀。并在此温度下保温 30min 后再按上述子任务一中乳糖测定滴定中的相应步骤进行操作。得出滴定 10mL 费林液所消耗的转化糖量。

② 费林液的蔗糖校正值（f_2）

$$A_2=\frac{V_2\times m_2\times 1000}{100\times 0.95}=10.5263\times V_2\times m_2$$

$$f_2=\frac{10.5263\times V_2\times m_2}{AL_2}$$

式中　A_2——实测转化糖数，mg；

V_2——滴定时消耗蔗糖液量，mL；

m_2——称取蔗糖的质量，g；

AL_2——由蔗糖滴定体积（mL）查表 1-2-3 所得的转化糖数，mg；

0.95——还原糖换算为葡萄糖的系数。

(2) 蔗糖的测定

① 转化前转化糖量的计算　利用测定乳糖时的滴定量，自表 1-2-3 乳糖及转化糖因数表（10mL 费林液）中查出相对应的转化糖量，按下列公式计算：

$$转化前转化糖质量分数(\%)=\frac{F_2\times f_2\times 0.25\times 100}{V_1\times m}$$

式中　F_2——由测定乳糖时消耗样液的体积（mL）查表 1-2-3 所得转化糖数，mg；

f_2——费林液蔗糖校正值；

V_1——滴定消耗滤液量，mL；

m——样品的质量，g；

0.25——样品溶解定容到 250mL 时糖测定体积，L。

② 样液的转化及滴定

a. 转化　取 50mL 样液于 100mL 容量瓶中，加水 10mL，再加入 10mL 的盐酸，置 75℃水浴锅，时时摇动，在 2min 30s 至 2min 45s 之间，使瓶内温度升至 67℃后继续在水浴中保持 5min，于此时间内使其温度升至 69.5℃，取出，用冷水冷却，当瓶内温度冷却至

35℃时，加 2 滴酚酞指示剂，用氢氧化钠中和至呈中性，冷却至 20℃，用水稀释至刻度，摇匀。并在此温度下保温 30min。

b. 滴定　与乳糖测定中的滴定相同，得出滴定 10mL 费林液所消耗的转化液量。

$$转化后转化糖质量分数(\%)=\frac{F_3\times f_2\times 0.50\times 100}{V_2\times m}$$

式中　F_3——由 V_2 查表得转化糖数，mg；

f_2——费林液蔗糖校正值；

m——样品的质量，g；

V_2——滴定消耗的转化液量，mL。

【结果计算】

蔗糖含量的计算：

$$样品中蔗糖含量(g/100g)=(L_1-L_2)\times 0.95$$

式中　L_1——转化后转化糖的质量分数，%；

L_2——转化前转化糖的质量分数，%。

0.95——还原糖换算为葡萄糖的系数。

若样品中蔗糖与乳糖之比超过 3∶1，则计算乳糖时应在滴定量中加上表 1-2-4 乳糖滴定量校正值中的校正值数后再查表 1-2-3 计算。

表 1-2-3　乳糖及转化糖因数（10mL 费林试液）

滴定量/mL	乳糖/mg	转化糖/mg	滴定量/mL	乳糖/mg	转化糖/mg
15	68.3	50.5	33	67.8	51.7
16	68.2	50.6	34	67.9	51.7
17	68.2	50.7	35	67.9	51.8
18	68.1	50.8	36	67.9	51.8
19	68.1	50.8	37	67.9	51.9
20	68.0	50.9	38	67.9	51.9
21	68.0	51.0	39	67.9	52.0
22	68.0	51.0	40	67.9	52.0
23	67.9	51.1	41	68.0	52.1
24	67.9	51.2	42	68.0	52.1
25	67.9	51.2	43	68.0	52.1
26	67.9	51.2	44	68.1	52.2
27	67.8	51.4	45	68.1	52.3
28	67.8	51.4	46	68.1	52.3
29	67.8	51.5	47	68.2	52.4
30	67.8	51.5	48	68.2	52.4
31	67.8	51.6	49	68.2	52.5
32	67.8	51.6	50	68.3	52.5

注："因数"系指与滴定量相应的数目，可自表中查得，若蔗糖含量与乳糖的比超过 3∶1 时则在滴定量中加表 1-2-4 中的校正数后计算。

表 1-2-4　乳糖滴定量校正值

滴定到终点时所用糖液的量/mL	用 10mL 费林试剂蔗糖对乳糖量的比	
	3∶1	6∶1
15	0.15	0.30
20	0.25	0.50
25	0.30	0.60
30	0.35	0.70
35	0.40	0.80
40	0.45	0.90
45	0.50	0.95
50	0.55	1.05

注：总糖的测定。

乳及乳制品中的总糖通常是指具有还原性的糖和在测定条件下能水解为还原性糖的蔗糖的总量。总糖是乳品生产中的常规分析项目。

总糖的测定公式为

总糖＝蔗糖＋乳糖。

任务思考

(1) 糖是多羟基醛或多羟基酮的化合物，从结构上可分为_________、_________和_________。

(2) 乳糖是哺乳动物特有的一种化合物，是一种双糖，本身具有_________性，水解生成一分子_________和一分子_________。乳中糖类的_________%以上是乳糖。

(3) 蔗糖也是一种双糖，不具有_________性，水解后生成一分子_________和一分子_________。

(4) 费林液由甲、乙液组成，甲液为_________溶液，乙液为_________与_________溶液。平时甲、乙液_________贮存，测定时才_________混合。

(5) 莱因-艾农法测定乳粉中乳糖的原理是：样品经除去_________以后，在_________条件下，费林甲、乙液_________混合，立即生成_________色的沉淀，它立即与_________反应，生成可溶性的_________色酒石酸钾钠络合物。在加热条件下，样液中的还原糖与酒石酸钾钠络合物反应，生成_________色的_________沉淀，达到终点后，稍过量的还原糖把次甲基蓝_________，溶液由蓝色变为_________色，显示出氧化亚铜沉淀的_________色。根据样液消耗的体积，计算乳糖含量。

(6) 简述莱因-艾农法测定乳粉中乳糖的操作步骤。

(7) 莱因-艾农法测定乳粉中的乳糖时，为什么要在煮沸的条件下进行滴定？

任务五 相对密度的测定

知识储备

知识点1：相对密度

乳的相对密度是指乳在20℃时的质量与同体积4℃水的质量之比。正常牛乳的相对密度为1.028～1.032。

知识点2：比重

乳的比重是指乳在15℃时的质量与同温度下同体积水的质量之比。正常牛乳比重约为1.030～1.034。

知识点3：影响乳的比重和相对密度的因素

乳的比重和相对密度受多种因素的影响，如乳的温度、脂肪含量、非脂干物质含量（SNF）、乳挤出的时间及是否掺假等。乳的比重/密度受乳温度的影响较大，温度升高则测定值下降，温度下降则测定值升高。在10～30℃范围内，乳的温度每升高或降低1℃，则实测值将减少或增加0.002。因此，在乳密度/比重的测定中，必须同时测定乳的温度，并进行必要的校正。

【测定原理】

利用乳稠计在乳中取得浮力和重力相平衡的原理测定乳的相对密度。乳的密度和比重均可用乳稠计测定。乳稠计有20℃/4℃（密度计）和15℃/15℃（比重计）两种。乳的相对密度也可用度数来表示。

$$度数=(读数-1)\times 1000$$

【任务准备】

（1）试剂　牛乳。

（2）仪器

① 乳稠计（图1-2-15），温度计。

② 玻璃圆筒（或200～250mL量筒）：圆筒高应大于乳稠计的长度，其直径大小应使乳稠计沉入后，玻璃圆筒（或量筒）内壁与乳稠计的周边距离不小于5mm。

【任务实施】

（1）将10～25℃的牛乳样品混匀后小心地注入容积为250mL的量筒中，加到量筒容积的3/4，勿使发生泡沫。

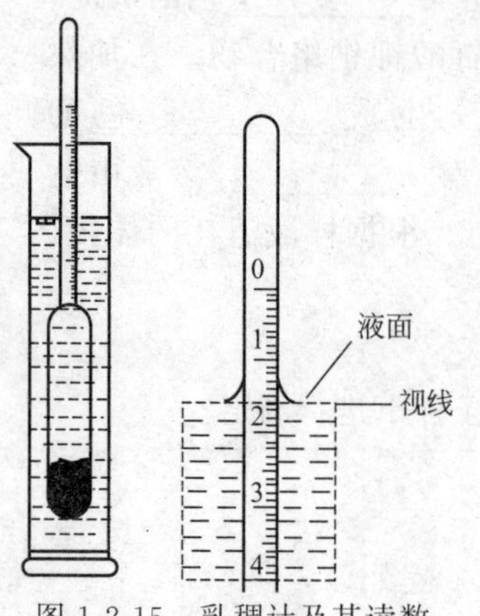

图1-2-15　乳稠计及其读数

（2）用手拿住乳稠计上部，小心地将其沉入乳样中，到相当标尺30°处，放手让它在乳中自由浮动，但不能与筒壁接触。待静置1～2min后，读取乳稠计度数，以牛乳表面层与乳稠计的接触点，即新月形表面的顶点为准（图1-2-15）。

（3）用温度计测定牛乳的温度。

（4）根据牛乳温度和乳稠计度数，查牛乳温度换算表（见表1-2-5），将乳稠计度数换算成20℃时的度数。

【结果计算】

$$乳稠计度数=(d_4^{20}-1.000)\times 1000$$

计算举例：牛乳试样温度为16℃，用20℃/4℃的乳稠计测得相对密度为1.0305，即乳稠计读数为30.5°，换算成温度

20℃时的乳稠计度数，查表 1-2-5，同 16℃与 30.5°对应的乳稠计度数为 29.5°，即 20℃时的牛乳相对密度为 1.0295。

如为计算全乳固体，则可称算成 15℃/15℃的乳稠计度数。这可直接从 20℃/4℃的乳稠计读数 29.5°加 2°求得，即 29.5°+2°=31.5°。

【结果对照】

结果对照参见表 1-2-5。

表 1-2-5　牛乳温度换算表

乳稠计读数	牛乳温度/℃															
	10	11	12	13	14	15	16	17	18	19	20	21	22	23	24	25
	换算为 20℃时牛乳乳稠计度数															
25	23.3	23.5	23.6	23.7	23.9	24.0	24.2	24.4	24.6	24.8	25.0	25.2	25.4	25.6	25.8	26.0
25.5	23.7	23.9	24.0	24.2	24.4	24.5	24.7	24.9	25.1	25.3	25.5	25.7	25.9	26.1	29.3	26.5
26	24.2	24.4	24.5	24.7	24.9	25.0	25.2	25.4	25.6	25.8	26.0	26.2	26.4	26.6	26.8	27.0
26.5	24.6	24.8	24.9	25.1	25.3	25.4	25.6	25.8	26.0	26.3	26.5	26.7	26.9	27.1	27.3	27.5
27	25.1	25.3	25.4	25.6	25.7	25.9	26.1	26.3	26.5	26.8	27.0	27.2	28.0	28.2	28.4	28.6
27.5	25.5	25.7	25.8	26.1	26.1	26.3	26.6	26.8	27.0	27.3	27.5	27.7	28.0	28.2	28.4	28.6
28	26.0	26.1	26.3	26.5	26.6	26.8	27.0	27.3	27.5	27.8	28.0	28.2	28.5	28.7	29.0	29.2
28.5	26.4	26.6	26.8	27.0	27.1	27.3	27.5	27.8	28.0	28.3	28.5	28.7	29.0	29.2	29.5	29.7
29	26.9	27.1	27.3	27.5	27.6	27.8	28.0	28.3	28.5	28.8	29.0	29.2	29.5	29.7	30.0	30.2
29.5	27.4	27.6	27.8	28.0	28.1	28.3	28.5	28.8	29.0	29.3	29.5	29.7	30.0	30.2	30.5	30.7
30	27.9	28.1	28.3	28.5	28.6	28.8	29.0	29.3	29.5	29.8	30.0	30.2	30.5	30.7	31.0	31.2
30.5	28.3	28.5	28.7	28.9	29.1	29.3	29.5	29.8	30.0	30.3	30.5	30.7	31.0	31.2	31.5	31.7
31	28.8	29.0	29.2	29.4	29.6	29.8	30.3	30.3	30.5	30.8	31.0	31.2	31.5	31.7	32.0	32.2
31.5	29.3	29.5	29.4	29.9	30.1	30.2	30.5	30.7	31.0	31.3	31.5	31.7	32.0	32.2	32.5	32.7
32	29.8	30.0	29.9	30.4	30.6	30.7	31.0	31.2	31.5	31.8	32.0	32.3	32.5	32.3	33.0	33.3
32.5	30.2	30.4	30.4	30.8	31.1	31.3	31.5	31.7	32.0	32.3	32.5	32.8	33.0	33.3	33.5	33.7
33	30.7	30.8	30.8	31.3	31.5	31.7	32.0	32.2	32.5	32.8	33.0	33.3	33.5	33.8	34.1	34.3
33.5	31.2	31.3	31.3	31.8	32.0	32.2	32.5	32.5	33.0	33.3	33.5	33.8	33.9	34.3	34.6	34.7
34	31.7	31.9	31.8	32.3	32.5	32.7	33.0	33.0	33.5	33.8	34.0	34.3	34.4	34.8	35.1	35.3
34.5	32.1	32.3	32.3	32.8	32.7	33.2	33.5	33.5	34.0	34.2	34.5	34.8	34.9	35.3	35.6	35.7
35	32.6	32.8	32.8	33.3	33.2	32.7	34.0	34.0	34.5	34.7	35.0	35.3	35.5	35.8	36.1	36.3
35.5	33.0	33.3	33.3	33.8	33.7	33.7	34.9	34.4	35.0	35.2	35.5	35.7	36.0	36.2	36.5	36.7
36	33.5	33.8	33.8	34.3	34.2	34.2	34.9	34.9	35.6	35.7	36.0	36.2	36.2	36.7	37.0	37.3

任务思考

（1）乳的相对密度是指乳在________℃时的________与同体积________℃水的________之比。正常牛乳的密度为________。

（2）乳的比重是指乳在________℃时的质量与同________下同体积水的质量之比。正常牛乳的比重约为________。

（3）乳的比重/密度受乳________的影响较大，因此，在乳密度/比重的测定中，必须同时测定乳的________，并进行必要的校正。

（4）乳的密度和比重均可用________测定。测定的原理是利用乳稠计在乳中取得的________和________相平衡。

（5）乳的相对密度测定过程中，度数和读数的换算公式是________。

（6）简述牛乳相对密度的测定步骤。

任务六　牛乳冰点的测定

知识储备 》》》

知识点1：冰点

冰点是指非固体物质，在一定压力等条件下，变为固态时的温度，又称之为凝固点。

知识点2：生乳冰点　(freezing point depression，FPD)

原料乳的冰点，单位以摄氏千分之一度（m℃）表示。

【测定原理】

样品管中放入一定量的乳样，置于冷阱中，于冰点以下制冷。当被测乳样制冷到－3℃时，进行引晶，结冰后通过连续释放热量，使乳样温度回升至最高点。并在短时间内保持恒定，为冰点温度平台，该温度即为该乳样的冰点值。

【任务准备】

(1) 试剂和材料　本方法所用试剂均为分析纯或以上规格，水为GB/T 6682规定的一级水。

① 氯化钠（NaCl）　磨细后置于干燥炉中，130℃±5℃干燥24h以上，于干燥器中冷却至室温。

② 乙二醇（$C_2H_6O_2$）。

③ 校准液　选择两种不同冰点的氯化钠标准溶液，氯化钠标准溶液与被测牛乳样品的冰点值相近，且所选择的两份氯化钠标准溶液的冰点值之差不得少于100m℃，见表1-2-6。

表1-2-6　氯化钠标准溶液的冰点（20℃）

氯化钠溶液/(g/L)	氯化钠溶液/(g/kg)	冰点/(m℃)
6.731	6.763	－400.0
6.868	6.901	－408.0
7.587	7.625	－450.0
8.444	8.489	－500.0
8.615	8.662	－510.0
8.650	8.697	－512.0
8.787	8.835	－520.0
8.959	9.008	－530.0
9.130	9.181	－540.0
9.302	9.354	－550.0
9.422	9.475	－557.0
10.161	10.220	－600.0

a. 校准液A　20～25℃室温下，称取6.731g（精确至0.0001g）氯化钠，溶于少量水中，定容至1000mL容量瓶。其冰点值为－0.400℃。

b. 校准液B　20℃室温下，称取9.422g（精确至0.0001g）氯化钠，溶于少量水中，定容至1000mL容量瓶。其冰点值为－0.557℃。

④ 冷却液　准确量取330mL乙二醇于1000mL容量瓶中，用水定容至刻度并摇匀，其体积分数为33%。

（2）仪器和设备

① 天平　感量为0.1mg。

② 热敏电阻冰点仪　带有热敏电阻控制的冷却装置（冷阱）、热敏电阻探头、搅拌器和引晶装置（见图1-2-16）及温度显示仪。

a. 检测装置，温度传感器和相应的电子线路。温度传感器为直径为1.60mm±0.4mm的玻璃探头，在0℃时的电阻在3Ω和30kΩ之间。当探头在测量位置时，热敏电阻的顶部应位于样品管的中轴线，且顶部离内壁与管底保持相等距离（见图1-2-16）。温度传感器和相应的电子线路在－400m℃至－600m℃之间测量分辨率为1m℃或更好。

b. 搅拌金属棒：耐腐蚀，在冷却过程中搅拌测试样品。搅拌金属棒应根据相应仪器的安放位置来调整振幅。正常搅拌时金属棒不得碰撞玻璃传感器或样品管壁。

c. 引晶装置：操作时，测试样品达到－3.0℃时启动引晶的机械振动装置。在引晶时使搅拌金属棒在1～2s内加大振幅，使其碰撞样品管壁。

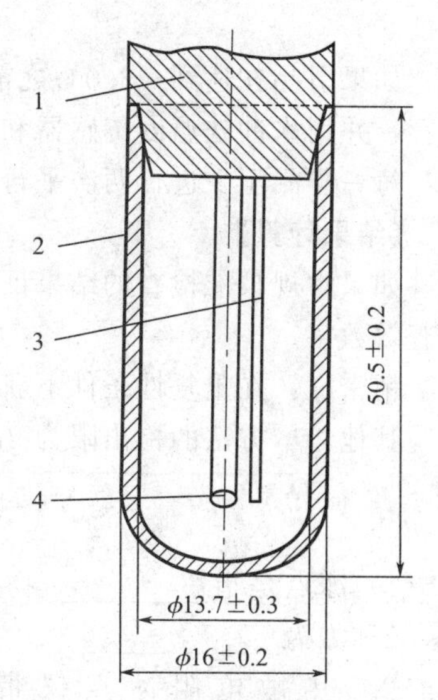

图1-2-16　热敏电阻冰点仪检测装置

1—顶杆；2—样品管；3—搅拌金属棒；4—热敏探头

③ 样品管　硼硅玻璃，长度50.5mm±0.2mm，外部直径为16.0mm±0.2mm，内部直径为13.7mm±0.3mm。

④ 称量瓶。

⑤ 容量瓶　1000mL。

⑥ 烘箱　温度可控制在150℃±5℃。

⑦ 干燥器。

⑧ 移液器　1～5mL。

【任务实施】

（1）试样制备　测试样品要保存在0～6℃的冰箱中，样品抵达实验室时立即检测效果最好。测试前样品温度到达室温，且测试样品和氯化钠标准溶液测试时的温度应一致。

（2）仪器预冷　开启冰点仪，等待冰点仪传感探头升起后，打开冷阱盖，按生产商规定加入相应体积冷却液，盖上盖子，冰点仪进行预冷。预冷30min后，开始测量。

（3）常规仪器校准

① A校准　用移液器分别吸取2.20mL校准液A，依次放入三个样品管中，在启动后的冷阱中插入装有校准液A的样品管。当重复测量值在－0.400℃±0.0020℃校准值时，完成校准。

② B校准　用移液器分别吸取2.20mL校准液B，依次放入三个样品管中，在启动后的冷阱中插入装有校准液B的样品管。当重复测量值在－0.557℃±0.0020℃校准值时，完成校准。

(4) 样品测定　将样品2.20mL转移到一个干燥清洁的样品管中，将待测样品管放到仪器上的测量孔中。冰点仪的显示器显示当前样品温度，温度呈下降趋势，测试样品达到－3.0℃时启动引晶的机械振动，搅拌金属棒开始振动引晶，温度上升，当温度不再发生变化时，冰点仪停止测量，传感头升起，显示温度即为样品冰点值。

测试结束后，应保证探头和搅拌金属棒清洁、干燥，必要时，可用柔软洁净的纱布仔细擦拭。

如果引晶在达到－3.0℃之前发生，则该测定作废，需重新取样。测定结束后，移走样品管，并用水冲洗温度传感器和搅拌金属棒并擦拭干净。

每一样品至少进行两次平行测定，绝对差值≤4m℃时，可取平均值作为结果。

【结果计算】

如果常规校准检查的结果证实仪器校准的有效性，则取两次测定结果的平均值，保留三位有效数字。

精密度：在重复性条件下获得的两次独立测定结果的绝对差值不超过4m℃。

其他：本方法的检出限为2m℃。

任务思考

(1) 冰点是指__________物质，在一定__________等条件下，变为固态时的温度，又称之为__________。

(2) 热敏电阻冰点仪带有__________、__________、搅拌器和__________及__________。

(3) 生乳冰点的测定步骤包括__________、__________、__________、__________四步。

(4) 如果引晶在达到__________℃之前发生，则该测定作废，需重新取样。

(5) 生乳冰点的测定原理是什么？

任务七　乳及乳制品水分的测定

知识储备

知识点 1：游离水

游离水，指存在于动植物细胞外各种毛细管和腔体中的自由水，包括吸附于食品表面的吸附水，易于分离。

知识点 2：结合水

指形成食品胶体状态的结合水，如蛋白质、淀粉的水合作用和膨润吸收的水分及糖类、盐类等形成结晶的结晶水，不易分离。

知识点 3：测定方法

测定乳粉中水分含量的方法有直接干燥法、减压干燥法以及红外线干燥法等。

乳粉中水分含量的国家标准为：

全脂乳粉　一级：＜2.50；二级：＜2.75；三级：＜3.00。

脱脂乳粉　一级：＜4.00；二级：＜4.50；三级：＜5.00。

全脂加糖乳粉　一级：＜2.50；二级：＜2.75；三级：＜3.00。

【测定原理】

利用食品中水分的物理性质，在一个大气压（1atm＝101325Pa）下，温度101～105℃时采用挥发方法测定样品中干燥减失的重量，包括吸湿水、部分结晶水和该条件下能挥发的物质，再通过干燥前后的称量数值计算出水分的含量。

【任务准备】

（1）试剂

① 海砂　取用水洗去泥土的海砂或河砂，先用盐酸煮沸0.5h，用水洗至中性，再用氢氧化钠溶液煮沸0.5h，用水洗至中性，经105℃干燥备用（盐酸：取50mL盐酸，加水稀释至100mL；氢氧化钠：称取24g氢氧化钠，加水溶解并稀释至100mL）。

② 牛乳。

（2）仪器

① 分析天平　灵敏度为0.1mg。

② 扁形铝制或玻璃制称量皿　内径为50～70mm，高35mm以下。

③ 干燥器　配有有效干燥剂。

④ 电热恒温干燥箱　可控制恒温在100℃±5℃，烘箱内的温度应均匀。

【任务实施】

（1）固体样品　取洁净铝制或玻璃制的扁形称量瓶，置于95～105℃干燥箱中，瓶盖斜支于瓶边，加热1.0h，取出盖好，置干燥器内冷却0.5h，称量，并重复干燥至前后两次重量差不超过2mg，即为恒重。将混合均匀的试样迅速磨细至颗粒小于2mm，不易研磨的样品应尽可能切碎，称取2～10g样品（精确至0.0001g），放入此称量瓶中，试样厚度不超过5mm，如为疏松试样，厚度不超过10mm，加盖，精密称量后，置于101～105℃干燥箱中，瓶盖斜支于瓶边，干燥2～4h后，盖好取出，放入干燥器内冷却0.5h后再称量。重复以上操作至前后两次重量差不超过2mg，即为恒重（两次恒重值在最后计算中，取最后一次的称量值）。

（2）半固体或液体试样　取洁净的称量瓶，内加10g海砂及一根小玻璃棒，置于95～

105℃干燥箱中，瓶盖斜支于瓶边，加热1.0h，取出盖好，置干燥器内冷却0.5h，称量，并重复干燥至恒重。称取5～10g样品（精确至0.0001g），置于蒸发皿中，用小玻璃棒搅匀放于沸水浴上，并随时搅拌，擦去皿底的水滴，置于101～105℃干燥箱中4h后，盖好取出，置于干燥器内冷却0.5h，然后称量，以下操作同上。

【结果计算】

$$X=\frac{m_1-m_2}{m_1-m_3}\times 100\%$$

式中　X——试样中水分的含量,%；

m_1——称量瓶和试样的质量，g；

m_2——称量瓶加入乳粉干燥后的质量，g；

m_3——称量瓶的质量，g。

计算结果保留三位有效数字。

在重复性条件下获得的两次独立测定结果的绝对差值不得超过算术平均值的5%。

任务思考

(1) 什么是游离水？

(2) 什么是结合水？

(3) 测定乳粉中水分含量的方法有________、________、________等。

(4) 食品中的水分一般是指在________℃左右直接干燥的情况下所失去物质的总量。

(5) 食品中水分的测定原理是利用________法，将样品放入________℃的烘箱中加热，直至________，所失去的重量即为水分含量。

(6) 简述乳粉中水分测定的操作步骤。

任务八　乳粉溶解度的测定

知识储备

知识点：溶解度

溶解度是指每百克样品经规定的溶解过程后，全部溶解的质量。

【测定原理】

样品按规定的方法用水溶解后，称取不溶物的质量，再换算成可溶物的质量。

【任务准备】

（1）试剂　乳粉。

（2）仪器与用具　离心机：1000r/min，离心管：50mL厚壁硬质，烧杯：50mL，称量皿：直径50～70mm的铝皿或玻璃皿。

【任务实施】

（1）称取样品5g（准确至0.01g）于50mL烧杯中，用38mL 25～30℃的蒸馏水分数次将乳粉溶解于50mL离心管中，加塞。

（2）将离心管置于30℃水中保温5min后取出，振摇3min。

（3）置离心机中，以1000r/min转速离心10min，使不溶物沉淀。倾去上清液，并用棉栓或滤纸擦净管壁。

（4）再加入25～30℃的蒸馏水38mL，加塞上下摇动，使沉淀悬浮于溶液中。

（5）再置离心机中以1000r/min离心10min，倾去上清液，用棉栓或滤纸仔细擦净管壁。

（6）用少量水将沉淀冲洗入已知质量的称量皿中，先在沸水浴上将皿中水分蒸干，再移入100℃烘箱中干燥至恒重。

【结果计算】

$$\text{溶解度}(g/100g)=100-\frac{(m_2-m_1)\times 100}{(1-B)\times m}$$

式中　m——样品的质量，g；

m_1——称量皿质量，g；

m_2——称量皿和不溶物干燥后质量，g；

B——样品水分，g/100g。

注：加糖乳计算时要扣除加糖量。

【注意事项】

（1）要仔细擦净管壁。

（2）最后两次重量差不超过2mg。

（3）同一样品两次测定值之差不得超过两次测定平均值的2%。

（4）倾去上清液时要小心，不得倒掉不溶物沉淀。

目标自测

(1) 溶解度的定义是什么？

(2) 乳粉溶解度的测定原理是：样品按规定的方法用水溶解后，称取__________的质量，换算成__________的质量。

(3) 简述乳粉溶解度测定的操作方法。

任务九　乳及乳制品杂质度的测定

知识储备 >>>

知识点：杂质度

根据规定方法测得的500mL液体乳样品或62.5g乳粉样品中，不溶于60℃热水残留于过滤板上的可见带色杂质的数量，结果比照标准板判断。杂质度是乳制品的重要理化指标之一，直接影响着乳质量的好坏。原料乳在运输、贮存和加工过程中有时会由于外界因素和加工工艺不当而混入一些杂质，这些杂质可能用肉眼看不出来，但却对感官、溶解度等指标有着重要的作用，因此，对杂质度的检测是不可缺少的。

【测定原理】

牛乳或乳粉因挤乳及生产运输过程中夹杂杂质，测定时需使样品在一定的条件下溶解后，根据牛乳或乳粉固有的性质、溶解性和色泽鉴别乳的杂质度。

【任务准备】

（1）试剂　牛乳或乳粉。

（2）仪器与设备

① 过滤设备：正压或负压杂质度过滤机或200～250mL抽滤瓶。

② 棉质过滤板：直径32mm，密度为135g/m³，过滤时牛乳通过面积的直径为28.6mm。

③ 烧杯：500mL。

【任务实施】

（1）乳粉中杂质度的测定　称取62.5g乳粉样品，用500mL水充分调和，加热至60℃（取液态乳500mL，加热至60℃）。于过滤装置上的棉质过滤板上过滤，用水冲洗净附于过滤板上的复原乳，将过滤板晾干或在烘箱内烘干后，在非直接但均匀的光亮处与杂质度标准板比较，即可得出过滤板上的杂质量。

（2）牛乳中杂质度的测定　取液态乳500mL，加热至60℃。于过滤装置上的棉质过滤板上过滤，用水冲洗净附于过滤板上的复原乳，将过滤板晾干或于烘箱内烘干后，在非直接但均匀的光亮处与标准杂质过滤板比较，即可得出过滤板上的杂质量，见表1-2-7。

表1-2-7　杂质度标准板（GB/T 5413.30—2010）

标准板号	1	2	3	4
标准样板				

续表

标准板号	1	2	3	4
绝对杂质含量/mg	0.125	0.375	0.750	1.000
牛乳杂质含量/(mg/L)	0.25	0.75	1.50	2.0
乳粉杂质含量/(mg/kg)	2	6	12	16

【注意事项】

(1) 称量要准确。

(2) 水温必须在60℃。

(3) 当过滤板上杂质的含量介于两个级别之间时，判定为杂质含量较多的级别。

(4) 同方法同一样品所做的两次重复测定，其结果应一致，否则应重复再测定两次。

(5) 抽滤过程中，用搅拌棒引流，避免待测样从过滤板边缝隙中流失。

任务思考

(1) 杂质度是指根据规定方法测得的________ mL液体乳样品或________ g乳粉样品中，不溶于________℃热水残留于过滤板上的可见带色杂质的数量，结果比照标准板判断。

(2) 乳与乳制品杂质度测定的原理是什么?

(3) 简述乳与乳制品杂质度测定的操作步骤。

任务十　牛乳中酶的测定

知识储备 >>>

知识点1： 牛乳中的酶

乳中常见的酶类有脂酶、磷酸酶、过氧化氢酶、过氧化物酶、还原酶、蛋白酶等。乳中的酶类有两个来源，一是来自于乳腺，二是来源于微生物的代谢产物。乳中酶的种类很多，但与乳制品生产有密切关系的主要有消解酶类及氧化还原酶类两大类。

知识点2： 磷酸酶

乳中的磷酸酶主要是碱性磷酸酶，也有一些酸性磷酸酶。碱性磷酸酶经62.8℃、30min或72℃、15s加热而被钝化，利用这种性质来检验巴氏杀菌乳杀菌是否彻底。

知识点3： 过氧化物酶

过氧化物酶是最早从乳中发现的酶，它能促使过氧化氢分解产生活泼的新生态氧，使多元酚、芳香胺及某些无机化合物氧化。过氧化物酶作用的最适温度是25℃，最适pH为6.8，其钝化温度为70℃ 150min、75℃ 25min、80℃ 2.5s。过氧化物酶主要来自白细胞的细胞成分，是固有的乳酶。乳酸菌不分泌过氧化物酶，因此，可通过测定过氧化物酶的活性来判断乳是否经过热处理及热处理程度。

子任务一　磷酸酶的测定

【测定原理】

生牛乳中含有磷酸酶，它能分解有机磷酸化合物成为磷酸及原来与磷酸相结合的有机单体。牛乳经巴氏杀菌后，磷酸酶失去活性，在同样条件下就不能分解有机磷酸化合物，利用苯基磷酸双钠在碱性缓冲溶液中被磷酸分解产生苯酚，苯酚再与2,6-双溴醌氯酰胺起作用显蓝色，蓝色深浅与苯酚含量成正比，即与巴氏杀菌的完善与否成反比。

【任务准备】

（1）试剂

① 中性丁醇　沸点115～118℃。

② Gibb酚试剂（吉勃酚试剂）　称取0.04g 2,6-双溴醌氯酰胺溶于10mL 95%乙醇中，置棕色瓶中于冰箱内保存，但不能超过一周，最好临用时配制。

③ 硼酸盐缓冲液　称28.427g硼酸钠（$Na_2B_4O_7 \cdot 10H_2O$）溶于900mL水中，加3.27g氢氧化钠或81.75mL 1mol/L氢氧化钠溶液，加水稀释至1000mL，临用时配制。

④ 苯基磷酸双钠溶液　将0.05g苯基磷酸双钠结晶溶于10mL硼酸盐缓冲液中，用水稀释至100mL，临用时现配。

（2）材料　巴氏杀菌乳。

（3）仪器　带塞试管、恒温水浴锅。

【任务实施】

吸取 0.5mL 样品，置带塞试管中，加 5mL 苯基磷酸双钠溶液，稍振摇后置 36～44℃水浴或恒温箱中 10min，然后加 6 滴吉勃酚试剂，立即摇匀，静置 5min，有蓝色出现表示杀菌处理不够。为增加灵敏度，可加 2mL 中性丁醇，充分混匀，然后观察结果，并同时做空白对照试验。

子任务二　过氧化物酶的测定

【测定原理】

测定牛乳中过氧化物酶的存在与否，目的是判定牛乳的加热程度。牛乳中含有的过氧化物酶在 80℃以上的温度下即使短时间加热，都不可能保存，因此牛乳中过氧化物酶的存在与否，即能说明牛乳是否已经加热到此温度以上，故也称为牛乳的过热试验。

把过氧化氢与一种在氧化时能变色的物质加入牛乳中，即能确定牛乳中有无过氧化物酶。因过氧化物酶能使过氧化氢中的氧释出，氧即进行氧化作用，这样便可按照颜色的改变来确定此酶的存在与否，加热到 80℃以上的巴氏杀菌牛乳不呈变色反应。

【任务准备】

(1) 试剂

① 2%对苯二胺乙醇溶液。

② 3%过氧化氢溶液。

(2) 材料　牛乳。

(3) 仪器　试管。

【任务实施】

采用斯托克法。将 10 滴 3%过氧化氢溶液、2%对苯二胺乙醇溶液 1mL 先后加入 2mL 乳样中，如果样品呈深蓝色则为生乳；若无反应，则为经过 80℃以上加热的牛乳。

任务思考

(1) 乳中常见的酶类有______、______、______、______、______、______等。

(2) 乳中的酶类有两个来源，一是来自于______，二是来源于______。

(3) 乳中酶的种类很多，但与乳制品生产有密切关系的主要有______和______两大类。

(4) 碱性磷酸酶经______℃、______min 或______℃、______s 加热而被钝化，利用这种性质来检验巴氏杀菌乳杀菌是否彻底。

(5) 生牛乳中磷酸酶的测定原理是：磷酸酶能分解______成为磷酸及原来与磷酸相结合的有机单体。牛乳经巴氏杀菌后，磷酸酶失去______，在同样条件下就不能分解有机磷酸化合物，利用______在______溶液中被磷酸分解产生苯酚，苯酚再与 2，6-双溴醌氯酰胺起作用显蓝色，蓝色深浅与______成正比，即与巴氏杀菌的完善与否成反比。

(6) 测定牛乳中过氧化物酶的存在与否，目的是判定牛乳的______程度。

(7) 牛乳中过氧化物酶的测定原理是什么?

任务十一　牛乳中掺假的快速检验方法

知识储备

知识点1： 掺假的主要物质

掺假的主要物质有葡萄糖粉、糊精、脂肪粉、植脂末、棕榈油、淀粉、豆浆、面粉、蔗糖、苏打、面碱、亚硝酸盐、硝酸盐、抗生素、双氧水（H_2O_2）、焦亚硫酸钠、甲醛、氯化物、尿素、水解动物皮毛蛋白粉、三聚氰胺以及乳中掺尿等，掺假现象严重危及乳品和乳品相关食品的质量安全。

知识点2： 灰分

在高温灼烧时，食品发生一系列物理和化学变化，最后有机成分挥发逸散，而无机成分（主要是无机盐和氧化物）则残留下来，这些残留物称为灰分。它是标示食品中无机成分总量的一项指标。

人们通常所说的灰分是指总灰分（即粗灰分），包含以下三类。

（1）水溶性灰分　可溶性的钾、钠、钙等的氧化物和盐类的量。

（2）水不溶性灰分　污染的泥沙和铁、铝、镁等的氧化物及碱土金属的碱式磷酸盐。

（3）酸不溶性灰分　污染的泥沙和食品中原来存在的微量氧化硅等物质。

知识点3： 重铬酸钾

重铬酸钾（$K_2Cr_2O_7$）又名红矾钾，为橙红色三斜晶系板状结晶，不吸湿，有刺激性气味，能溶于水但不溶于醇。该物质可用作强氧化剂、着色剂、漂白剂、防腐剂，常用作乳样防腐剂。有些不法商贩却将其添加到牛乳中，起到牛乳防腐的作用。

知识点4： 焦亚硫酸钠

焦亚硫酸钠（$Na_2S_2O_5$）又名偏重亚硫酸钠，呈白色结晶或粉末，有二氧化硫的臭气。易溶于水与甘油，微溶于乙醇，对水的溶解度为30%（常温）、50%（100℃）。1%水溶液pH为4.0～5.5，在空气中放出二氧化硫（SO_2）而分解。它能消耗组织中的氧，抑制好气性微生物的活动，并能抑制某些微生物活动所必需的酶的活性，所以有防腐作用。所以掺假者为了延长原乳的存放时间，常常在原乳中掺入焦亚硫酸钠。

知识点5： 双氧水

双氧水（H_2O_2），化学名称为过氧化氢，是除水之外的另一种氢的氧化物。H_2O_2有很强的氧化性，且具弱酸性。其黏性比水稍高，化学性质不稳定，一般以30%或60%的水溶液形式存放。

子任务一　乳中掺入食盐的检测

牛乳掺水后相对密度下降，为了增加相对密度，掺假者可能会掺水后又掺盐来迷惑消费者。为此，可根据下述原理来进行检验。

【测定原理】

CrO_4^{2-}、Cl^-均可与Ag^+反应生成难溶性沉淀，但因二者溶度积不同，Ag_2CrO_4沉淀遇一定浓度的Cl^-而褪色，Ag^+与Cl^-作用生成AgCl沉淀，褪色程度与Cl^-含量成正比，AgCl白色沉淀因CrO_4^{2-}的存在而呈黄色。方程式为：

$$K_2CrO_4 + 2AgNO_3 \longrightarrow Ag_2CrO_4 \downarrow + 2KNO_3 \quad \text{红色}$$

$$Ag_2CrO_4 + 2NaCl \longrightarrow 2AgCl \downarrow + Na_2CrO_4 \quad \text{白色}$$

【任务准备】

(1) 硝酸银(9.6g/L)　用小烧杯准确称取9.6g硝酸银（硝酸银在95～105℃条件下烘1～2h后使用），加入1000mL蒸馏水溶解。

(2) 铬酸钾(10%)　用小烧杯准确称取10g铬酸钾，加入100mL蒸馏水溶解。

【任务实施】

取乳样2mL于试管中，加铬酸钾指示剂5滴，混合均匀，再加入硝酸银试剂1.5mL混匀。

【结果判定】

呈砖红色者，该乳样氯化物小于150mg/kg，判定为无盐；若呈黄色者，判定为有盐，再继续滴加硝酸银试剂，边加边混匀，直至呈砖红色为止，计量。例如，某乳样再次消耗硝酸银试剂量为0.7mL，该乳中氯化物为：(1.5+0.7)×100=220mg/kg

折合掺食盐量为：(220−150)×1.65=115.5mg/kg。

正常值：泌乳期<150mg/kg；秋、冬季<170mg/kg。

根据反应后溶液颜色深浅的不同，含盐量可判为微量、中量和大量。

【注意事项】

(1) 试剂加入先后不同会影响测定结果，因此应按牛乳+指示剂+硝酸银顺序进行。

(2) 硝酸银必须烘干后使用，否则会影响检测结果。

(3) 牛乳中氯化物含量一般小于0.15%，而羊乳通常小于0.18%，但高于牛乳。如果牛乳中掺入羊乳，混合乳的氯化物含量将会大于0.15%。

子任务二　乳中掺碱的检测

为了掩蔽牛乳的酸败现象，降低牛乳的酸度，防止牛乳因变酸而发生凝结，因而在牛乳中加入少量的碱，常用的碱为Na_2CO_3及$NaHCO_3$。但是加碱后的牛乳不但滋味不佳，而且易使腐败菌生长，同时有些维生素也被破坏，对饮用者健康不利，因而对鲜乳加碱的检验有一定的意义。

一、玫瑰红酸法

【测定原理】

玫瑰红酸的pH变色范围为6.9～8.0，遇到加碱的乳，其颜色由褐黄色变为玫瑰红色，故可借此检出加碱乳和乳房炎乳。

【任务准备】

玫瑰红酸(0.5g/L)：准确称取0.5g玫瑰红酸，加入1000mL95%的乙醇溶解。

【任务实施】

于干燥、干净试管中加入2mL乳样，加2mL玫瑰红酸，摇匀观察颜色变化，有碱时呈玫瑰红色，不含碱的纯牛乳为褐黄色。根据碱含量的不同，可判定为微量、中量和大量。

此外，还可采用以下的快速检测法，即在白瓷滴定板的坑内，滴入被检乳及上述指示剂各一滴，混合均匀，如呈现玫瑰红色则说明乳中掺有碱性物质。

二、 牛乳灰分碱度测定法

【测定原理】

经高温灼烧后样品中的有机物被破坏，将有机酸钠盐和碳酸钠转化成氧化钠，溶于水后形成氢氧化钠，其含量可用标准酸液滴定求出。

【任务准备】

(1) 试剂　0.1mol/L盐酸标准溶液；1%酚酞指示剂。

(2) 仪器　高温电炉（1000℃）；电热恒温水浴锅；瓷坩埚；锥形瓶、玻璃漏斗。

【任务实施】

(1) 取25mL乳样于瓷坩埚中，置水浴上蒸干，然后在电炉上灼烧成灰。

(2) 灰分用50mL热水分数次浸渍，并用玻璃棒捣碎灰块，过滤，滤纸及灰分残块用热水冲洗。

(3) 滤液中加入3～5滴酚酞指示剂，用0.1mol/L盐酸标准溶液滴定至微红色，30s内不褪色为止。

【结果计算】

$$X=\frac{V\times 0.0053}{25\times 1.030}\times 100-0.025$$

式中　X——被检测牛乳中碳酸钠含量，g/100g；

V——滴定所消耗0.1mol/L盐酸标准溶液的体积，mL；

0.0053——1mL 0.1mol/L盐酸标准溶液相当于碳酸钠的质量，g/mL；

1.030——正常牛乳的平均密度，g/cm^3；

0.025——正常牛乳中碳酸氢钠含量，g/100g。

子任务三　乳中掺重铬酸钾的检测

【测定原理】

利用重铬酸钾与硝酸银反应生成黄色的重铬酸银，可检出掺重铬酸钾的乳。

【任务实施】

取2mL乳样于试管中，加入2mL 2%的硝酸银，振荡摇匀后观察颜色的变化，如出现黄色则判定为掺重铬酸钾。

【检测验证结果】

检验验证可参考表1-2-8所示数据。

表1-2-8　正常牛乳与掺假牛乳数据对比

重铬酸钾占正常牛乳的浓度比例/%	乳样颜色	掺假试验的结果判定
0	白色	不含$K_2Cr_2O_7$
0.1	橘黄	含$K_2Cr_2O_7$
0.005	米黄	含$K_2Cr_2O_7$
0.002	稍黄	含$K_2Cr_2O_7$
0.001	只有和正常原乳作对比才能比出稍微有点黄色	很难判定

子任务四　乳中掺焦亚硫酸钠的检测

【测定原理】

焦亚硫酸钠具有强烈的还原性和漂白作用，它能把碘还原成碘离子，从而使碘失去了遇淀粉变蓝的能力。

【任务准备】

（1）碘-碘化钾试剂　10g 碘加 20g 碘化钾溶于 500mL 蒸馏水中。

（2）1%淀粉溶液　1g 淀粉溶解于 100mL 蒸馏水中（必要时可以加热溶解）。

【任务实施】

取 3mL 乳样于试管中，滴加 1 滴碘-碘化钾试剂（一定要准确），振荡摇匀 3～5s 后，再加 2 滴 1%淀粉溶液，振荡摇匀后观察现象。

【结果判定】

参考表 1-2-9，按颜色不同可区别出正常牛乳和掺假牛乳。

表 1-2-9　正常牛乳与掺假牛乳颜色比较

乳样颜色	掺假试验	结果判定
蓝色	不含防腐剂	合格乳
白色	含防腐剂	异常乳

【检测验证结果】

根据表 1-2-10 所示乳样颜色，可以判定出牛乳中加入焦亚硫酸钠的不同比例。

表 1-2-10　不同浓度焦亚硫酸钠牛乳的颜色对比表

焦亚硫酸钠占正常牛乳的浓度比例	乳样颜色	掺假试验的结果判定
0%	蓝色	无 $Na_2S_2O_5$
0.1%	白色	有 $Na_2S_2O_5$
0.01%	白色	有 $Na_2S_2O_5$
0.008%	白色	有 $Na_2S_2O_5$
0.005%	白色	有 $Na_2S_2O_5$
0.002%	和原乳对比稍显淡蓝色	很难判定

子任务五　乳中掺双氧水的检测

【测定原理】

双氧水具有强烈的氧化性，它能把碘化钾中的碘离子（I^-）氧化成碘（I_2），由于碘遇淀粉变成蓝色，因此可以很快检出加入双氧水的乳。

【任务准备】

（1）试剂　碘化钾（分析纯），1%淀粉溶液。

（2）仪器　试管。

【任务实施】

取乳样 3mL 于试管中，加碘化钾一小勺（约 0.3g），充分摇匀后，再滴入 2 滴 1%的淀粉溶液，摇匀后观察现象。

【结果判定】

如表 1-2-11 所示，可按乳样颜色变化判定结果。

表 1-2-11　正常牛乳和掺双氧水牛乳颜色对比

乳样颜色	掺假试验	结论判定
不变色	不含防腐剂	合格乳
蓝色	含防腐剂	异常乳

子任务六　乳中掺硫氰酸钠的检测

原料乳或乳粉中掺入硫氰酸钠后可有效地抑菌、保鲜，它是不法商户的掺假物质之一。但硫氰酸钠是毒害品，少量的食入就会对人体造成极大的伤害。

【测定原理】

硫氰酸钠遇铁盐生成血红色的硫氰化铁，乳样与铁盐溶液接触面的颜色变化与硫氰酸钠掺入量有关，通过显色判定乳样中是否掺有硫氰酸钠。

【任务准备】

（1）试剂　三氯化铁溶液：称取 1g 三氯化铁于干净、干燥的小烧杯中，用蒸馏水溶解定容至 100mL 的容量瓶中。

（2）仪器　10mL 容量瓶、50mL 烧杯、18mm×180mm 试管、2mL 刻度吸管、1mL 刻度吸管。

【任务实施】

（1）吸取 2mL 原料乳样注于试管中。

（2）沿试管壁缓缓加入 1mL 三氯化铁溶液（加入 1mL 三氯化铁溶液用 1min)。

（3）在 0.5～1min 内观察三氯化铁与乳样接触面的颜色变化。

【结果判定】

参考表 1-2-12 进行结果判定。

表 1-2-12　牛乳加入硫氰酸钠的颜色变化

接触面颜色变化	掺入硫氰酸钠浓度	结果判定
黄色	0	无
橘黄色(或橘红色)	0.01%～0.025%	微量
红色	0.05%～0.10%	中量
血红色	≥0.50%	大量

注：该方法是一种定性快速检测方法，其检出限为 0.01%。

子任务七　乳中掺蔗糖的检测

【测定原理】

蔗糖与间苯二酚在强酸性条件下发生红色化学反应。

【任务准备】

(1) 试剂　浓 HCl，间苯二酚。

(2) 仪器　试管，试管夹。

【任务实施】

牛乳 3mL，加浓 HCl 0.6mL，摇匀，加固体间苯二酚 0.5g，于沸水浴或小火焰上加热煮沸 3s 后，观察结果。

【结果判定】

正常，淡棕黄色（橘黄色）；有红色出现，证明有蔗糖存在。

【注意事项】

(1) 盐酸浓度不能高也不能低，否则影响显色反应。

(2) 试剂配制及贮存过程中不能被有机物，特别是糖类污染，若试剂变为红色则不能使用。

(3) 加热时间过长，其他醛类糖也能产生浅红色的反应。

子任务八　乳中掺米汤、淀粉的检测

牛乳掺水后变得稀薄。掺伪者为了掩盖这种掺假，往往用先掺水、后加淀粉糊或米汤的办法来增加牛乳的稠度。

【测定原理】

淀粉与碘试剂呈蓝色或紫色反应。

【任务准备】

碘试剂：碘化钾 4g、碘 2g，加蒸馏水至 100mL。

【任务实施】

取乳 5mL，加热煮沸，先观察乳液中是否有凝集现象，若无凝集现象，稍放冷后，加入碘试剂 3～5 滴。

【结果判定】

(1) 正常乳煮沸后无凝集或沉淀，呈均匀乳浊状，变质乳、陈旧乳、高酸度乳，则出现细小凝集至大片凝集或絮状。

(2) 乳加碘试剂后呈黄色，掺淀粉乳呈蓝色，掺糊精乳呈紫色或红色。检出限度 0.1%。

(3) 煮沸试验为了判定结果鲜明，可给乳样中加等量蒸馏水，即使有细微凝集也易看出。

子任务九　乳中掺植脂末、油脂粉的检测

厂家以乳脂率论价，不法奶农为了能掺水又不使乳脂率下降，向原乳中掺植脂末或油脂粉。

【测定原理】

植脂末和油脂粉是由棕榈油和糊精或饴糖生产而成，而糊精和饴糖中含有葡萄糖成分，利用葡萄糖尿糖试纸显色的原理来检测。

【任务实施】

取一平板，将 10mL 乳样注入平板中，倾斜看平板上是否有漂浮物。由于棕榈油熔点是

24℃，一般厂家把收购原乳的温度控制在低于 15℃，而植脂末和油脂粉遇冷会有少量棕榈油络合物浮在乳样上。然后取尿糖试纸一根，浸入乳样中 2s 后取出，在 1s 后观察结果。有植脂末和油脂粉时尿糖试纸会有颜色变化。随着添加量的增多，颜色由淡蓝⟶浅黄绿⟶黄绿色⟶黄色。如果尿糖试纸颜色呈棕红色则是添加了葡萄糖粉。

子任务十　乳中掺豆浆、豆饼水的检测

方法一

【测定原理】

大豆中几乎不含淀粉，但含有约 25%碳水化合物，其中主要有棉籽糖、水苏糖、阿拉伯半乳聚糖及蔗糖等，遇碘后呈污绿色。本法对豆浆检出限为 5%。

【任务准备】

碘液：取碘 2g 和碘化钾 4g，溶于 100mL 蒸馏水中。

【任务实施】

取被检乳样 10mL 于试管中，加入 0.5mL 碘-碘化钾溶液，摇匀，立刻观察颜色变化，阳性显污绿色，阴性为黄色，此试验应做阴、阳对照试验。

方法二

【测定原理】

牛乳中加入豆浆、豆饼水，由于其中有皂角素，加入氢氧化钠或氢氧化钾生成黄色物质。

【任务准备】

280g/L 氢氧化钠或氢氧化钾。

【任务实施】

取牛乳 5mL，加入 2mL 氢氧化钠或氢氧化钾溶液混匀静置 5～10min，阳性显黄色，每批试验应做阴、阳对照。

子任务十一　乳中掺水解蛋白类物质的检测

乳品企业以蛋白质含量计价，部分不法奶农为了能掺水而又不使蛋白质含量降低，同时也能提高非脂干物质的含量而向原乳中加水解蛋白粉。

【测定原理】

用硝酸汞沉淀除去乳酪蛋白，但水解蛋白不会被除去，与饱和苦味酸产生沉淀反应。

【任务准备】

（1）除蛋白试剂　硝酸汞 14g，加入 100mL 蒸馏水，加浓硝酸约 2.5mL，加热助溶，待试剂全部溶解后加蒸馏水至 500mL。溶液出现浑浊等污染现象时停止使用。

（2）饱和苦味酸溶液　称取 2g 固体苦味酸于烧杯中，用冷却的蒸馏水定容至 100mL，后将定容好的溶液倒入烧杯中煮沸（沸腾即可），然后将液体冷却，待结晶析出后将上清液倒入试剂瓶。

【任务实施】

(1) 乳粉样品的处理　将样品旋转振荡，使之充分混合；准确称取6g样品，加入50mL中性温水（60℃左右），充分溶解样品。原料乳样品：将样品充分混合即可。

(2) 具体操作方法　取5mL乳样，放入干净、干燥的平皿或其他容器内，加除蛋白试剂5mL混合均匀，边加边摇动，不可产生大体积絮状物，将摇匀的液体过滤于试管中收集滤液（约3mL），然后沿试管壁慢慢加入饱和苦味酸溶液约0.5mL（每加0.5mL需30～40s），切勿使滤液与苦味酸混合（加入的苦味酸溶液层不超出总液体体积的1/4）。加入苦味酸后，立即用黑色比色板作底色观察样品（10s以内），判定结果。

【结果判定】

按环层颜色变化判定结果。

(1) 阴性　饱和苦味酸的液相与无色的滤液液相扩散状态清晰，无白色圆圈状或无黄褐色沉淀圈，试管底部滤液仍有部分未与饱和苦味酸混合。

(2) 阳性　出现白色或黄褐色沉淀圈（沉淀圈表现为较明显清晰的环状层面），甚至出现沉淀层。

掺水解蛋白粉越多，滤液越不透明，白色沉淀越明显。最低检出量0.05%。

【注意事项】

(1) 本方法如果牛乳酸度＞16°T或其他非正常生鲜牛乳（如含有外来添加物、生理病理异常乳等）时容易出现假阳性。

(2) 水解蛋白粉是用废皮革、毛发等下脚料加工提炼而成，不能食用，而且其中的重金属含量以及亚硝酸盐等致癌物质的含量较高，长期食用含有水解蛋白粉的牛乳或乳粉，会对人体造成极大的伤害。

子任务十二　乳中掺尿素的检测

原料乳实行“按质论价”时往往以蛋白质为主要检测指标，部分不法奶商有时会在鲜乳中加尿素来提高蛋白质含量。

【测定原理】

尿素与二乙酰-肟在酸性条件下，经锰离子（或三价铁离子）的催化产生缩合，并在氨基硫脲存在的条件下，形成3,5,6-三甲基-1,2,4-三胺的红色复合物。

【任务准备】

(1) 酸性试剂　在1000mL容量瓶中加入约100mL蒸馏水，然后加入浓硫酸44mL及85%磷酸66mL，冷却至室温后，加入硫氨脲80mg、硫酸锰2g，溶解后用蒸馏水稀释至1000mL。置棕色瓶中放入冰箱内可保存半年。

(2) 2%二乙酰-肟试剂　称取二乙酰-肟2g，溶于100mL蒸馏水中。置棕色瓶中放入冰箱内可保存半年。

(3) 使用液　取酸性试剂90mL和2%二乙酰-肟试剂10mL，混合均匀，即可使用。

【任务实施】

取使用液1～2mL于试管中，加生乳一滴，加热煮沸约1min观察结果。

【结果判定】

正常原乳无色或微红色，掺入尿素或尿的原乳立即呈深红色。掺入量越大，显色越快，红色越深。

注：正常乳煮沸时间超过2min也会出现淡红色。

任务思考

(1) 牛乳中掺食盐是为了提高__________。

(2) 牛乳中掺食盐的检测中，试剂加入先后不同会影响测定结果，因此应按__________+__________+__________的顺序进行。

(3) 通常所说的灰分是指总灰分（即粗灰分），包含三类灰分：__________和__________、__________。

(4) 玫瑰红酸法测定牛乳掺碱的原理是：玫瑰红酸的pH变色范围为__________，遇到加碱的乳，其颜色由__________变为__________，故可借此检出加碱乳和乳房炎乳。

(5) 牛乳中掺双氧水的测定原理是：双氧水具有强烈的__________性，它能把碘化钾中的__________氧化成__________，由于碘遇淀粉变成__________色，因此可以很快检出加入双氧水的乳。

(6) 牛乳中掺食盐的检测原理是什么？

任务十二　牛乳体细胞数检测

知识储备

知识点：牛乳体细胞数

牛乳体细胞数以SCC（somatic cell count）表示。牛乳体细胞数是指每毫升牛乳中的细胞总数，多数是白细胞，通常由巨噬细胞、淋巴细胞、多形核嗜中性白细胞和少量乳腺组织上皮细胞等组成，约占牛乳体细胞数的95%，其余是乳腺组织死去脱落的上皮细胞。体细胞数反映了牛乳质量及奶牛的健康状况，在正常情况下，牛乳体细胞数一般在2万～20万个/mL，第一次泌乳或管理优良的牧场的奶牛牛乳体细胞数可低于10万个/mL。乳房炎乳含有大量的致病菌，会给乳制品加工带来安全隐患，如果牛患乳房炎，会导致乳中体细胞数明显增高，因此，发现隐性乳腺炎乳的唯一有效方法是检测乳中体细胞数。常用的检测方法有加利福尼亚细胞数测定法（CMT）、威斯康量乳房炎试验（WAT）、电子体细胞计数法（DHI）和直接镜检法（CMSCC）等。

【测定原理】

体细胞在遇到表面活性剂时，会收缩凝固，使细胞放出脱氧核糖核酸（DNA）而产生凝集。细胞越多，凝集状态越强，出现的凝集片也越多。

【任务准备】

（1）试剂

① 用Na_2CO_3水溶液和NH_4Cl水溶液的过滤液作为检测试剂　将60g $Na_2CO_3 \cdot 10H_2O$溶于100mL蒸馏水中，均匀搅拌、加热、过滤，制备成Na_2CO_3水溶液；另外称取40g无水NH_4Cl溶于300mL蒸馏水中均匀搅拌、加热、过滤、制备成NH_4Cl水溶液。将上述两溶液的滤液倾注在一起，混合、搅拌、加热、过滤；加入等量的15%的NaOH溶液，继续搅拌、加热、过滤即为试液。于棕色瓶中保存。

② 用十二烷基硫酸钠作为检测试剂　十二烷基硫酸钠20g，麝香草酚蓝（百里香酚蓝）20mg溶于1000mL蒸馏水中，将pH调整为6.2～6.4。

（2）仪器　平皿和试管。

【任务实施】

先将大约2mL的牛乳注入平皿中，再加入等量的检测试剂混匀，在10s内读取结果，混合时间不要超过20s，根据凝集反应程度判定乳样是否正常。参照表1-2-13所示颜色的不同判定牛乳是否是乳房炎乳。

表1-2-13　乳房炎乳颜色对比表

结果判定	乳汁凝集反应	颜色反应
阴性－	无变化或有微量凝集，回转后消失	黄色
阴性或阳性	少量凝集，回转后消失	黄色或微绿色
微阳性＋	明显凝集，呈黏稠状	黄色或微绿色
阳性＋＋	大量凝集，黏稠性强	黄色、黄绿色或绿色
强阳性＋＋＋	完全凝集，成胶状，旋转向心向上	黄色、黄绿色或深绿色

威斯康量乳房炎试验（WAT）将平皿换成试管进行，通过测量沉淀的高度来表示结果值。具体步骤是将一定量的待测牛乳与等量的试剂在带有刻度的试管中混合8～9s后，将试

管倾斜，让混合物排出，15s后恢复垂直，再等1min，读取留在试管中的混合物的高度，其数值如表1-2-14所示。

表 1-2-14　WAT 值与体细胞数对应关系

WAT/mm	SCC/(个/mL)	WAT/mm	SCC/(个/mL)
3	14×10^4	20	92×10^4
4	16.5×10^4	21	99×10^4
5	19.5×10^4	22	105×10^4
6	22.5×10^4	23	113×10^4
7	26×10^4	24	120×10^4
8	30×10^4	25	128×10^4
9	34×10^4	26	136×10^4
10	38×10^4	27	144×10^4
11	42×10^4	28	152.5×10^4
12	46.5×10^4	29	161×10^4
13	51.5×10^4	30	170×10^4
14	56.5×10^4	31	180×10^4
15	62×10^4	32	193×10^4
16	67.5×10^4	33	203×10^4
17	73×104	34	218×10^4
18	79×104	35	228×10^4
19	85.5×104		

任务思考

(1) 牛乳体细胞数以__________表示。牛乳体细胞数是指__________，多数是__________，体细胞数反映了__________及__________。

(2) 如果牛患乳房炎，会导致乳中__________明显增高，因此，发现隐性乳房炎乳的唯一有效方法是检测乳中__________。

(3) 乳中体细胞数测定原理是：体细胞在遇到表面活性剂时，会__________，使细胞放出__________而产生凝集。细胞越多，凝集状态越__________，出现的凝集片越__________。

(4) 乳中体细胞数测定的结果判定：阴性，乳汁凝集反应__________，颜色反应__________；阳性，乳汁凝集反应__________，颜色反应__________。

(5) 简述乳中体细胞数的测定步骤。

任务十三　抗生素残留检验

知识储备

知识点1：抗生素

抗生素是一类由微生物和其他生物在生命活动过程中合成的次生代谢产物或其衍生物，其在很低的浓度时就能抑制或干扰病原菌、病毒等的生命活动。近年来，我国的乳及乳制品工业发展迅速，同时畜牧业也发展迅猛，β-内酰胺类、氨基糖苷类、四环素类、大环内酯类等抗生素在乳畜饲养业中广泛应用，造成乳及乳制品中抗生素残留，给消费者健康带来了潜在威胁。因而提高抗生素残留的检测技术显得尤其重要，尽快开发或引进先进的抗生素检测技术以解决目前乳和乳制品行业面临的难题已成为当务之急。

知识点2：乳及乳制品中抗生素残留的来源

乳及乳制品中抗生素残留的来源要追寻到原料生产及其流通过程。首先，使用抗生素防治动物疫病。对患病奶牛用药不当及不遵守停药期是造成牛乳中抗生素残留的重要因素，尤其是采用乳房灌注治疗奶牛乳房炎时，更易造成牛乳中抗生素的残留。其次是抗生素类饲料添加剂的使用。在饲料中添加抗生素，可以有效抑制或杀灭畜体肠道内的有害微生物，维持畜体胃肠道有益微生物的平衡，从而促进动物生长、预防疾病。但是，如果泌乳期奶牛长期食用含抗生素的饲料，很容易造成牛乳中抗生素残留。第三，饲养户和经营商为了保鲜，将抗生素人为添加到畜产品中，来抑制微生物的生长、繁殖，防止牛乳酸败变质，也是造成抗生素残留超标的重要因素之一。这种情况较少出现，但危害很大。

知识点3：抗生素的危害

从乳制品加工的角度来看，原料乳中抗生素残留物严重干扰发酵乳制品的生产，抗生素残留可严重影响干酪、黄油、发酵乳的起酵和后期风味的形成。长期食用含低剂量抗生素残留的乳制品，日积月累会危害人体健康。其主要的危害表现在：一，毒性作用，如长期食用氨基糖苷类抗生素严重超标的乳产品可导致肾毒性和耳毒性。二，过敏反应。三，病原菌耐药性增加。四，破坏人体胃肠道微生物菌群的动态平衡。五，妨碍我国畜产品的国际贸易。

知识点4：抗生素残留检测方法

目前抗生素残留检测的方法有很多，基本上可以分为四大类型：一是经典的微生物检测方法；二是现代仪器分析方法；三是生化免疫分析法；四是专一试剂盒法。

子任务一　Snap快速抗生素检测仪检验乳中抗生素

【测定原理】

竞争酶联免疫分析原理：酶联免疫测定法（ELISA）属于生化免疫分析法，是将特定抗生素类群（如β-内酰胺类、四环素类）作为靶子，让固定在一定部位的特定抗体或广谱受体捕捉。大多数检测法利用竞争性原理，使样品内的抗生素与内置抗生素标志物竞争与固定的抗体或广谱受体结合，然后进行冲洗和显色。内置抗生素标志物与固定抗体或广谱受体形成的复合体，通过酶的作用分解可形成有色物质或发光物质。通过测定色度或光度并与参照物对照，就可以判断出结果呈阴性还是阳性。

【任务准备】

Snap 试剂盒组成如图 1-2-17 所示。

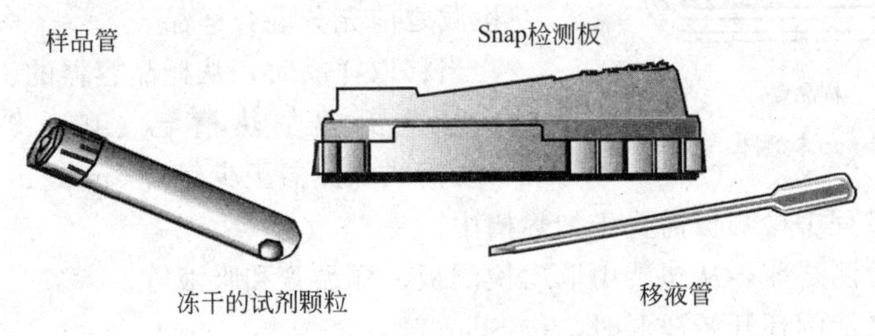

图 1-2-17　Snap 试剂盒组成

【任务实施】

（1）检测准备　加入乳液于样品管中，摇匀样品管，加热样品和检测板 5min。如图 1-2-18 所示。

图 1-2-18　Snap 检测准备步骤

（2）加入样品和按 Snap 键，如图 1-2-19 所示。

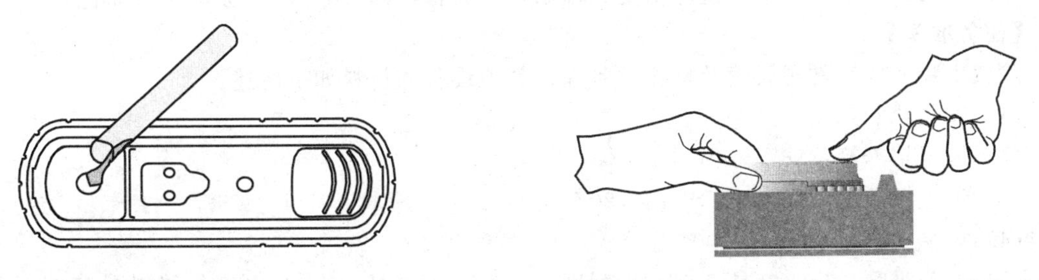

图 1-2-19　Snap 检测加入样品和按键步骤

（3）判读结果　4min 后立即插入 Snapshot 读数仪判读结果，如图 1-2-20 所示。

阳性结果：>1.05P（样品点颜色浅于质控点）。

阴性结果：<1.05N（样品点颜色深于质控点）；

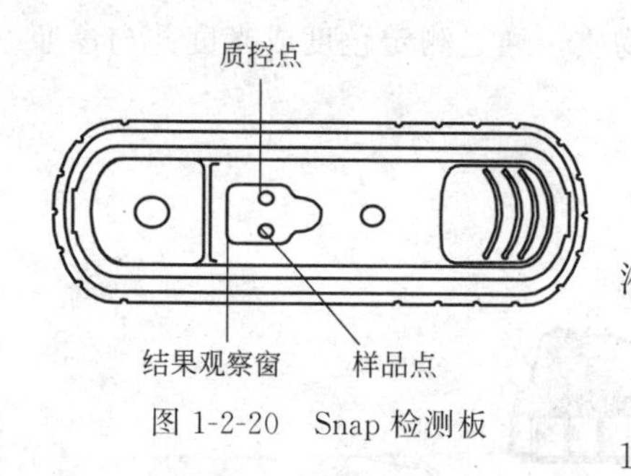

图 1-2-20 Snap 检测板

当读数值 为 1.05 时，依据读数仪显示进行判定。

【注意事项】

使用此仪器的操作方法注意事项如下：

（1）使用（450μL±50μL）原乳，不要使用变质的液，在检测之前充分混合样品。

（2）当移取样品时，从样品容器的中央取样。

（3）预先升温加热槽至（45±5)℃，至少保持15min，便携式加热器至少保持5min。

（4）在检测过程中检测板需置于加热槽中。

（5）在进行检测之前，从包装中取出检测板、样品管和吸液管。

（6）当蓝色激活圆环开始浸湿时，按 Snap 键。

（7）如果质控点没有颜色变化，说明检测失败，重新检测样品。

（8）不要使用过期的检测试剂盒。

（9）不要将不同试剂盒包装中的样品管和检测板混合使用。

（10）所有试剂盒必须保存于0～8℃（在检测当天，试剂盒可保存在室温条件下)。

（11）如读数在1.05时，依据读数仪上显示的结果进行判定。

子任务二 TTC 法测乳中抗生素

TTC 法是我国鲜乳中抗生素残留量检验标准（GB 4689.27—2008）的检测法，是一种经典的微生物检测法。TTC 法测定各种抗生素的灵敏度为：青霉素 4×10^{-9}，链霉素 500×10^{-9}，庆大霉素 400×10^{-9}，卡那霉素 5000×10^{-9}。它具有费用低、易开展的优点；缺点是耗时长、误差较大，要求操作人员有一定的专业知识且实验过程中菌液的制备、水浴过程控制都要求严格遵守操作规程，否则易出现假阳性，以致出现检验结果的不稳定性。

【测定原理】

样品经过80℃杀菌后，添加嗜热链球菌菌液。培养一段时间后，嗜热链球菌开始增殖。这时加入代谢底物2,3,5-氯化三苯四氮唑（TTC)，若该样品中不含有抗生素或抗生素的浓度低于检测限，嗜热链球菌将继续增殖，还原 TTC 成为红色物质。相反，如果样品中含有高于检测限的抑菌剂，则嗜热链球菌受到抑制，因此指示剂 TTC 不还原，保持原色。

【任务准备】

除微生物实验室常规灭菌及培养设备外，其他设备和材料如下所述。

（1）冰箱：2～5℃、－20～－5℃。

（2）恒温培养箱：36℃±1℃。

（3）带盖恒温水浴锅：36℃±1℃,80℃±2℃。

（4）天平：感量0.1g、0.001g。

（5）无菌吸管：1mL（具0.01mL 刻度），10.0mL（具0.1mL 刻度）或微量移液器及吸头。

（6）无菌试管：18mm×180mm。

（7）温度计：0～100℃。

（8）旋涡混匀器。

菌种、培养基和试剂：

(1) 菌种　嗜热乳酸链球菌。

(2) 脱脂乳　经113℃、20min灭菌。

(3) 4% 2,3,5-氯化三苯四氮唑（TTC）水溶液　称取1g TTC，溶于5mL灭菌蒸馏水中，装入褐色瓶内于7℃冰箱保存，临用时用灭菌蒸馏水以1∶5稀释。如遇溶液变为绿色或淡褐色，则不能再用。

【任务实施】

(1) 检验程序

鲜乳中抗生素残留检验程序如图1-2-21所示。

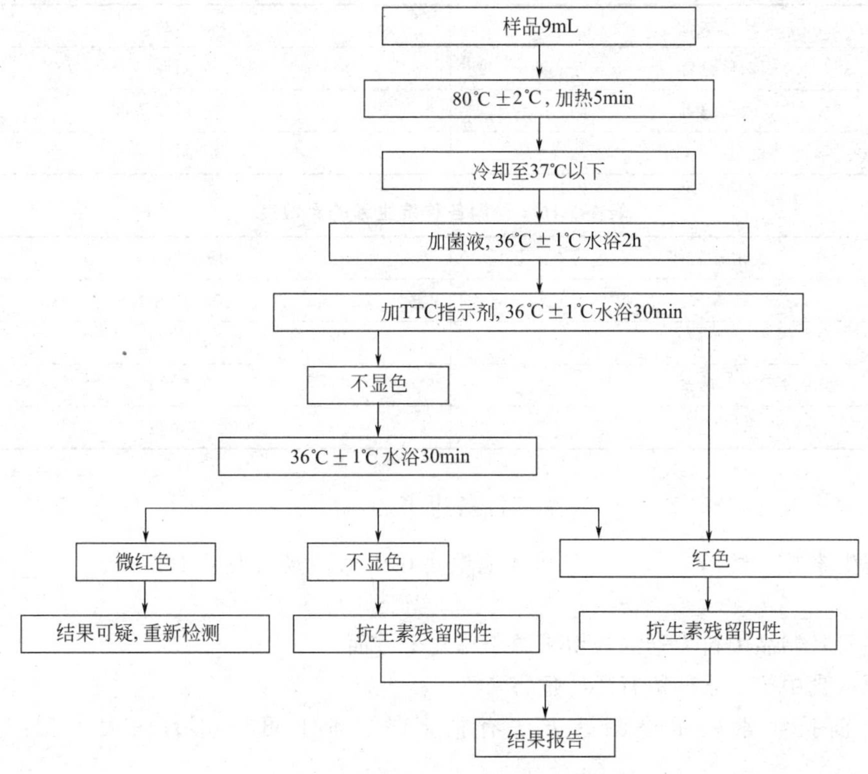

图1-2-21　鲜乳中抗生素残留检验流程

(2) 任务操作

① 菌液制备　将菌种移种脱脂乳，经36℃±1℃培养15h后，以灭菌脱脂乳1∶1稀释待用。

注意：

a. 菌液制备时，接种操作应在无菌条件下进行。如果是干粉菌种应在无菌条件下称取2～3g溶于1000mL灭菌的脱脂乳中。

b. 脱脂乳的制备可用脱脂乳粉与水以1∶9混合配制而成。

② 取检样9mL，置于18mm×180mm试管内，在80℃水浴中加热5min，冷却至37℃以下，加活菌液1mL，于36℃±1℃水浴中保温培养2h，再加入4%的TTC指示剂0.3mL，在36℃±1℃水浴中再保温培养30min，进行观察。如为阳性，再于36±1℃水浴中培养30min做第二次观察。每份检样做两份，另外再做阴性和阳性对照各一份，阳性对照管用无抗生素的乳8mL加抗生素及菌液和TTC指示剂，阴性对照管用无抗生素乳9mL加菌液和TTC指示剂。

结果判定：

准确培养 30min，观察结果，如为阳性，再继续培养 30min 做第二次观察。在观察时要迅速，避免光照过久有干扰。乳中有抗生素存在，则检样中虽加菌液培养物，但因细菌的繁殖受到抑制，因而指示剂 TTC 不还原，所以不显色。与此相反，如果没有抗生素存在，则加入菌液即进行增殖，TTC 被还原而显红色，也就是说检样呈乳的原色时为阳性，成红色时为阴性。如最终观察现象仍为可疑，则需重新检测。其显色状态判断标准与检测各种抗生素的灵敏度见表 1-2-15 和表 1-2-16。

表 1-2-15　显色状态判断标准

显色状态	判断
未显色者	阳性
微红色者	可疑
桃红色 → 红色	阴性

表 1-2-16　检测各种抗生素的灵敏度

抗生素名称	最低检出量
青霉素	0.004 单位
链霉素	0.5 单位
庆大霉素	0.4 单位
卡那霉素	5 单位

任务思考

(1) 抗生素是一类由__________和其他生物在生命活动过程中合成的__________或其__________。

(2) 乳及乳制品中抗生素的残留来源于哪几个方面？

(3) 原料乳中抗生素残留有哪些危害？

(4) 目前抗生素残留检测的方法有很多，基本上可以分为四大类型：一是__________；二是__________；三是__________；四是__________。

(5) TTC 法测定抗生素的原理是什么？

(6) 简述鲜乳中抗生素残留检验步骤。

任务十四　冰激凌膨胀率的测定

知识储备

知识点 1：冰激凌

冰激凌是以饮用水、乳品、蛋品、甜味剂、食用油脂等为主要原料，加入适量香料、稳定剂、乳化剂、着色剂等食品添加剂，经混合、灭菌、均质、老化、凝冻等工序或再经成型、硬化等工序制成的体积膨胀的冷饮制品。

知识点 2：膨胀率

膨胀率是指产品的体积对混合原料体积增加的百分率，可用下式表示：

$$X=\frac{V_1-V}{V}\times 100\%$$

式中　X——膨胀率；

V_1——冰激凌成品的体积，L；

V——混合原料体积，L。

知识点 3：凝冻

凝冻是将物料在强制搅拌状态下进行冰冻，使空气以极微小的气泡状态均匀分布于全部混合料中，在体积逐渐膨胀的同时由于冷冻成为半固体状，出料温度控制在−3℃以下。

【测定原理】

以乙醚消泡，测定产品体积对混合料体积增加的百分率。

【任务准备】

(1) 试剂　蒸馏水、乙醚。

(2) 仪器　$50cm^3$ 量器、250mL 容量瓶、200mL 移液管、ϕ50mm 玻璃漏斗、50mL 滴定管。

【任务实施】

准确量取体积为 $50cm^3$ 的冰激凌样品，放入插在 250mL 容量瓶内的玻璃漏斗中，缓慢地加入 200mL 40～50℃蒸馏水，将冰激凌全部移入容量瓶中，在温水中保温待泡沫消除后冷却。

用移液管吸取 2mL 乙醚注入容量瓶，去除溶液中的泡沫，然后以滴定管滴加蒸馏水于容量瓶中，至容量瓶刻度止，记录从滴定管滴加的蒸馏水体积（加入乙醚容积和滴加的蒸馏水之和，相当于 $50cm^3$ 冰激凌中的空气量）。

结果计算：

$$X=\frac{V_1+V_2}{V-(V_1+V_2)}\times 100\%$$

式中　X——样品的膨胀率，%；

V——取样器的体积，mL；

V_1——加入乙醚的体积，mL；

V_2——加入蒸馏水的体积，mL。

任务思考

（1）冰激凌的定义是什么？

（2）膨胀率是指____。

（3）什么是凝冻？

（4）冰激凌膨胀率的测定原理是：以__________消泡，测定产品体积对混合料体积增加的__________。

（5）简述冰激凌膨胀率的测定步骤。

模块二
乳及乳制品微生物检验

微生物检验基础知识

项目一　微生物的分类与形态

学习目标

1. 掌握微生物的定义；
2. 了解微生物的种类；
3. 了解不同微生物的形态结构。

一、 微生物的分类及其特点

微生物是自然界中个体微小、结构简单的低等生物的统称，包括属于原核生物的真细菌（如各种常见的细菌、放线菌、立克次体、衣原体、支原体等）和古细菌；属于真核生物的藻类、酵母菌、霉菌、大型真菌和原生动物；属于非细胞形态的微生物（主要有病毒、噬菌体及朊病毒）。除大型真菌外，微生物的形态结构必须借助光学显微镜或电子显微镜放大几十倍甚至几十万倍才能观察到。微生物的主要特点是个体微小、结构简单、繁殖迅速、代谢旺盛、分布广泛和容易变异等。目前已发现数万种微生物，它们的代谢方式多种多样，能够分解利用各种有机物，对于维持自然界生态平衡起着重要的作用。

二、 微生物的形态结构

1. 细菌

（1）细菌的个体形态　细菌的个体形态是指菌体的形状和大小。

① 细菌的个体形状　细菌是单细胞原核生物，即细菌的个体是由一个原核细胞组成，其基本形状有球状、杆状和螺旋状，分别称为球菌、杆菌和螺旋菌。

a. 球菌　菌体呈圆球形或椭圆形的细菌称球菌。按其分裂方式和分裂后排列形式的不同，又可分为以下几类（图 2-1-1）。

ⓐ 单球菌　菌体分裂后立即散开，互不相连，如尿微球菌。

ⓑ 双球菌　菌体分裂后成双排列，如肺炎双球菌。

ⓒ 四联球菌　菌体两次分裂面互相垂直，分裂后四个菌体排列在一起呈“田”字形。

ⓓ 八叠球菌　菌体的三次分裂面都互相垂直，分裂后八个菌体叠在一起呈立方体，如尿素八叠球菌。

ⓔ 链球菌　菌体分裂面方向一致，分裂后许多菌体连接成链状，如乳酸链球菌。

ⓕ 葡萄球菌　菌体分裂面不规则，分裂后几个或几十个菌体连在一起，没有一定的形状或次序，形似一串葡萄，如金黄色葡萄球菌。

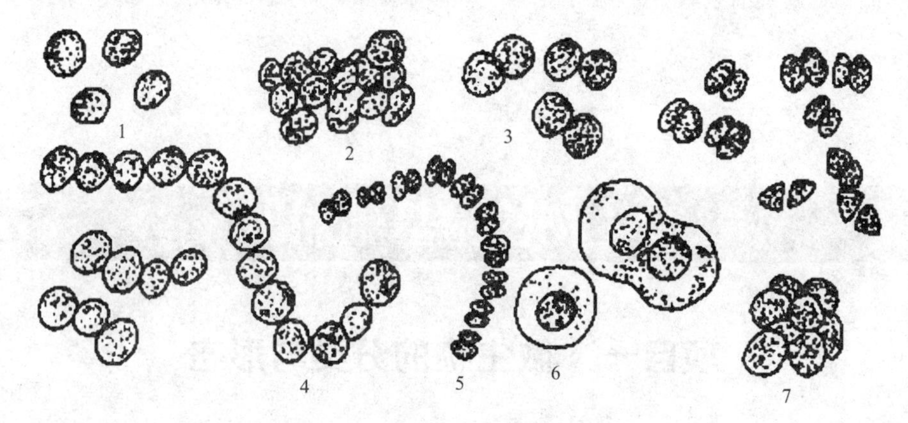

图 2-1-1　球菌的形态及排列方式

1—微球菌；2—葡萄球菌；3—双球菌；4—链球菌；
5—含有双球菌的链球菌；6—具有荚膜的球菌；7—八叠球菌

b. 杆菌　菌体呈杆状的细菌称杆菌，杆菌是细菌中种类最多的一类。一般杆菌的长短和粗细区别显著。有的杆菌菌体很长称为长杆菌；有的杆菌菌体较短称为短杆菌；还有的杆菌长宽差不多，近似球形的称为球杆菌。杆菌菌体的两端依菌种不同呈现各种形状，有的钝圆，有的平截状，有的半圆形，有的略尖。有些杆菌一端膨大、另一端细小，形如棒状的称棒状杆菌、形如梭状的称梭状杆菌。杆菌永远沿横轴方向分裂，绝大多数杆菌是分散独立存在的，但也有成对相连称双杆菌，呈链状排列的称链杆菌（图 2-1-2）。工农业生产中用到的细菌大多数是杆菌，如用来生产淀粉酶和蛋白酶的枯草杆菌、生产谷氨酸的北京棒杆菌等。杆菌的排列方式、粗细以及菌体两端的形状等都受细菌遗传性的制约，这些都是认识和鉴别各种杆菌的重要特征。

图 2-1-2　各种杆菌的形态

c. 螺旋菌　菌体弯曲的细菌称为螺旋菌，依菌体弯曲程度的不同可分为以下几类。

ⓐ 弧菌　菌体略弯曲，形如逗号或香蕉状，螺旋不满一环，如霍乱弧菌。

ⓑ 螺菌和螺旋体　菌体回转如螺旋状，有数个弯曲，一般螺旋 2～6 环，如鼠疫热螺旋菌（图 2-1-3），或螺旋超过 6 环的。

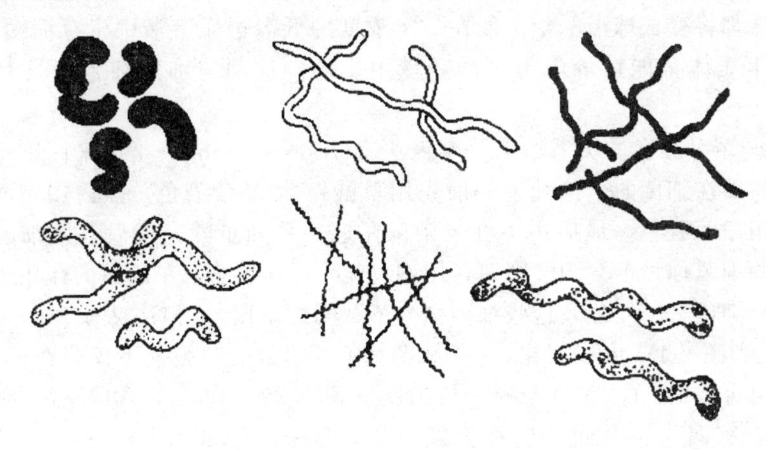

图 2-1-3　螺菌和弧菌的形态

② 细菌个体的大小　细菌个体很小，必须借助光学显微镜才能观察到，通常用显微测微尺测量菌体的大小。细菌的长度单位常以微米（μm）表示。用电子显微镜测量更小的微生物时，则用纳米（nm）表示，它们之间的关系是：1mm＝$10^3\mu$m＝10^6nm。

球菌的大小以其直径表示。杆菌、螺旋菌的大小以长度×宽度来表示，但长度是以其自然弯曲的长度来计算，而不是以真正的长度计算的。

虽然细菌的大小差别很大，但一般都不超过几个微米。大多数球菌的直径为（0.20～1.25）μm×（1.00～5.00）μm。一般来说，产芽孢的细菌比不产芽孢的细菌大。

（2）细菌的细胞结构　细菌的细胞结构可分为基本结构（图 2-1-4）和特殊结构。

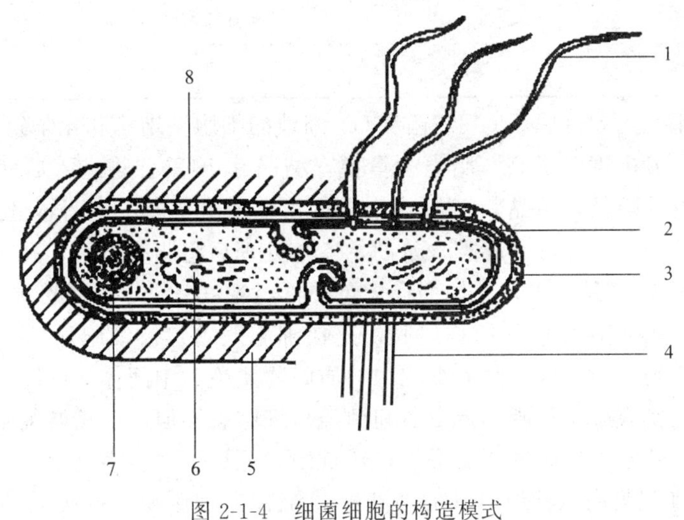

图 2-1-4　细菌细胞的构造模式

1—鞭毛；2—细胞膜；3—细胞壁；4—纤毛

5—荚膜；6—拟核；7—异染粒；8—黏液层

① 细菌细胞的基本结构　细菌细胞的基本结构是细菌都具有的结构，包括细胞壁、细胞膜、细胞质和细胞核。

a. 细胞壁　细胞壁是菌体的外壁，坚韧而略有弹性，其重量约占细胞干重的

10%～20%，各种细菌的细胞壁厚薄不等，一般在10～80nm。

ⓐ 细胞壁的功能　细胞壁起着固定菌体外形和保护菌体的作用。细菌失去细胞壁时，各种形态的菌体都将变成球形。细菌能在一定浓度的低渗透压溶液中生存而菌体不致破裂，无细胞壁的原生质体只能在等渗透压的环境中生活。这都与细菌细胞壁具有韧性和弹性有关。

ⓑ 细胞壁与革兰染色的关系　革兰染色法（Gram staining）是用来区别不同种类细菌的经典染色法。即在细菌的干涂片上一般先用草酸铵-结晶紫染色，然后用碘液媒染，使细菌着色，接着用乙醇脱色，最后用番红复染。在这一系列步骤完成后有些细菌保持初染色——紫色，这些细菌称为革兰阳性细菌，用G^+表示；有些细菌在乙醇的作用下脱去了初染色，而被染上复染色——红色，这些细菌称为革兰阴性细菌，用G^-表示。

从表2-1-1和图2-1-5可以看出，G^+细菌和G^-细菌的细胞壁不仅存在成分上的差别，在细胞结构上也有差别。G^+细菌只有一层细胞壁，厚20～80nm，含磷壁酸；G^-细菌细胞壁不含磷壁酸，有两层，里面一层称为硬壁层，厚2～3nm，外面一层称为外壁层，厚8～10nm。

表2-1-1　G^+细菌和G^-细菌细胞壁的特征

特征	革兰阳性细菌	革兰阴性细菌	
		硬壁层	外壁层
厚度/nm	20～80	2～3	8～10
肽聚糖含量	占细胞壁干重的40%～90%	5%～10%	无
磷壁酸	有(或无)	无	无
脂多糖	1%～4%	无	11%～22%
脂蛋白	无	有或无	有
对青霉素的敏感性	强	弱	弱

革兰染色结果，主要是由于G^+细菌和G^-细菌的细胞壁结构和化学组成不同。G^+细菌细胞壁结构致密，肽聚糖含量高，脂类含量低，结晶紫-碘复合物进入后使其孔径缩小，经乙醇处理使其通透性降低，结晶紫-碘复合物被保留在细胞壁内，使菌体呈紫色。G^-细菌细胞壁结构疏松，肽聚糖含量低，脂类含量高，乙醇处理后将脂类溶解，孔径增大，通透性增加，结晶紫-碘复合物极易脱出，菌体变成无色，再经番红复染，结果菌体被染成红色。

b. 细胞膜　又称细胞质膜，简称质膜，是在细胞壁内包被细胞质的一层薄膜。细胞膜以大量褶皱陷入细胞质内，这些陷入细胞内的质膜物质称为中间体。细胞膜是具有选择性的半渗透性膜，其主要成分是磷脂、蛋白质和糖类。细胞膜不但可以控制细胞新陈代谢物质的吸收与排除，调节细胞内外渗透压的平衡，还是细胞能量代谢和多种合成代谢的场所。

c. 细胞质　细胞膜内除核质以外的一切物质统称为细胞质。细胞质的主要成分是蛋白质、核酸、核糖、脂类、糖类、无机盐、水等。细胞质内含有各种酶系统，能进行物质的合成与分解。细菌细胞质与其他生物细胞质的主要区别是其核糖核酸含量高，尤其是幼龄细菌含量更高。由于核糖核酸具有较强的嗜碱性，因此，幼龄细菌易被碱性或中性染料着色，但在老龄菌体内由于形成许多颗粒而染色不均。此外，细胞质中还含有核糖体、质粒、异染颗粒、肝糖粒、淀粉粒等各种内含物。

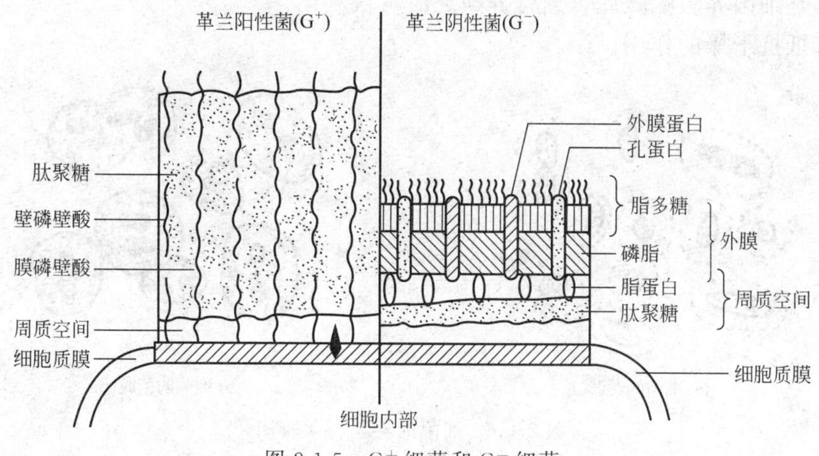

图 2-1-5 G^+ 细菌和 G^- 细菌的细胞结构的比较

d. 细胞核 细菌是原核生物，其细胞核无核膜、核仁，只有一条染色体。原核没有固定的形态，但与细胞质区分明显。细菌细胞核的主要成分是DNA（脱氧核糖核酸），还有少量的RNA（核糖核酸）及蛋白质，没有真核生物所含有的组蛋白。DNA是传递遗传信息的物质基础。

② 细菌细胞的特殊结构 鞭毛、芽孢、荚膜、纤毛等是细菌特有的结构。

a. 鞭毛 从有些细菌的体内伸出细长而呈波浪状的丝状物称为鞭毛。鞭毛是细菌的运动“器官”。鞭毛的长度超过菌体很多倍，但直径小，只有用特殊染色法使鞭毛加粗，才可在光学显微镜下观察到。

b. 芽孢 当有些细菌生长到一定阶段，细胞质脱水，在菌体内形成一个休眠体称为芽孢。芽孢的有无、大小、形状和位置（图 2-1-6）是细菌种类鉴别的重要依据。芽孢折光性强，必须用特殊染色法才能在显微镜下观察到。细菌能否形成芽孢，是由该菌的遗传特性所决定的。一般来说，芽孢是细菌为抵抗不良环境而产生的，但也有例外，如为提高苏云金杆菌的芽孢产量，需要采用营养丰富的培养基和适宜的环境条件。

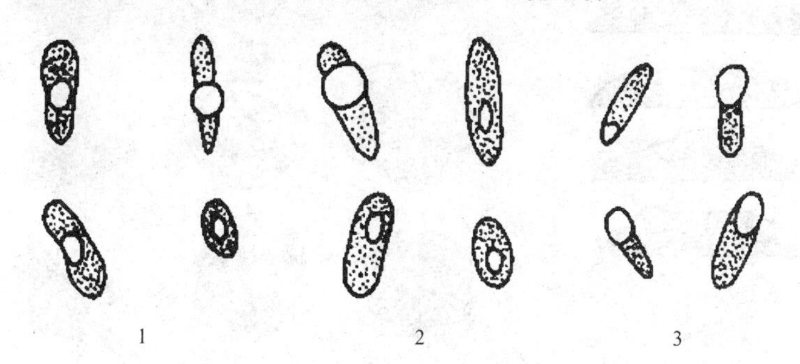

图 2-1-6 细菌芽孢的位置和大小示意

1—中央位；2—近端位；3—极端位

c. 荚膜和黏液 有些细菌在一定的条件下，可向细胞表面分泌一层松散、透明的黏液状物质称为荚膜。通常是一菌一膜，但也有多菌共膜的（图 2-1-7），多菌共膜者称为菌胶团。荚膜含有90%以上的水分，此外还含有多糖或多肽。荚膜的主要作用如下所述。

ⓐ 加强细菌的致病力，具有荚膜的细菌在动物体内，不易被白细胞吞噬。

ⓑ 荚膜是细菌养料贮藏库，当营养缺乏时可被利用。

ⓒ 具有抵抗干燥的作用。

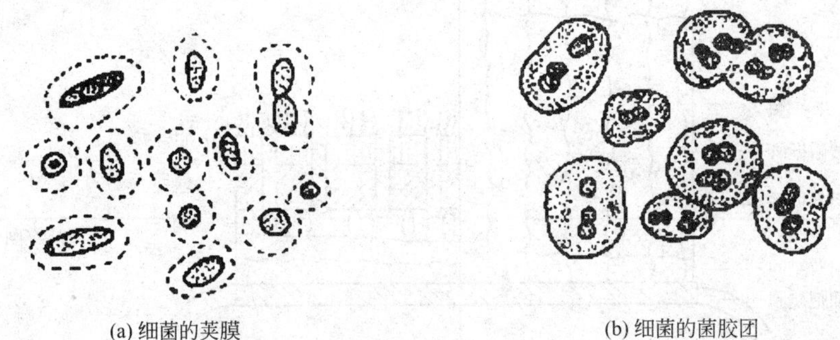

(a) 细菌的荚膜　　(b) 细菌的菌胶团

图 2-1-7　细菌的荚膜与菌胶团

d. 纤毛　又称柔毛、伞毛和菌毛，纤毛是有些杆菌在菌体外着生的比鞭毛细、短、直而硬，且数目多的毛发状细丝。其直径为 5～10nm，长为 0.2～0.5μm，少数达 4μm。纤毛为空心蛋白管，可分为普通纤毛和性纤毛。前者更细、短并且数量多，达 50～400 条，能使细菌相互黏着或附着在物体上；后者较粗、长，每个细菌不超过 4 条，是细菌的交配器官，传递遗传物质。

（3）细菌的菌落特征　细菌的个体是肉眼看不见的。但是，当一个菌体或几个菌体接种到固体培养基上时，聚集在一处不断地进行分裂繁殖，从而形成肉眼可见的群体，即为菌落。

不同细菌菌落的形态、大小、结构、质地、色泽等（图 2-1-8）特征各不相同，既受菌

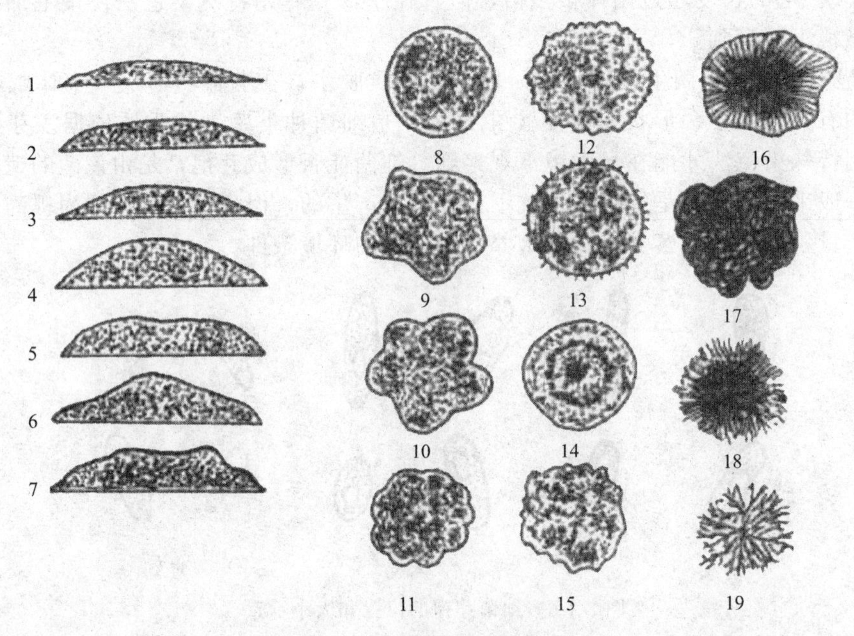

图 2-1-8　细菌的菌落特征

1～7 侧面观：1—扁平；2—隆起；3—低凸起；4—高凸起；5—脐状；6—乳头状；7—草帽状；
8～19 正面观：8—圆形，边缘完整；9—不规则，边缘波浪形；10—不规则，颗粒状，边缘叶状；
11—规则，放射状，边缘叶状；12—规则，边缘扇状；13—规则，边缘齿状；
14—规则，有同心圆环，边缘完整；15—不规则，似毛毡状；16—规则，似菌丝状；
17—不规则，卷发状，边缘波状；18—不规则，丝状；19—不规则，根状

种遗传性的制约，同时也受环境条件的影响。同一种细菌常因培养基成分、培养时间和温度的不同，菌落特征也有变化。但同一种细菌在同一条件下培养，所形成的菌落特征具有一定的一致性，这是掌握菌种纯度和鉴定菌种的重要依据。

2. 放线菌

放线菌的细胞结构与细菌结构相似，但其形态和繁殖方式比细菌复杂，在某些形态上与真菌又有些相似，能形成菌丝和孢子，因此常把放线菌看成为细菌向真菌的过渡类型，或是细菌的高级类型。放线菌在自然界分布十分广泛，土壤、水、空气中均有，尤其是富含有机物偏碱性的土壤中特别多。绝大多数放线菌腐生，很少有寄生。目前生产上大多数抗生素都是放线菌所产生，如春雷霉素等，因此，放线菌在抗生素工业生产中，占有重要位置。

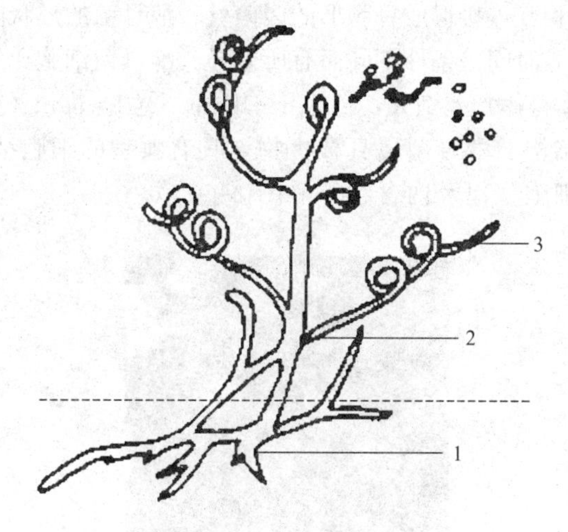

图 2-1-9 放线菌的形态

1—基内菌丝；2—气生菌丝；3—孢子丝

（1）放线菌的个体形态　放线菌是单细胞原核生物，其细胞结构与细菌相似，但形态和功能与霉菌相似，菌体是由分枝状的菌丝组成，菌丝无隔膜。放线菌为单细胞有许多核，菌丝比较细，放线菌菌丝依据形态与功能不同可分为三种类型（图 2-1-9）。

① 基内菌丝　生长于培养基之中吸收营养物的菌丝，也称营养菌丝，一般无隔膜，有的无色，有的还产生色素，可呈黄、橙、红、紫、蓝、褐、黑等不同颜色，所产生的色素可是脂溶性的也可是水溶性的，如是水溶性的可在培养基内扩散。

② 气生菌丝　当基内菌丝发育到一定阶段向空间长出的菌丝称为气生菌丝，其较基内菌丝粗，一般颜色较深，可铺盖整个菌落表面，呈绒毛状、粉状或颗粒状。

③ 孢子丝　气生菌丝发育到一定阶段在气生菌丝上分化出可形成孢子的菌丝称为孢子丝。孢子丝的着生情况有直立、弯曲、丛生和轮生。孢子丝的形状有直线状、环状或螺旋状等。在孢子丝上长出孢子，孢子的形状为球形、卵形、椭圆形、杆状、爪子状等。孢子表面在电镜下观察其结构也不相同，有的表面光滑，有的是带刺或毛发状的。孢子也常具有色素。孢子丝的着生情况、形态及孢子的形状、颜色等特征是放线菌分类鉴定的重要依据。

（2）放线菌的菌落特征　放线菌菌落呈放线状，故名放线菌。菌落由菌丝体组成，较小，生长慢，一般为圆形，表面平或干燥多皱。如链霉菌，基内菌丝伸入培养基内或紧贴在培养基表面，并纠缠在一起而形成密集的菌落，与培养基结合牢固，所以一般很难用接种针挑起，往往会出现整个菌落连同培养基被挑起，而菌落不破裂的现象。气生菌丝尚未分化成孢子丝时的幼龄菌落，其表面与细菌相似；当形成孢子丝，产生大量孢子时，菌落表面就形成为粉末状或颗粒状的典型放线菌菌落。

3. 酵母菌

酵母菌是人类应用最早的一类微生物，早在4000多年前的殷商时代，我们的祖先就会利用酵母酿酒，公元前6000年古埃及人就会生产被称为“布扎”的酸啤酒。

酵母菌在食品、饲料、医药、化工等方面有着广泛的用途，例如酿酒、面包发酵等。酵母菌含有丰富的蛋白质、纤维素和多种酶类，不仅可提取单细胞蛋白，还可用来生产维生素、酵母片及多种氨基酸产品。但是，酵母菌的一些种类也是发酵工业的有害菌，例如，分解酒精的酵母可引起酒类饮料的败坏，耐渗透压酵母可引起果酱、蜜饯和蜂蜜的变质。

(1) 酵母菌的个体形态　酵母菌菌体为单细胞，无鞭毛，不能运动。一般呈球形、卵圆形或柱形，某些种生成的菌体相互连接形成香肠形的假菌丝。酵母菌的形状除菌体本身由遗传特性决定外，还因生活环境和培养时间等条件不同而有所差异。酵母菌细胞比细菌大得多，酵母平均直径为4～5μm，但酵母菌本身体积差别大，长约8～10μm，宽1～5μm（见图2-1-10）。

(2) 酵母菌的细胞结构　酵母菌属真核生物，具有典型的细胞结构，包括细胞壁、细胞膜、细胞质、细胞器、细胞核以及内含物等（图2-1-11）。

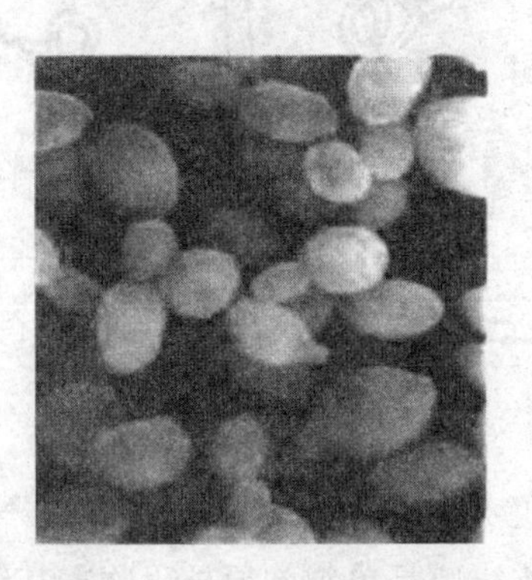

图2-1-10　啤酒酵母的电镜照片

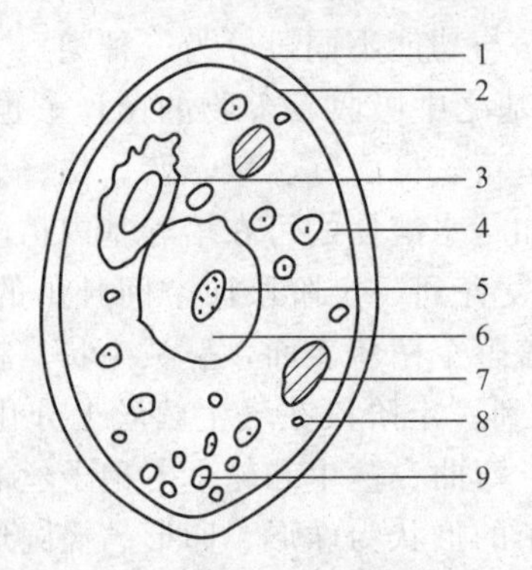

图2-1-11　酵母菌细胞模式图

1—细胞壁；2—细胞膜；3—细胞核；4—细胞质；5—类核染色质体；6—液泡；7—肝糖粒；8—脂肪粒；9—线粒体

酵母菌细胞壁是由酵母纤维素构成，这种纤维素不同于高等植物的纤维素。幼龄酵母菌细胞壁薄、有弹性，但以后逐渐变厚变硬。

酵母细胞具明显的细胞核，细胞核由核膜、核仁和染色体构成，线粒体是酵母菌细胞的重要细胞器，是酵母菌进行呼吸作用的重要场所，含有呼吸所需的各种酶类。

（3）酵母菌的菌落特征　大多数酵母菌菌落圆形，比细菌大而厚，表面光滑湿润、黏稠，菌落多呈乳白色或奶油色，少数为红色。有些酵母表面干燥呈粉状。菌落的色泽、质地、表面和边缘形状等特征，是酵母菌菌种鉴定的重要依据。

4. 霉菌

霉菌在自然界分布很广，种类繁多，与人类的日常生活关系十分密切，常造成粮食、水果、蔬菜及农副产品腐败变质，少数霉菌能产生毒素引起食物中毒，许多霉菌还是动植物的致病菌。但也有一些霉菌可用来制曲、制造腐乳、做酱或酱油等，利用霉菌还可以生产酶制剂（淀粉酶、蛋白酶、果胶酶等）、有机酸和抗生素等。

（1）霉菌的菌丝与构造　构成霉菌营养体的基本单位是菌丝。菌丝的宽度一般为 3～10μm，比放线菌丝宽很多倍。其菌丝可伸长并产生分枝，许多分枝的菌丝相互交织在一起，称为菌丝体。一部分菌丝生长在基质中吸收养分，称为基内菌丝或营养菌丝；另一部分菌丝向空中生长，称为气生菌丝。气生菌丝中一部分菌丝形成生殖细胞，也有部分气生菌丝形成生殖细胞的保护组织或其他组织。

霉菌的菌丝有两种类型，一种类型是菌丝中无隔膜，整个菌丝体就是一个单细胞，含有多个细胞核，这是低等真菌所具有的菌丝类型，即鞭毛菌亚门和接合菌亚门中的霉菌。另一类型是高等真菌的菌丝，即子囊菌和半知菌中的霉菌，此种类型的菌丝中有隔膜，被隔膜隔开的一段菌丝就是一个细胞，菌丝体由很多个细胞组成。在隔膜上有 1 个或多个小孔，使细胞之间的细胞质和营养物质可以相互沟通。如果菌丝断裂，或菌丝中有一细胞死亡，则小孔可立即封闭起来，避免活细胞中的细胞质外流，或死细胞的分解产物流入活细胞中，影响活细胞正常的生命活动。在多细胞的菌丝中，每个细胞内可有一个或多个细胞核。两种菌丝类型如图 2-1-12 所示。

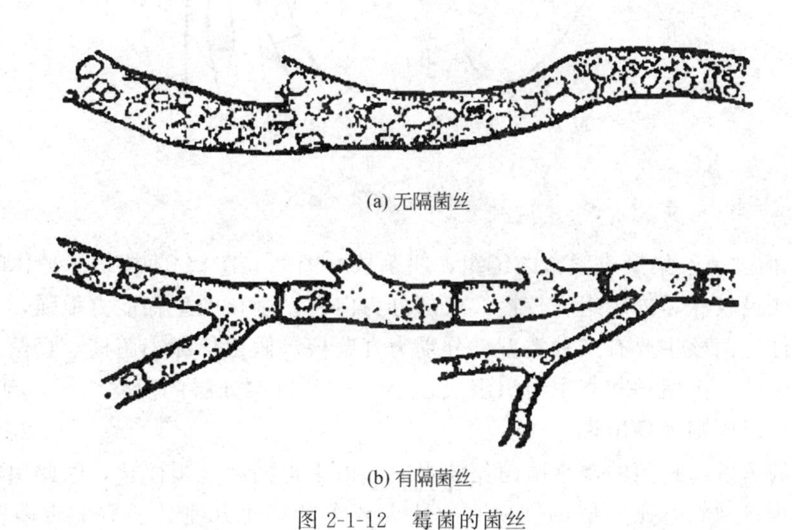

图 2-1-12　霉菌的菌丝

此外，很多菌丝可聚集在一起，形成各种特殊结构或组织，它们具有各自的特殊功能，如吸器、子座、菌核等。

① 吸器　大多数霉菌靠菌丝表面吸收营养物质，但有些霉菌为专性寄生菌，可在菌丝旁侧生出拳头状或手指状的突起，伸入到寄主细胞内吸取寄主细胞的养料，而菌丝本身并不进入寄主细胞，这种结构叫吸器（图 2-1-13）。

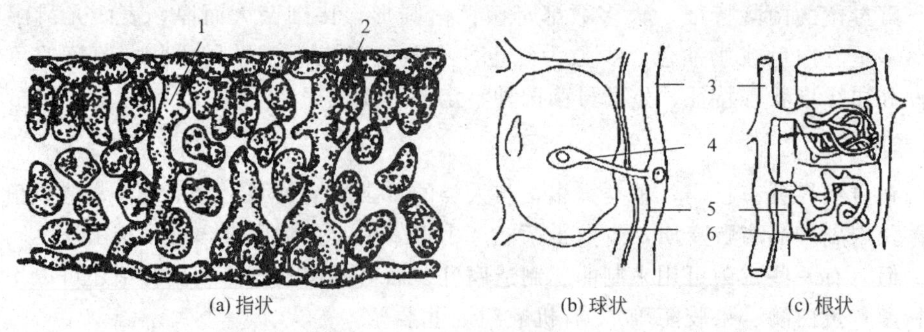

(a) 指状　　(b) 球状　　(c) 根状

图 2-1-13　三种吸器类型

1，3—菌丝；2，4—吸器；5—寄主细胞壁；6—寄主细胞质

② 子座　很多菌丝聚集在一起，形成比较疏松的组织，叫子座（图 2-1-14）。子座有垫状、壳状或其他形状，在子座内或子座外可形成繁殖器官。

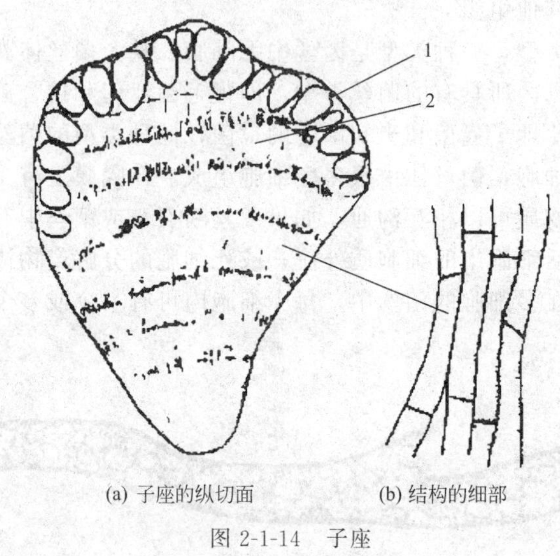

(a) 子座的纵切面　　(b) 结构的细部

图 2-1-14　子座

1—繁殖体；2—营养组织

③ 菌核　很多菌丝集聚成紧密的组织，叫菌核（图 2-1-15）。菌核是一种休眠体，其外层组织坚硬，颜色较深；内层组织较松，大部分为白色。菌核的生存能力很强，可忍受极其不良的环境条件。菌核主要有三种类型，分别为真菌核、假菌核和小菌核。真菌核，完全由菌丝组成；假菌核，由菌丝和寄主组织组成；小菌核，由不分层的菌丝组成，基层细胞厚，体积很小，一旦形成则大量出现。

（2）霉菌的菌落　霉菌的菌落由菌丝体组成，由于霉菌菌丝粗而长，因此菌落常呈绒毛状、棉絮状或蜘蛛网状，比一般的细菌和放线菌要大几倍至几十倍。有的霉菌菌落蔓延生长，扩散至整个培养皿，有的则有局限性。菌落初为白色或浅色，形成孢子后，菌落表面则呈现肉眼可见的不同结构和色泽等特征。一般来说，菌落中心的菌丝最先长出来、菌龄长，越往边缘菌龄越小。不同霉菌在一定的条件下培养，一般 3～10d 后菌落可呈现出不同的形状、大小、颜色、边缘等特征，这是霉菌鉴定的重要依据之一。

5. 病毒

病毒（virus）是一类比细菌更微小、无细胞结构的、只含一种核酸的活细胞内的寄

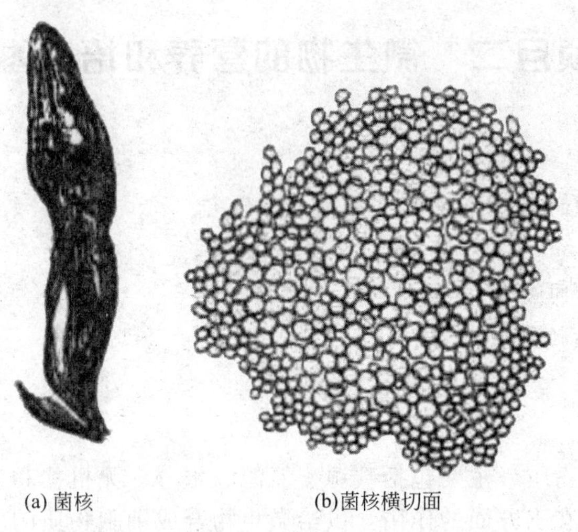

(a) 菌核　　(b)菌核横切面

图 2-1-15　菌核及其横切面

生物。

病毒的形态与结构有关，病毒不同，其形态亦各异，但各种病毒的形态是相当稳定的，其基本形态为球状、杆状、蝌蚪状及多边形等。

（1）球状　球状实际上是多角体或多面体。这个球形一般是由 20 个等边三角形构成的 20 个面的多面体，因个体极小，电镜下看起来似球状。大多数动物病毒呈球形。

（2）杆状　杆状包括方砖形、线形、子弹状等，大多数植物病毒呈杆状。

（3）蝌蚪状　蝌蚪状是由球状的头部和杆状的尾部结合而成的颗粒，如大肠杆菌 T_4 噬菌体。

病毒感染寄主细胞后，常在寄主细胞内形成一种在光学显微镜下可见的小体，称为包涵体（inclusion bodies）。

不同的病毒进入寄主细胞后形成的包涵体的大小、形状及其在细胞中的部位是各不相同的，如烟草花叶病毒（TMV）位于细胞质，而疱疹病毒则位于细胞核，麻疹病毒可同时存在于细胞质和核内。有的包涵体也存在于叶绿体内。因此，病毒大小、形状、所在部位常用于病毒的快速鉴别，有的也可作为病毒病的辅助诊断依据。

目标自测

（1）微生物是所有________、________，必须借助光学显微镜或电子显微镜才能观察到的________的统称。

（2）细菌的常见形态有球状、杆状和螺旋状，分别称为________、________和________。

（3）常见的真菌有________和________。

（4）________（virus）是一类比细菌更微小、无细胞结构的、只含一种核酸的活细胞内的________。

项目二　微生物的营养和培养基

学习目标

1. 了解微生物所需的营养素及不同营养素的作用。
2. 掌握培养基的概念。
3. 了解培养基的不同分类法。
4. 了解培养基的配制原则。

一、微生物的营养

微生物所需的营养物质，主要包括碳源、氮源、水分、无机盐和生长因子。这些物质对微生物的生命活动主要有三方面的作用：供给微生物合成细胞物质的原料；产生微生物在合成反应及生命活动中所需要的能量；以及调节新陈代谢。

1. 碳源

凡是构成微生物细胞和代谢产物中碳架来源的营养物质称为碳源，微生物对自然界中碳源的需求是很广泛的。从简单的无机碳到结构复杂的有机碳都可以被微生物所利用，如CO_2、碳酸盐、糖类、有机酸、醇、脂类、烃等。微生物种类不同，利用碳源的能力不同，有的能广泛利用不同类型的碳源物质，而有些微生物可利用的碳源物质种类则比较少。

自养型微生物不需要从外界供应有机营养物，能以CO_2作为主要碳源或唯一碳源来合成各种物质，能源来自日光或无机物氧化所释放的化学能。

异养型微生物的碳源是有机碳化物，同时也作为能源，如葡萄糖、蔗糖、淀粉、有机酸和脂类等。

2. 氮源

凡是构成微生物细胞物质或代谢产物中氮素来源的营养物质称为氮源。细胞的干物质中氮元素的含量仅次于碳元素和氧元素，氮是组成核酸和蛋白质的重要元素，因此氮元素对于微生物的生长发育有着重要的作用。能被微生物利用作为氮源的物质十分广泛，可分为无机氮源和有机氮源，前者包括氨、铵盐和硝酸盐等无机含氮化合物，后者包括尿素、氨基酸、嘌呤和嘧啶等有机含氮化合物。实验室中常用的氮源物质有碳酸铵、硝酸盐、硫酸铵、牛肉膏、酵母膏和蛋白胨等。

3. 水

水是微生物体内不可缺少的主要成分，微生物的生活必须有水，没有水也就不可能有生命存在，因为在微生物各种各样的生理活动中必须有水参加才能进行。水是微生物体内外的溶剂，只有通过水，微生物所需的营养物质才能进入细胞，也只有通过水，其代谢产物才能排出体外。另外，水也可以直接参加代谢作用，如蛋白质、碳水化合物和脂肪的水解作用都是在水的参与下进行的。

4. 无机盐

生物体内存在的各种元素，除碳、氢、氧和氮主要以有机化合物的形式存在外，其余的各种元素，无论其含量多少，统称为无机盐。其中又可分为主要元素和微量元素两大类。主要元素微生物需要量大，有磷、硫、镁、钾、钠、钙等，它们参与细胞结构物质的组成，有调节细胞质 pH 值和氧化还原电位的作用，也有能量转移、控制原生质胶体和细胞透性的作用。微量元素有铁、铜、锌、锰、钴等，它们的需要量虽然极微，但往往强烈地刺激微生物的生命活动，在机体中的生理功能主要是作为酶活性中心的组成部分。

5. 生长因子

生长因子是指那些微生物生长所必需而且需要量很小，但微生物自身不能合成或合成量不足以满足机体生长需要的有机化合物。不同的微生物需要的生长因子的种类和数量不同。

二、培养基

培养基是指人工配制的，适合微生物生长繁殖或积累代谢产物的营养基质。培养基是进行科学研究以及发酵生产的基础。

1. 培养基的类型

培养基种类繁多，根据成分、物理状态和用途的不同可将其分成多种类型。

（1）按营养物质的来源分

① 天然培养基　天然培养基是以化学成分还不是十分清楚或化学成分不恒定的天然有机物配制而成的培养基。常用的天然有机营养物质有牛肉膏、蛋白胨、酵母浸膏、豆芽汁、玉米粉、马铃薯、麸皮、血清等。天然培养基配制方便，营养丰富，而且也较经济，因此除实验室常用外，更适合于生产上大规模培养微生物。

② 合成培养基　合成培养基是由已知化学成分及数量的化学药品配制而成的，这种培养基成分精确，重复性强，但价格高，一般多用于实验室内供研究有关微生物的营养、代谢、分类鉴定、生物制品及选育菌种用。

③ 半合成培养基　在以天然有机物为主要碳源、氮源及生长素的培养基中加入一些化学药品，以补充无机盐成分，使其更能充分满足微生物对生长的需要，这类培养基称为半合成培养基。生产上与实验室内使用最多的是此类培养基。大多数微生物能在这种培养基上生长。

（2）按培养基物理状态分

① 固体培养基　在液体培养基中加入一定量的凝固剂（通常加琼脂2%），使其在一般培养温度下呈固体状态。固体培养基常用于菌种保藏、纯种分离、菌落特征观察以及活菌计数等方面。

② 液体培养基　培养基呈现液体状态，其中不加琼脂，由于营养物质以溶质状态溶解于其中，微生物能充分接触并利用，因此生长快、积累代谢产物多，所以常用于大规模工业生产以及在实验室进行微生物的基础理论及应用方面的研究中。

③ 半固体培养基　在液体培养基中加入少量的凝固剂（通常加琼脂0.35%～0.4%），使培养基呈半固体状，多用于细菌有无动力的检查（有无鞭毛）中。用半固体穿刺培养有助于肠道菌的鉴定。

（3）按培养基用途分

① 基础培养基　是指含有一般微生物生长繁殖所需的基本营养物质的培养基。如牛肉膏蛋白胨培养基是最常用的培养细菌的基础培养基，马铃薯葡萄糖琼脂是适于培养霉菌的基础培养基，麦芽汁琼脂是适于培养酵母菌的基础培养基。

② 加富培养基　也称营养培养基，即在基础培养基中加入某些特殊营养物质制成的一类营养丰富的培养基，通常加入血、血清、动植物组织提取液等。加富培养基一般用来培养

对营养要求较高的异养微生物。如培养百日咳博德菌需要含有血液的加富培养基。加富培养基还可以用来富集和分离某种微生物，这是因为加富培养基含有某种微生物所需的特殊营养物质，该种微生物在这种培养基中较其他微生物生长速度快，并逐渐富集而占优势，从而达到分离该种微生物的目的。

③ 选择培养基　根据某种或某一类微生物特殊的营养要求配制而成的培养基，如纤维素选择培养基。还有在培养基中加入对某种微生物有抑制作用，而对所需培养菌种无影响的物质，从而使该种培养基对某种微生物有严格的选择作用。如SS琼脂培养基，由于加入胆盐等抑制剂，对沙门菌等肠道致病菌无抑制作用，而对其他肠道细菌有抑制作用。

④ 鉴别培养基　根据微生物的代谢特点通过指示剂的显色反应用以鉴定不同微生物的培养基。如远滕培养基中的亚硫酸钠，能使指示剂复红醌式结构还原变浅，但由于大肠杆菌生长分解乳糖，产生的乙醛可使复红醌式结构恢复，可使菌落中的指示剂复红重新呈现带金属光泽的红色，而同其他微生物区别开来。

2. 培养基的配制原则

（1）符合微生物菌种的营养特点　不同的微生物对营养有着不同的要求，所以，在配制培养基时，培养基的营养搭配及搭配比例首先要考虑到这一点，明确培养基的用途，如用于培养何种微生物、培养的目的如何、是培养菌种还是用于发酵生产、发酵生产的目的是获得大量菌体还是获得次级代谢产物等，根据不同的菌种及其不同的培养目的确定搭配的营养成分及营养比例。

营养的要求主要是对碳素和氮素的性质，如果是自养型的微生物则主要考虑无机碳源，如果是异养型的微生物，主要提供有机碳源物质，除碳源物质外，还要考虑加入适量的无机矿物质元素，有些微生物菌种在培养时还要求加入一定的生长因子，如很多乳酸菌在培养时，要求在培养基中加入一些氨基酸和维生素等才能很好地生长。

除营养物质要求外，还要考虑营养成分的比例适当，其中碳素营养与氮素营养的比例很重要。C/N比是指培养基中所含C原子的摩尔浓度与N原子的摩尔浓度之比，不同的微生物菌种要求不同的C/N比，同一菌种，在不同的生长时期也有不同的要求，一般C/N比在配制发酵生产用培养基时，要求比较严格，C/N比例对发酵产物的积累影响很大。一般在发酵工业上，发酵用种子的培养，培养基的营养越丰富越好，尤其是氮源要丰富，而对以积累次级代谢产物为发酵目的的发酵培养基，则要求提高C/N比值，提高碳素营养物质的含量。

（2）适宜的理化条件　除营养成分外，培养基的理化条件也直接影响微生物的生长和正常代谢，这里主要介绍以下两种。

① pH　微生物一般都有它们适宜的生长pH范围，细菌的最适pH一般在7～8范围，放线菌要求pH7.5～8.5范围，酵母菌要求pH3.8～6.0，霉菌的适宜pH为4.0～5.8。

由于微生物在代谢过程中不断地向培养基中分泌代谢产物，影响培养基的pH变化，对大多数微生物来说，主要产生酸性产物，所以在培养过程中常引起pH的下降，影响微生物的生长繁殖速度。为了尽可能地减缓在培养过程中pH的变化，在配制培养基时，要加入一定的缓冲物质，通过培养基中的这些成分发挥调节作用，常用的缓冲物质主要有以下两类。

a. 磷酸盐类。这是以缓冲液的形式发挥作用的，通过磷酸盐的不同程度的解离，对培养基pH的变化起到缓冲作用，其缓冲原理是：

$$H^+ + HPO_4^{2-} \longrightarrow H_2PO_4^-$$

$$OH^- + H_2PO_4^- \longrightarrow H_2O + HPO_4^{2-}$$

b. 碳酸钙。这类缓冲物质是以“备用碱”的方式发挥缓冲作用的，碳酸钙在中性条件下的溶解度极低，加入到培养基中后，由于其在中性条件下几乎不解离，所以不影响培养基的 pH 变化，当微生物生长，培养基的 pH 下降时，碳酸钙就不断地解离，游离出碳酸根离子，碳酸根离子不稳定，与氢离子形成碳酸，最后释放出二氧化碳，在一定程度上缓解了培养基 pH 的降低。

② 渗透压　由于微生物细胞膜是半通透膜，外有细胞壁起到机械性保护作用，要求其生长的培养基具有一定的渗透压，当环境中的渗透压低于细胞原生质的渗透压时，就会出现细胞的膨胀，轻者影响细胞的正常代谢，重者出现细胞破裂，当环境渗透压高于原生质的渗透压时，导致细胞皱缩，细胞膜与细胞壁分开，即质壁分离现象。只有在等渗条件下最适宜微生物生长。

目标自测

(1) 微生物所需的营养物质，主要包括__________、__________、__________、__________和__________。

(2) __________是指人工配制的，适合微生物生长繁殖或积累代谢产物的__________。

(3) 培养基按营养物质的来源可分为__________、__________和__________。

(4) 培养基按物理状态可分为__________、__________和__________。

(5) 培养基按用途可分为__________、__________和__________。

(6) 影响微生物生长的理化条件主要有__________和__________。

项目三　微生物的接种、分离和培养

学习目标

1. 了解微生物接种的概念及常用的接种工具。
2. 掌握微生物常用的接种方法。
3. 掌握微生物常用的分离方法。
4. 掌握微生物常用的培养方法。

一、接种

1. 概念

将微生物的纯种或含菌材料（如水、食品、空气、土壤、排泄物等）转移到培养基上，这个操作过程称作微生物的接种。

接种操作是微生物实验中的一项基本操作，也是发酵生产中的一项基本工作，是保证微生物实验和工业生产顺利进行的重要操作，要求接种过程中不能有其他微生物污染。

2. 接种工具

在实验室或工厂生产实践中，用得最多的接种工具是接种环、接种针。由于接种要求和方法的不同，接种针的针尖部常做成不同的形状，有刀形、耙形等。有时滴管、吸管也可作为接种工具进行液体接种。在固体培养基表面要将菌液均匀涂布时，需要用到涂布棒，如图2-1-16所示。

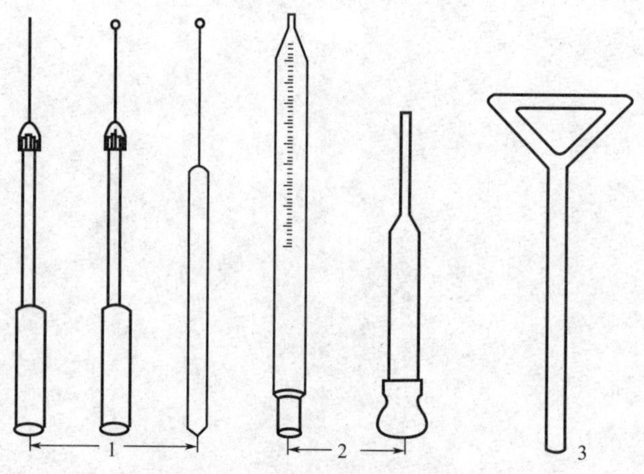

图 2-1-16　接种和分离工具

1—接种针（环）；2—移液管和滴管；3—涂布棒

3. 接种方法

（1）实验室接种方法　由于培养基不同，接种目的、接种要求不同，以及接种的微生物不同等原因，微生物接种有很多方法，常见的有以下几种。

① 划线接种　这是最常用的接种方法，是将微生物的纯种或含菌材料用接种环、接种针等挑取，然后在固体培养基表面划直线或蛇形线（见图2-1-17），这样就可达到接种的目

的。在斜面接种和平板划线中常用此法。

② 三点接种（点植法） 在研究霉菌形态时常用此法。即把少量微生物接种在平板表面，成等边三角形的三点（见图 2-1-18），让它们各自独立形成菌落后，进而来观察、研究它们的形态。除三点外，也有一点或多点进行接种的。

③ 穿刺接种 在保藏厌氧菌种或研究微生物的动力时常采用此法。做穿刺接种时，用的接种工具是接种针，用的培养基一般是半固体培养基。具体做法是：用接种针蘸取少量菌种，沿半固体培养基中心向管底做直线穿刺，然后原路返回（见图 2-1-19）。如某细菌具有鞭毛而能运动，则在穿刺线周围能够生长，不具有鞭毛的细菌，则沿穿刺线生长。

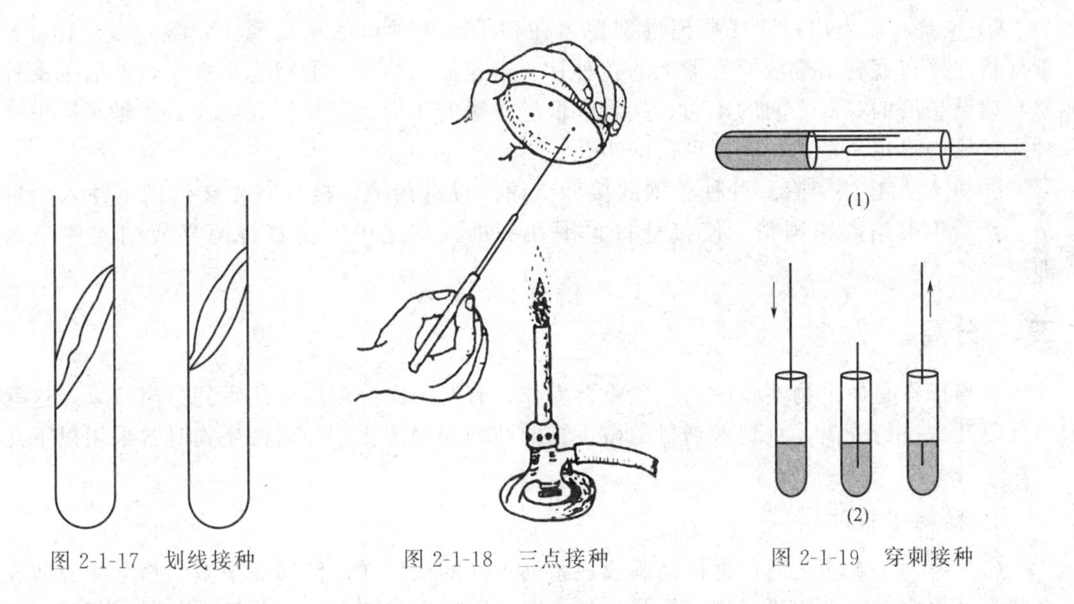

图 2-1-17 划线接种　　图 2-1-18 三点接种　　图 2-1-19 穿刺接种

④ 浇混接种（倾注法） 该法是将待接的微生物先放入培养皿中，然后再倒入冷却至45℃左右的固体培养基，迅速轻轻摇匀，这样菌液就达到了稀释的目的。待平皿内培养基凝固之后，置合适温度下培养，就可长出单个的微生物菌落。

⑤ 涂布接种 本法与浇混接种略有不同，就是先倒好平板，让其凝固，然后再将菌液倒入平板上面，迅速用涂布棒在表面做来回左右的涂布（见图 2-1-20），让菌液均匀分布，就可长出单个的微生物菌落。

⑥ 液体接种 从液体培养物中，用移液管将菌液接至液体培养基中，或从液体培养物中将菌液移至固体培养基中，都可称为液体接种（见图 2-1-21）。

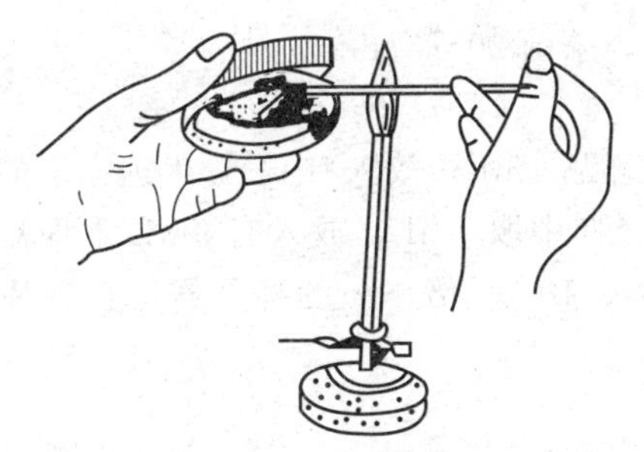

图 2-1-20 涂布接种

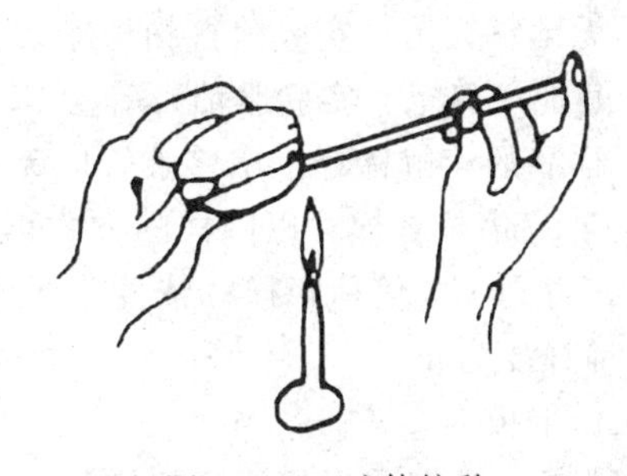

图 2-1-21 液体接种

⑦ 浸洗法　用接种环挑取含菌材料后，插入液体培养基中，将菌洗入培养基内。有时也可以将某些含菌材料直接浸入培养液中，把附着在表面的菌洗掉。

⑧ 注射接种　该法是用注射的方法将待接的微生物转移至活的生物体内，如人或其他动物中，常见的疫苗预防接种，就是用注射接种，接入人体，来预防某些疾病。

⑨ 活体接种　活体接种是专门用于培养病毒或其他病原微生物的一种方法，因为病毒必须接种于活的生物体内才能生长繁殖。所用的活体可以是整个动物，也可以是某个离体活组织，例如小白鼠的肾等，也可以是发育的鸡胚。接种的方式是注射，也可以是拌料喂养。

(2) 工业生产中的大规模接种　实验室内培养的菌种接种入种子罐时，一般先制成菌悬液。常用的方法有压差法、火焰封口法等。

① 压差法　先用棉花球蘸消毒剂覆盖在种子罐接种口的橡皮塞上，经过 5～10min 消毒，将连接在盛有菌悬液的容器上的接种针头迅速插入接种口的橡皮小孔中，然后平衡种子罐与盛菌悬液的容器之间的压力，接着降低种子罐的压力，菌悬液就会注入到种子罐里。接种完成后，再用消毒剂拭净接种口的小孔。

② 火焰封口法　有一种种子罐的接种口周围设有沟槽，接种时先在沟槽里注入少量酒精，然后用火焰点燃酒精，使接种口包围在一堆火焰之中，接着将菌悬液倒入种子罐中即可。

二、分离

分离操作是微生物实验中的一项重要操作。有时一次分离操作达不到分离效果，这就需要反复几次进行分离，直到得到目的微生物的纯培养物为止。分离微生物时常采用以下几种方法。

1. 稀释平板法

(1) 原理　本法是通过将样品制成一系列不同的稀释样，使样品中微生物个体分散成单个状态，再取一定量的稀释样，使其均匀分布于固体培养基上，培养后挑取所需菌落，重新培养，即可得到所需微生物。

(2) 操作步骤　如图 2-1-22 所示。

① 准备工作

a. 无菌水的配制　配置生理盐水 400mL→4～6 支试管（9mL）→包扎→灭菌→冷却→备用。

b. 培养基的配制　原料的称量→溶解→过滤→分装→包扎→灭菌→冷却备用。

c. 器皿、工具的灭菌　实验前将取样管、移液管、培养皿、药匙、剪刀、镊子等工具进行清洗、包扎和灭菌。

d. 无菌室灭菌　实验前打扫干净，打开紫外灯，杀菌 20～30min。

e. 其他　口罩、实验服消毒等。

② 样品的溶解稀释。用移液管以无菌操作法取样品 1mL，放入有 9mL 生理盐水的试管中，得到 10 倍稀释样，以同样的方式再从 10 倍稀释样中取 1mL，放入有 9mL 生理盐水的试管中，得到 100 倍稀释样；依此类推得到 1000 倍、10000 倍……的稀释样，直到稀释到合适的稀释度为止。

③ 做平板

a. 选样　选取适当稀释度的样品。

b. 取样　以无菌操作的方法取 1mL 菌悬液，放入准备好的培养皿中，要求每个稀释度

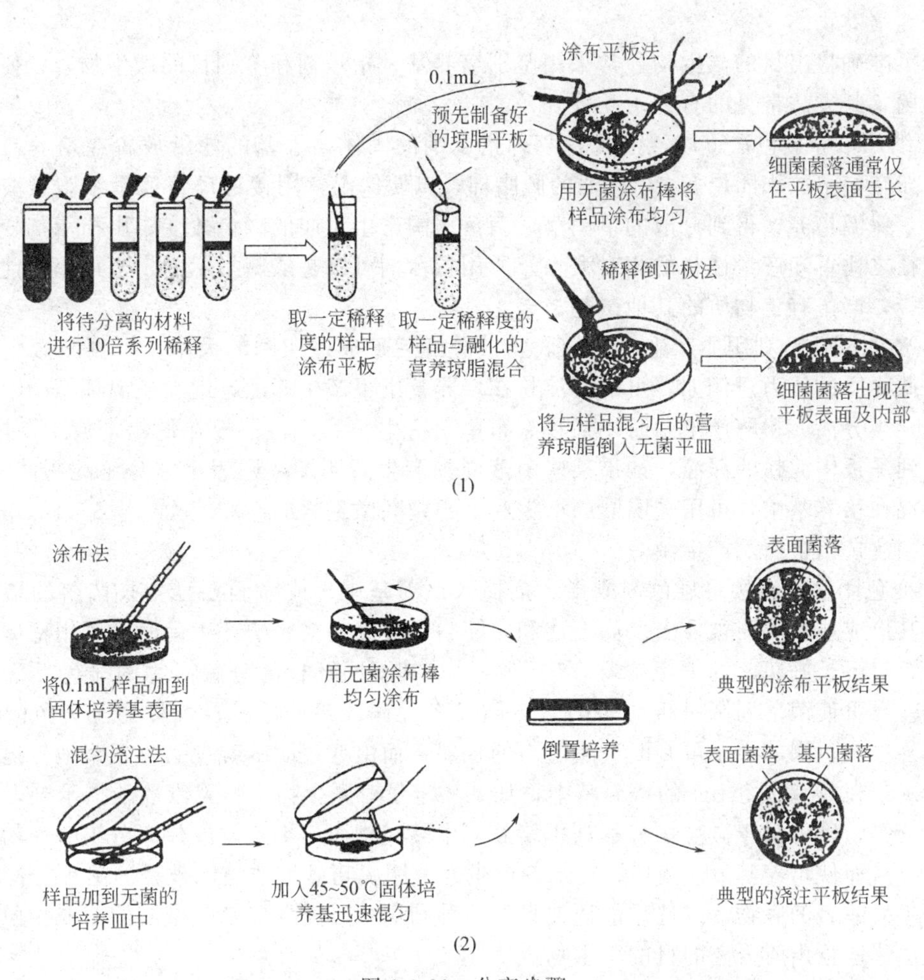

图 2-1-22　分离步骤

做两个平行样。

c. 倒平板　融化琼脂→冷却到 45～50℃→倒平板（图 2-1-23）。

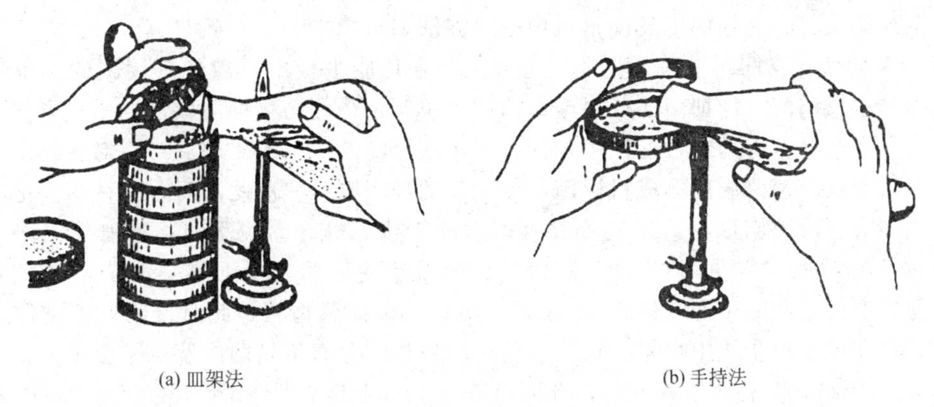

图 2-1-23　倒平板方法

④ 倒扣培养　培养时应控制适宜的培养条件，一般应与增殖培养时一致。

⑤ 微生物的检出　培养后选取合适的菌落，重新接种在新的培养基中，就得到目的微

生物的纯培养物。

为了准确检出目的微生物，常采用鉴别培养基、指示剂和鉴别目的微生物，以便快速检出目的菌。其方法常见的有如下几种。

a. 纸片培养显色法　以浸泡含有某种指示剂的固体培养基的滤纸放置在培养皿中，用牛津杯架空，下放小团浸有3%甘油的脱脂棉，以便保湿，用接种环将适量细胞悬液接种在滤纸上，保温培养，得到分散的单菌落，菌落周围产生对应的颜色改变，由指示剂变色圈和菌落直径之比可知产量性状的相对大小。所用指示剂可以是酸碱指示剂，也可以是能与目的产物反应，产生有色物质的其他试剂。

b. 透明圈法　利用能产生浑浊的底物被分解后形成透明圈的大小，可判断微生物利用或消耗此物质的能力。例如，可溶性淀粉在培养基中不产生浑浊，但在低温环境中溶解度急剧下降。当分离淀粉酶产生菌时，稀释涂布单菌落生长后，将平板在低温下放置一段时间，即可看到平板中淀粉的浑浊，如果某些菌落周围产生透明圈，则表示它分泌淀粉酶。同样，碳酸钙混在培养基中，可用透明圈的产生和大小判断微生物的产酸能力。含酪素的培养基可用透明圈法选出蛋白酶产生菌等。

c. 变色圈法　直接将显色剂或指示剂掺入培养基中，或喷洒在已生长菌落的培养基表面，使其形成显色圈而被检出。如上述利用淀粉平板分离淀粉酶产生菌时，可用稀碘液作为显色剂，对已长好菌落的平板喷雾，碘与淀粉及其不同链长的分解产物的显色反应是不同的，此差异可使菌落周围呈现均匀的蓝色圈及各种深浅不同的棕、红棕乃至无色的晕圈图像，由这些变色圈的大小可判断产酶能力的强弱，而由变色圈的颜色又可粗略地知道水解产物的情况。在特殊选定pH的培养基中，加入一定量对微生物生长无毒性的指示剂，比如维多利亚蓝等，则可由于微生物分解利用培养基中某底物而产生酸，或代谢分泌酸性物质或碱性物质，从而使培养基pH变化，指示剂产生变色圈。巧妙地选择能被目的菌种分泌的酶分解而产生酸或碱的底物，或选用能诱使目的菌种利用并改变培养基酸碱度的营养物质，就能凭借此法快速检出所分离的目的微生物。

d. 生长圈法　利用某些具有特殊营养要求的微生物为工具菌，若分离的微生物能在一般的培养条件下（缺乏上述要求的营养物质）生长合成该营养物，或生长后分泌某种酶能使该营养物的某种前体物质转化形成该物质，这样就能使工具菌环绕具有此性能的微生物生长，并在该微生物形成的菌落周围形成生长圈。这种方法常用于氨基酸、核苷酸、维生素等的产生菌株的选育，使用的工具菌是对应的营养缺陷型菌株。

e. 抑制圈法　又叫扩散法，是利用待测药物在琼脂平板中扩散使其周围的细菌生长受到抑制而形成透明圈，即抑菌圈，根据抑菌圈大小判定待测药物抑菌效价的一种方法。由微生物分泌产生某些具有抑制目标菌生长的物质，或分泌的某种酶水解后产生对目标菌有毒性的物质，从而在该菌落周围形成目标菌不能生长的抑制圈。使用此法时，往往需要把分离菌落和其周围的小块琼脂取出，以避免其他因素的干扰。将分离菌落的培养皿保温培养2天后，用直径为6mm左右的木塞穿孔器取出菌落及小块琼脂，置于另一无菌培养皿的平皿内，在保持湿度的小室中继续培养4～5天，使其产生抑菌物质，此时该物质不会渗透到其他地方，只在此小琼脂块中积累。再将这些琼脂块移到涂有工具菌的鉴定平板上，每个琼脂块中心间距为2cm左右，培养过夜，此时能观察到抑制圈，抑制圈大表示琼脂块中积累的抑菌物质浓度高。这种方法常用于抗生素产生菌的分离和选育中。

2. 涂布平板法

基于稀释平板法操作过程中，对于某些热敏感菌来说，可能在50℃的培养基中死亡。

另外，对于严格好氧菌来说，因被固定在平板的底部或中间，由于缺氧而影响生长。涂布平板可克服这一缺点。

（1）原理　取一滴样品稀释液于平板培养基上，用无菌玻璃涂布器将样品在琼脂培养基表面均匀涂布，使其形成单个菌落。

（2）任务实施

① 熔化固体培养基倒平板数个。

② 将待分离的样品适当稀释。

③ 用无菌吸管取稀释液0.1～0.2mL于培养基平板上，立即用无菌玻璃刮刀依次涂布2～3个平板（图2-1-24）。然后倒置培养，将单个菌落转入斜面培养基培养。

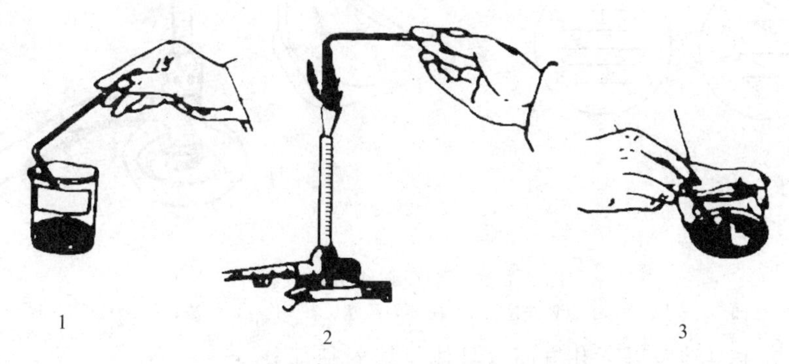

图2-1-24　涂布分离法

3. 划线分离

（1）原理　通过划线，拉大微生物细胞之间的距离，使微生物形成单菌落，挑取菌落即可得到所需菌。

（2）操作步骤

① 融化培养基。

② 冷却。

③ 倒平板。

④ 划线分离　将菌悬液（孢子悬液）摇匀→点燃酒精灯→拿试管→松棉塞→烧接种环→取棉塞→烧管口→取菌→烧管口→棉塞过火→塞上棉塞→划线→烧接种环。

划线方法有平行划线、扇形划线、蜿蜒划线、连续划线（见图2-1-25）等。

⑤ 培养。

⑥ 微生物检出。

4. 单细胞分离技术

前述的方法不能有目的地选取所需要的微生物个体，现在还可以采用显微技术，通过显微挑取器选出所需的微生物细胞或孢子。

具体的方法是把显微挑取器安装在显微镜上，用极细的毛细管或显微针、钩、环等挑取单个细胞或孢子。若没有显微操作仪，也可以把菌液进行多次稀释，把一小滴放在显微镜下观察，选取只含一个细胞的该液滴进行培养，可达到分离效果。此法要求一定的装置，操作技术也有一定的难度，多限于高度专业化的科研中采用。

三、培养

1. 培养条件的控制

（1）控制培养基成分合理　培养基是微生物利用的营养物质，同时也是微生物的生长环境，培养基成分是否合理，直接关系到微生物生长的好坏，所以控制培养基成分非常重要。

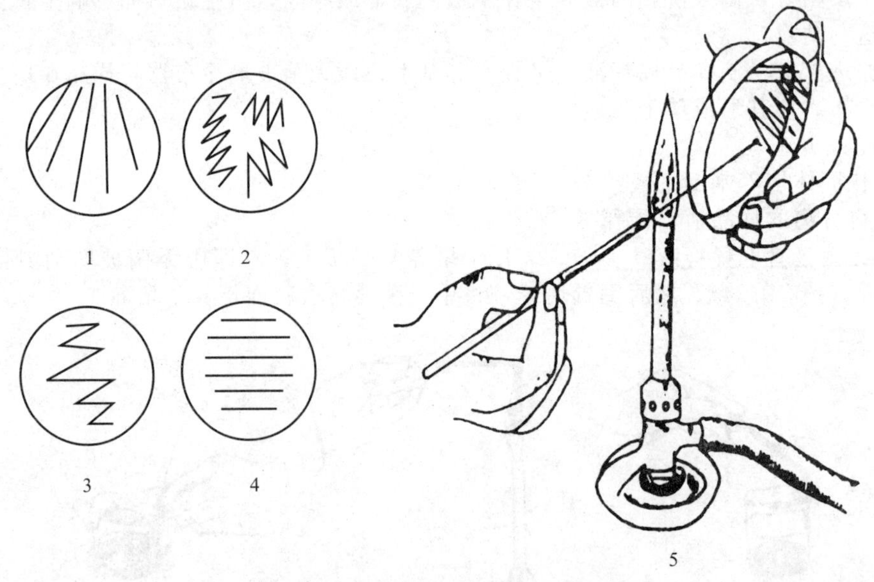

图 2-1-25　平板划线方法及操作

1—扇形划线法；2—蜿蜒划线法；3—连续划线法；4—平行划线法；5—平板划线操作

控制培养基成分主要涉及以下几方面（具体见培养基部分）：

① 选择适宜的营养物质。

② 营养物质浓度及配比合适。

③ 理化条件适宜。

④ 应满足培养的目的。

（2）控制培养条件适宜　微生物生长除了受培养基影响外，还受环境因素的影响，主要有温度、湿度和氧气等。

① 控制合适的培养温度　由于微生物的生命活动是由一系列极其复杂的生物化学反应组成，而这些反应受温度的影响极为明显，微生物只有在一定温度范围内才能正常进行，培养微生物时，应根据微生物的生长温度范围及培养目的，选择合适的培养温度。如利用啤酒酵母生产啤酒，酵母活化阶段培养温度为 25～28℃，是酵母的最适生长温度；扩大培养时培养温度逐渐降低，以便酵母适应发酵温度；发酵时培养温度为 8～9℃，是形成产物的最佳温度。

② 控制合理的氧气含量　按照微生物对氧气的需要情况，可将它们分为五个类型：好氧微生物、兼性好氧微生物、微量需氧微生物、耐氧微生物、厌氧微生物，培养时应根据不同类型的微生物，提供不同的氧气条件，使微生物快速生长。如培养好氧微生物时，采用通风培养可为好氧微生物提供充足的氧气，而培养厌氧微生物时可用 CO_2 等置换氧气，创造无氧环境，满足厌氧菌无氧要求。

③ 湿度　微生物生长的过程中对环境的湿度是有要求的，尤其是在固体培养基上培养微生物时。如培养黑曲霉 AS 3.4309 时，最好控制环境湿度在 85%以上，如环境湿度低于此值，则黑曲霉生长受抑制。所以培养微生物时要控制好环境的湿度，以满足微生物生长需要。

2. 培养方法

（1）实验室规模培养　各种微生物营养特性都不相同，培养方法也就不同，即使对同一种微生物的培养，当培养目的不同时，培养方法也会改变。

① 微生物的需氧培养　由于大多数发酵微生物都是好氧性的，而且微生物只能利用溶解氧，所以氧气的供应非常重要。

a. 静置培养　在实验室里，将已接种的试管、三角瓶、培养皿等置于培养箱中进行培养，由于试管或其他容器内总是与空气接触的，因而微生物可获得生长所需要的氧气。

b. 摇瓶培养（即振荡培养）　这是实验室中常用的一种液体培养方法。将三角瓶上盖8～12层纱布或用疏松的棉塞塞住，以阻止空气中的杂菌或杂质进入瓶内，然后放到特制的摇床上以一定速度保温振荡，可以改善液体中氧气和二氧化碳气体的传送。为使菌体获得足够的氧，一般装液量为三角瓶的10%以下，如250mL三角瓶装10～20mL培养液。有时为了提高搅拌效果，增加通气量，也可在三角瓶内设置挡板或添加玻璃珠等。

c. 通气培养　大量液体培养需氧微生物时，还可以使用一种如图2-1-26所示的通气培养方法。

d. 台式发酵罐　实验室用的发酵罐体积一般为几升到几十升。商品发酵罐的种类很多，一般都有各种自动控制和记录装置，如有pH、溶解氧、温度和泡沫监测电极，有加热或冷却装置，有补料、消泡和调节pH用的酸碱贮罐及其自动记录装置，大多由计算机控制。它的结构与生产用的大型发酵罐接近，因而它是实验室模拟生产实践的主要试验工具。

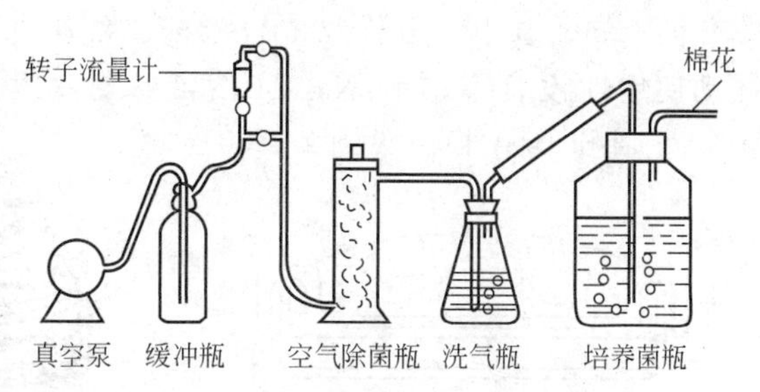

图 2-1-26　通气培养设置示意图

② 厌氧微生物的培养　厌氧培养的关键是使微生物处于无氧或氧化还原电势低的环境中。除氧方法有机械除氧、化学吸氧和生物法除氧等多种形式。机械除氧，通常是指抽真空，以CO_2或N_2代替空气，以及穿刺接种、表面封层等；化学除氧则是利用一些物质与氧发生化学反应消耗掉氧，如焦性没食子酸与碱液混合、黄磷燃烧、$NaHSO_4$和Na_2CO_3混合等；生物法除氧是利用新鲜的无菌动植物组织的呼吸作用、某些动物组织中还原性化合物的氧化作用以及与需氧性微生物共同培养等方式将氧除去。

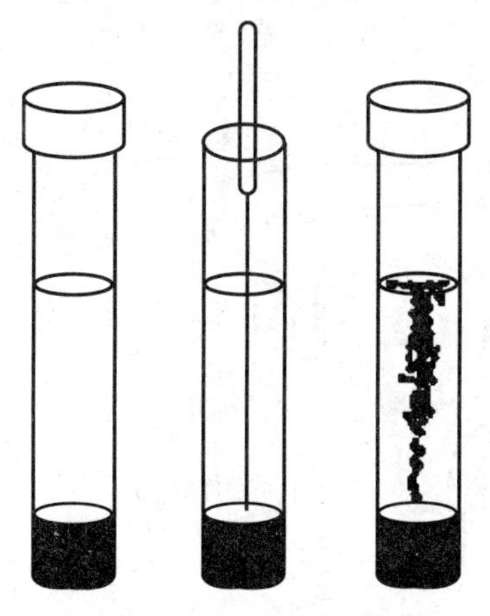
图 2-1-27　穿刺培养

a. 深层穿刺培养　用于非严格厌氧的微生物。取一玻管，一端塞入橡皮塞、一端加棉塞，玻管中加入琼脂培养基，灭菌后穿刺接种（见图2-1-27）。

b. 吸氧培养　穿刺接种后，将培养管棉塞上部截去、管内部分用玻璃棒压至高于培养基1cm处，棉塞上方再压入一块含水的脱脂棉，加入以1∶1比例混合的焦性没食子酸和碳酸钠粉末，立即用橡皮塞封口。焦性没食子酸和碳酸钠在有水的情况下，缓慢作用，吸收O_2放出CO_2，造成无菌环境，如图2-1-28所示。

c. Hungate液体技术培养　主要原理是利用除氧铜柱来制备高纯氮，以此驱除小环境中的空气。将微生物接种到融化的培养基中，然后将特制的试管（见图2-1-29）用丁基橡胶塞严密塞住后平放，置冰浴中均匀滚动，使含菌的培养基布满在试管的内表面，犹如好氧菌在培养基平板表面一样，最后长出许多单菌落。

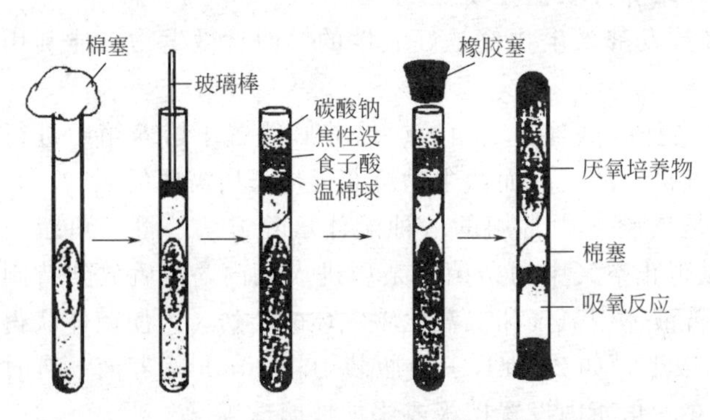

图 2-1-28　一种吸氧培养方法

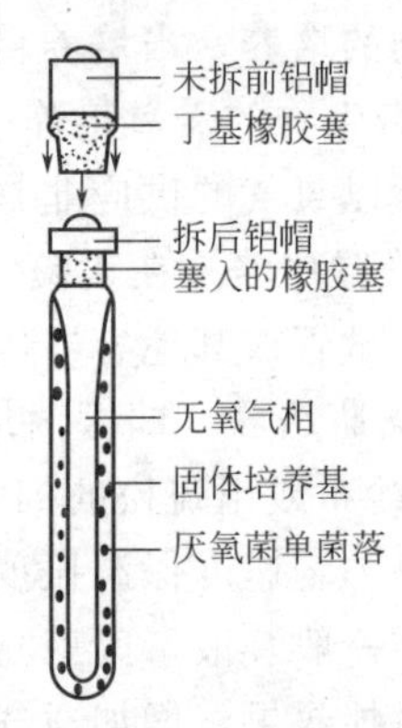

图 2-1-29　厌氧试管剖面图

d. 厌氧培养皿培养　用于厌氧培养的培养皿有几种设计，有的利用皿盖底有两个相互隔开的空间，其中一个放 NaOH 溶液，待在皿盖平板上接入待培养的厌氧菌后，立即密闭。摇动使焦性没食子酸和 NaOH 溶液接触，发生吸氧反应，造成无氧环境，如 Spray 皿、Brewer 皿和 Bray 皿（见图 2-1-30）。

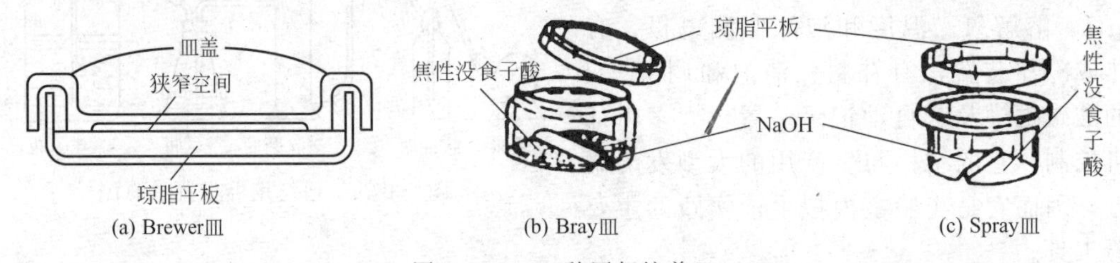

图 2-1-30　三种厌氧培养皿

e. 厌氧罐培养　厌氧罐有很多，如图 2-1-31 所示是厌氧罐的一般构造。将接种后的平板放入罐内，然后放一小包（内装化学药物），加入适量无菌水后即会自动释放 CO_2 和 H_2。罐内用美蓝等试剂制成的指示纸条在真空度低于 266.64Pa 时，由蓝色变成无色。

f. 厌氧手套箱培养　手套箱是由透明的材料制成的，箱体结构严密，可以通过与箱壁相连的手套进行箱内的操作。箱内充满 85%N_2、5%CO_2 和 10%H_2，同时还用钯催化剂清除氧气，使箱内保持严格的无氧状态。物料可以通过特殊的交换室进出（见图 2-1-32）。

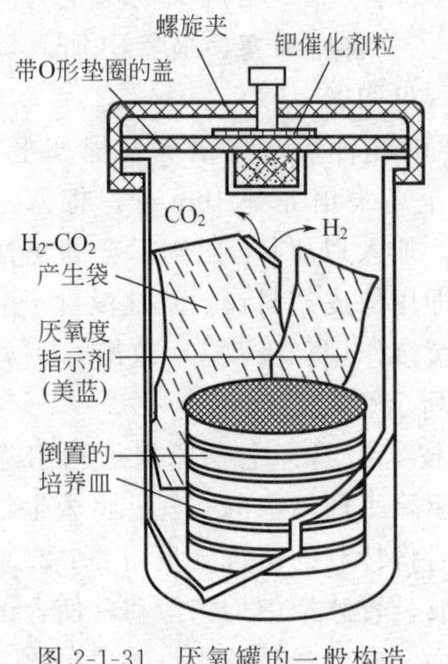

图 2-1-31　厌氧罐的一般构造

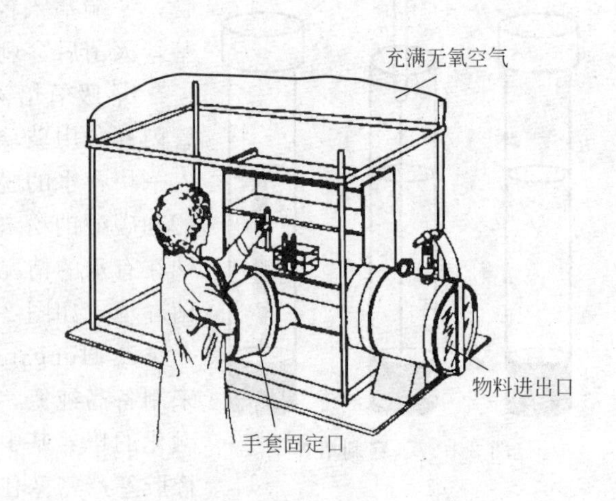

图 2-1-32　厌氧手套箱的一般结构

（2）工业上大规模的培养　工业生产中，培养基的数量很大，这就需要考虑到原料的价格、来源以及管道设备的灭菌等问题。

① 固体培养　在生产实践中，好氧真菌的固体培养方法都是将接种后的固体基质薄薄地摊铺在容器的表面，这样既可使菌体获得足够的氧气，又可将生长过程中产生的热量及时释放。这就是传统的曲法培养的原理。

固体培养使用的基本培养基原料是小麦麸皮等。将麸皮和水混合，必要时添加一些辅助营养物质和缓冲剂，灭菌后待冷却到合适温度便可接种。疏松的麸皮培养基的多孔结构便于空气透入，为好氧菌生长提供了必要的氧气。固体培养基的含水量一般控制在40%～80%，因而被细菌或酵母菌污染的可能性降低，这是生产中固体培养基主要用于霉菌进行食品酿造及其酶制剂生产的原因。

进行固体培养的设备有较浅的曲盘、较深的大池、能旋转的转鼓和通风曲槽等。使用前先用去垢剂洗涤，再用次氯酸钠、甲醛或季铵盐等消毒剂消毒，然后进行蒸汽灭菌。接种时用的种子可通过逐级扩大培养获得。将接好种的麸皮培养基在曲盘里铺成薄层，就可放入培养室（曲房）中培养；或者把接过菌的麸皮培养基直接放入大池或缓慢旋转的转鼓内培养。

通风曲槽的机械化程度及生产效率都比较高，它一般是一个面积为$10m^2$左右的曲槽，曲槽上有曲架和适当材料编织成的筛板，筛板上可摊一层较厚的曲料（30cm左右），曲架下部不断地通以低温、潮湿的新鲜过滤空气，进行半无菌的固体培养。酱油酿造和酒精发酵等一般都能采用此方法。

食用菌生产中通常将棉籽壳等原料装入塑料袋中或在隔架上铺成一定厚度的培养料，接种菌体进行培养。开始时利用培养料空隙中的氧气，后期掀去塑料薄膜直接从空气中获得氧。

生产中对厌氧菌固体培养的例子还不多见。在我国传统的白酒生产中，一向用大型深层地窖进行堆积式的固体发酵，只不过其中的酵母为兼性厌氧菌。

固体培养的设备简单，生产成本低，产量较高。但耗费劳力较多，占地面积大，pH值、溶解氧、温度等不易控制，易污染，生产规模难以扩大。

② 液体培养　液体培养生产效率高，适于机械化和自动化，因而是目前微生物发酵工业的主要生产方式。液体培养有静置培养和通气培养两种类型：静置培养适用于厌氧菌发酵，如酒精、丙酮-乙醇、乳酸等发酵；通风培养适用于好氧菌发酵，如抗生素、氨基酸、核苷酸等发酵。

（3）分批培养和连续培养　将微生物置于一定容积的培养基中，经过培养生长，最后一次性收获产品的培养方式，称为分批培养。通过对细菌纯培养生长曲线的分析可知，在分批培养中，培养料一次加入，不予补充和更换。随着微生物的活跃生长，培养基中营养物质逐渐消耗，有害代谢产物不断积累，故细菌的对数期不可能长时间维持。如果在培养器中不断补充新鲜营养物质，并及时不断地以同样速度排出培养物（包括菌体及代谢产物），从理论上讲，对数生长期就可无限延长。只要培养液的流动量能使分裂繁殖增加的新菌数相当于流出的老菌数，就可保证培养器中总菌量基本不变，此种方法称为连续培养法。连续培养方法的出现，不仅可随时为微生物的研究工作提供一定生理状态的实验材料，而且可提高发酵工业的生产效益和自动化水平。此法已成为当前发酵工业的发展方向。

（4）混菌培养　大多数微生物的培养都是采用纯培养，要求严格防止其他微生物的入侵，以确保产品的数量和质量。但是在自然生态环境中，许多微生物都是混居的，它们之间不会抑制生长，并表现出其代谢活动有互补性，即互生的关系。因而在发酵工业中采用两种或两种以上的具有互补性质的菌种进行混合培养，则会获得较好的效果。例如，大曲酒的发酵是较为成功的一种，其发酵时含有细菌、霉菌、酵母菌等几十种微生物，因而大曲酒是由这些微生物共同作用的结果；又如酸奶的制作，它是利用乳酸链球菌和乳酸杆菌接种到灭菌后的牛乳中，经发酵生成乳酸使蛋白质沉淀成块，还赋予酸奶具有乳脂的风味；另外，在废水处理中也是采用混菌培养，使用的活性污泥，主要由多种菌体、原生动物、有机和无机胶体组成，它具有很强的吸附和分解有机物的能力。以上的事例说明混菌发酵可以获得优质的产品或达到某种目的，这是用单一菌种发酵无法实现的。但是混菌培养的反应机制较复杂，工艺技术难以掌握。随着对微生物互生现象研究的深入，混菌发酵将会有更大的发展空间。

（5）二元培养法　有些微生物的纯培养是很难做到的，如果培养时只培养两种微生物而且这两种微生物是有特定关系的，这种培养就是二元培养。例如，二元培养法是保存病毒的有效方法，因为病毒是细胞生物的严格的寄生物，有些细胞微生物也是严格的其他生物的寄生物或和其他生物有着特殊的共生关系。对于这些生物，二元培养法是在实验条件下可能达到的最接近纯培养的培养方法。

在自然环境中，猎食细小微生物的原生动物，也很容易用二元培养法在实验室培养，培养物由原生动物和它猎食的微生物组成，例如纤毛虫、变形虫、黏菌。对于这些微生物，两者的关系可能并不严格，这些生物中有些能够纯培养，但其营养要求往往极其复杂，制备纯培养的培养基很困难、很复杂。

目标自测

（1）将微生物的__________或__________（如水、食品、空气、土壤、排泄物等）转移到培养基上，这个操作过程称作微生物的__________。

（2）实验室常用的接种工具是__________和__________。

（3）实验室常用的接种方法有__________、__________、__________、__________、__________等。

项目四 微生物的菌种保藏技术

学习目标 >>>

1. 了解菌种保藏的目的。
2. 了解菌种保藏的原理。
3. 了解常用的菌种保藏方法。

一、 菌种保藏的目的

微生物的生命周期一般都很短，在使用和传代过程中容易发生污染、变异甚至死亡，这样常常造成菌种的衰退并有可能使优良菌种丢失。因而菌种保藏是微生物学的一项重要基础工作，其目的是为了保持微生物的各种优良特征及活动，使其存活、不丢失、不污染、不变异、不退化、不混乱，以满足科研、生产、实验等方面的需要。

二、 菌种保藏的原理

菌种保藏的基本原理是根据微生物自身的生理特点，人为地创造一个低温、干燥、缺氧、避光和缺少营养的环境条件，以使微生物的生长受到抑制、新陈代谢作用限制在最低范围内，生命活动基本处于休眠状态，从而达到保藏的目的。

三、 菌种保藏的方法

菌种的保藏方法有很多，有斜面划线或半固体穿刺接种的普通冰箱低温保藏法、矿物油封藏法、载体保藏法、真空干燥保藏法、冷冻真空干燥保藏法、超低温保藏法等。现将主要的保藏方法分述如下。

1. 斜面低温保藏法（适用于细菌、放线菌、酵母菌及霉菌的保藏）

将菌种接种在不同成分的斜面培养基上，待菌种生长完全后，置于4℃左右的冰箱中进行保藏。放线菌、霉菌和有芽孢的细菌一般可保存半年左右，无芽孢的细菌可保存1个月左右，酵母菌可保存3个月左右。如以胶塞代替棉塞，则可防止水分挥发且能隔氧，因而可以适当延长保藏期。保藏期满，应及时进行移种，再继续保藏。

2. 固体穿刺保藏法（适用于兼性厌氧细菌或酵母菌的保藏）

用穿刺接种法将菌种穿刺接入培养基直立柱中央，注意不要穿透底部。不同的菌种在不同的温度下培养适宜的时间，待菌种生长好后，用浸有石蜡的无菌软木塞或橡皮塞代替棉花塞并塞紧，置4～5℃冰箱中保藏，一般可保藏半年至一年。

3. 液体石蜡保藏法（适用于真菌和放线菌的保藏）

在培养成熟的菌种斜面上，于无菌条件下倒入灭过菌并已将水分蒸发掉的液体石蜡，油层高过斜面末端1cm，使培养基与空气隔绝，封口后以直立状态在室温下或置于冰箱中保藏。液体石蜡的灭菌可以在烘箱内于150～170℃下灭菌1h，也可以用121℃蒸汽灭菌30min，再于110℃的烘箱内将水分烤干（约需1h）。

由于液体石蜡阻隔了空气，使菌体处于缺氧状态，而且又防止了水分挥发，使培养物不会干裂，因而能延长保藏时间，保存期可达数年。这种方法操作也比较简单，适用于保藏霉菌、酵母菌和放线菌，对细菌的保藏效果较差。有些霉菌和细菌如毛霉、根霉与固氮菌、乳杆菌、分歧杆菌、沙门菌等，则不宜采取此方法。有试验指出，此法用于保藏红曲霉很合适。

4. 沙土管保藏法（适用于产孢子的芽孢杆菌、梭菌、放线菌和霉菌的保藏）

这是一种常用的长期保藏菌种的方法，对于一些对干燥敏感的细菌如奈氏球菌、弧菌和假单胞菌则不适用。

先将沙与土分别洗净、烘干、过筛（一般沙用80目筛、土用100目筛），按沙与土的比例为（1～2）：1混匀，分装于小试管中，沙土的高度约1cm，以121℃蒸汽灭菌1h，每天一次，连灭3次，无菌实验合格后烘干备用，也有只用沙或土作载体进行保藏的。需要保藏的菌种先用斜面培养基培养，再以无菌水制成浓菌悬液或孢子悬液滴入沙土管中，放线菌和霉菌也可以直接刮下孢子与载体混匀，而后置于干燥器中抽真空，用火焰熔封管口（或用石蜡封口），置于干燥器中，可在室温下保藏，但放在4℃冰箱内保藏，则效果更佳。

沙土管法兼具低温、干燥、隔氧和无营养物等诸条件，故保藏效果较好，且制作简单，费用较低。它比液体石蜡法的保藏时间长，通常可达数年甚至数十年。

5. 冷冻真空干燥保藏法（适用于多数微生物）

冷冻真空干燥保藏法又称冷冻干燥法，简称冻干法。它是在低温下快速地将要保藏的微生物细胞或孢子悬浮液冻结，然后在真空状态下使水分升华而将样品干燥，使微生物处于休眠状态，而得以长期保藏。

由于此法同时具备低温、干燥、缺氧的菌种保藏条件，因此保存时间长，存活率高，变异率低，是目前一种较理想的保藏方法，被广泛采用。根据文献记载，除只生菌丝不产孢子的丝状真菌不宜用此法外，其他多数微生物如病毒、细菌、放线菌、酵母菌等均可采用这种保藏方法。但该法操作比较繁琐，技术要求较高，且需要一定的设备。

6. 低温保藏法（适用于多数微生物）

对大多数微生物均可在-20℃以下的低温中保藏。具体操作是以在密封性能好的螺口管中加入1～2mL菌悬液为宜。保藏中一旦低温冰箱发生故障或有停电事故，应立即在冰箱内置入干冰，以防止培养物融化。融化后的菌种不能继续在低温保存，应重新制作悬液后再冷藏。

本法的保藏期约为1年，某些菌种可达10年。对容易死亡的无芽孢厌氧菌特别适用，大多数能存活数年，对放线菌的保藏也很有效。低温保藏法在实际应用中比冷冻干燥法更方便。

目标自测

（1）菌种保藏的目的是什么？
（2）菌种保藏的原理是什么？
（3）常用的菌种保藏方法有哪些？

微生物检验技能训练

任务一　显微镜的使用和维护

知识储备

知识点1：显微镜

显微镜是微生物学实践和研究的重要工具，其种类很多。其中普通光学显微镜是最常用的一种，是进行微生物研究不可缺少的工具之一。

知识点2：显微镜成像原理

显微镜成像原理是将被检物体置于集光器与物镜之间，平行的光线自反射镜折射入集光器，光线经过集光器穿过透明的物体进入物镜后，即在目镜的焦点平面形成一个初生倒置的实像。从初生实像射过来的光线，经过目镜的接目透镜而到达眼球。这时的光线已变成平行或接近平行，在透过眼球的水晶体时，便在视网膜后形成一个直立的实像。

知识点3：显微镜的结构

现代普通光学显微镜的基本结构由光学系统和机械系统两大部分组成。机械装置包括镜座、支架、载物台、调焦螺旋等部件，是显微镜的基本组成单位，主要是保证光学系统的准确配置和灵活调控（图2-2-1）。光学系统由物镜、目镜、聚光器等组成，直接影响着显微镜的性能，是显微镜的核心。只有在光学系统和机械系统良好的配合下才能充分发挥显微镜的显微性能。因此，要正确地掌握显微镜的用法，必须了解显微镜的结构和原理。

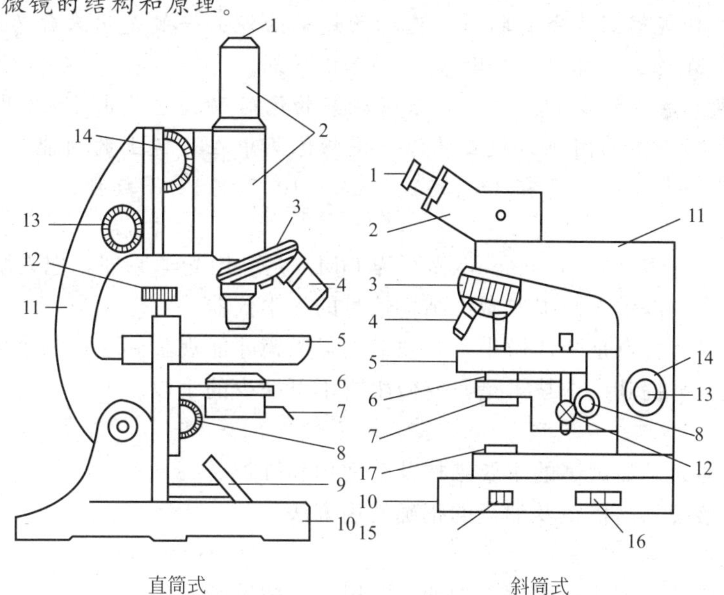

图2-2-1　显微镜的结构

1—接目镜；2—镜筒；3—转换镜；4—接物镜；5—载物台；6—聚光器；7—虹彩光圈；8—聚光器调节钮；9—反光镜；10—镜座；11—镜臂；12—标本移动钮；13—细调焦旋钮；14—粗调焦旋钮；15—电源开关；16—亮度调节钮；17—光源

1. 显微镜的机械系统

(1) 镜座　也称镜脚，是显微镜的基本支架，用以支撑全镜，由底座和镜臂组成。底座的形状通常有马蹄形、三角形、圆形和丁字形，并且有一定的底面积和重量。其作用是使整体牢固站立，不至于因倾斜而失去平衡。镜臂是显微镜的脊梁，它有两种形式：固定的和活动的。镜筒能上下升降的显微镜其镜臂是活动的，镜台能上下活动的显微镜，其底座和镜臂是固定的。

(2) 载物台　也称显微镜台，是支持被检标本的平台。

(3) 镜筒　装置于镜臂上端，镜筒是空心的圆筒，上接目镜，下端接转换器。镜筒的长度一般为160mm。

(4) 转换器　位于镜筒下端，是一个可以旋转的圆盘。用于装配物镜，一般可装配3～5个物镜。

(5) 调焦装置　包括粗、细调焦旋钮，是调节镜筒或载物台上下移动的装置。调焦是获得清晰图像的关键。

2. 显微镜的光学系统

(1) 反光镜　在显微镜的最下方，有平凹两面，可以自由反转，将光线反射到集光器透镜中央，照明标本片。

(2) 集光器　在载物台下面，可以升降，调节并聚集由反光镜反射来的光线，使之集中于标本片上。

(3) 光圈　在集光器下，可以放大或缩小，以调节光束的直径。

(4) 物镜　是显微镜的重要部件。它是由许多透镜用特殊的胶粘在一起装在金属筒里组成的。由于放大性能不同，物镜可分为以下两种。

① 干燥物镜　物镜和标本之间的介质是空气。一般用60倍以下的物镜。

② 油浸物镜　物镜与标本之间必须加入和玻璃折射率（1.52）几乎相等的香柏油（1.55）才能观察到清晰的物像，这种物镜称油镜。一般是用来作为放大100倍的物镜。一般在物镜上标以“Oil”的字样加以区别。

(5) 目镜　插入镜筒的上端，供眼睛观察物像时用。它是由1～3片透镜构成，具有放大由物镜形成的图像，校正物像、使物像集中在目镜上的功能。一般目镜镜筒越长，放大倍数越小。常有3×、5×、8×、10×、15×等数种。

光学显微镜（optical microscope，简写为OM）是利用光学原理，把人眼所不能分辨的微小物体放大成像，以供人们提取微细结构信息的光学仪器。

微生物的最显著特点是个体微小，必须借助显微镜才能观察到它们的个体形态和细胞结构。熟悉显微镜并掌握其操作技术是研究微生物不可缺少的手段。

【任务目标】

(1) 了解普通光学显微镜的主要结构及其使用和维护。

(2) 掌握低倍镜、高倍镜及油镜的正确使用方法。

【任务准备】

普通光学显微镜、制片标本、香柏油、二甲苯、擦镜纸。

【任务实施】

显微镜是精密仪器，在使用时要特别小心爱护，用前检查各部件是否完整、镜面是否清洁。

(1) 位置和姿势　显微镜放于平稳的工作台上，桌椅的高低要配合适当，工作人员坐的姿势必须端正。

（2）调节光源　先用低倍镜对光，调节反光镜。光源为天然光线时，使用平面反光镜，如为人工光源或光线较弱时，则用凹面反光镜。检查不染色标本时，宜用较弱光线，此时可将集光器稍稍降低或将光圈缩小；检查染色标本时，光线宜强，此时应将光圈开大，尽量升高聚光器。

（3）将标本片放到载物台上，用弹簧夹或推进器固定，先用低倍镜找到适宜的视野，然后换用高倍镜或油镜。使用油镜时，先加香柏油一滴于标本片上，从侧面看着油镜头，小心地转动粗螺旋，使油镜下降，直到与油滴接触或几乎与载玻片接触，但不要碰到玻片为止。然后从目镜观察，一面徐徐向上转动粗动螺旋，直到视野中出现模糊的物像，再转动微动螺旋校准焦距至物像清晰为止。如果镜头已离开油面，仍未见到物像时，则可重复按照上述步骤操作直到看清物像为止。

必须注意，只能让粗螺旋向反时针转动提升镜头，绝对不能向顺时针转动下降镜头，否则有压碎玻片和损坏透镜的危险。

（4）油镜观察完毕，应提高镜筒，然后取下标本片，用擦镜纸立即抹去镜头上的香柏油，如油滴已浓稠或干结，则可先用擦镜纸蘸取少量二甲苯溶解并抹去镜头上的油渍，再用擦镜纸抹去残存的二甲苯，以免二甲苯溶化晶片周围的黏胶，使晶片脱落。

（5）显微镜用后，将反光镜竖放，下降集光器，转动转换器，将低倍镜对准载物台中央圆孔，或摆成八字形，下降镜筒，再将各部件抹干净，放入镜箱或罩上镜罩。

【注意事项】

显微镜是精密贵重的仪器，必须很好地进行保养和维护，具体事项如下所述。

（1）移动显微镜时要轻，搬动时一手持镜臂，另一手托住镜座。

（2）观察完后，移去观察的载玻片标本。

（3）用过油镜时，应先用擦镜纸将镜头上的油擦去，再用擦镜纸蘸二甲苯擦拭两次，最后再用擦镜纸将二甲苯擦去。

（4）转动物镜转换器，放在低倍镜的位置。

（5）镜头的保护最为重要。镜头要保持清洁．只能用软而没有短绒毛的擦镜纸擦拭。擦镜纸要放在纸盒中，以防沾染灰尘。切勿用手绢或纱布等擦镜头。物镜在必要时可以用溶剂清洗，但要注意防止溶解固定透镜的胶固剂。根据不同的胶固剂，可选用不同的溶剂，如酒精、丙酮和二甲苯等，其中最安全的是二甲苯。方法是用脱脂棉花团蘸取少量的二甲苯，轻擦，并立即用擦镜纸将二甲苯擦去，然后用洗耳球吹去可能残留的短绒。

（6）目镜是否清洁可以在显微镜下检视。转动目镜，如果视野中可以看到污点随着转动，则说明目镜已沾有污物，可用擦镜纸擦拭接目的透镜。如果还不能除去，再擦拭下面的透镜，擦过后用洗耳球将短绒吹去。在擦拭目镜或由于其他原因需要取下目镜时，都要用擦镜纸将镜筒的口盖好，以防灰尘进入镜筒内，落在镜筒下面的物镜上。

（7）避免直接阳光照射，勿与挥发性药品及酸碱类物品放在一起。

（8）显微镜用完后要罩上防尘套，放回原来的镜箱或镜柜中，必须存放于干燥处，并在镜箱内或罩内放入硅胶或干燥剂，以防受潮。

（9）禁止随意拆卸各部件，各种镜面避免用手接触，以免沾印和长霉。

任务思考

（1）显微镜的光学系统有哪些？

（2）简述显微镜的使用步骤。

任务二　细菌的染色、制片和形态观察

知识储备

知识点1：染色的目的

一般活的微生物细胞含水量都在80%～90%，因此细胞对于光的吸收和反射与水溶液相差不大，特别是在油镜下观察，细胞与背景几乎无反差，呈一片透明状态。染色的目的就是通过燃料的吸着，产生与背景较明显的反差而便于观察。

知识点2：革兰染色

革兰染色技术是由丹麦医生Christian gram于1884年首创，是微生物学中一种重要的常用染色方法。细菌常采用革兰染色技术进行分类，它几乎可以将所有的细菌分成两大类：革兰阳性菌（G^+）和革兰阴性菌（G^-）。它的主要过程为先用草酸铵结晶紫初染，再用碘液媒染，使细菌着色，然后用95%乙醇脱色，最后用番红（或沙黄）等红色颜料复染。如果用乙醇脱色后，仍保持其初染的紫色，称为革兰阳性细菌；如果用乙醇脱色后脱去原来的颜色，而染上番红的颜色，则为革兰阴性菌。

【任务目标】

（1）学习金黄色葡萄球菌、大肠杆菌等细菌涂片制作、干燥和固定技术。

（2）掌握细菌的简单染色和革兰染色技术。

（3）掌握显微镜（油浸镜）观察、识别细菌基本形态的方法。

【任务准备】

（1）菌种　金黄色葡萄球菌、大肠杆菌18～25h营养琼脂斜面培养物。

（2）染料　草酸铵结晶紫液、革兰碘液、95%乙醇、沙黄（番红）染液、美蓝染液。

（3）其他　显微镜、载玻片、接种环、酒精灯、无菌水、香柏油、二甲苯、吸水纸、擦镜纸、洗瓶、纱布、玻片架等。

【任务实施】

（1）细菌涂片制作

① 涂片　用接种环从试管培养液中取一环菌，于载玻片中央涂成薄层即可，或先滴一小滴无菌水于载玻片中央，用接种环从斜面挑出少许菌体，与载玻片的水滴混合均匀，涂成一薄层，一般涂布直径在1cm大小范围为宜。

② 干燥　涂片后可自然干燥，也可在酒精灯上略加热，使之迅速干燥。

③ 固定　固定的方法主要取决于用什么染色方法，常用的有火焰固定法和化学固定法。火焰固定法的操作要领是：手持载玻片一端，标本面向上，在灯的火焰外侧快速来回移动3～4次，约3～4s。

（2）简单染色法

① 染色　滴加美蓝液（或其他染液）覆盖载玻片涂菌部位，染色1min。

② 水洗　夹住载玻片一端，斜置用细小的缓水流冲洗去多余的染料，直到流下的水无色为止。

③ 干燥　自然风干，或用吸水纸吸去水分，或微微加热，以加快干燥。

④ 镜检。

(3) 革兰染色法

① 结晶紫染色液

成分：结晶紫 1.0g；95%乙醇 20.0mL；1%草酸铵水溶液 80.0mL。

制法：将结晶紫完全溶解于乙醇中，然后与草酸铵溶液混合。

② 革兰碘液

成分：碘 1.0g、碘化钾 2.0g；蒸馏水 300.0mL。

制法：将碘与碘化钾先行混合，加入少许蒸馏水充分振摇，待完全溶解后，再加蒸馏水至 300mL。

③ 沙黄复染液

成分：沙黄 0.25g；95%乙醇 10.0mL；蒸馏水 90.0mL。

制法：将沙黄溶解于乙醇中，然后用蒸馏水稀释。

④ 染色法

a. 涂片在火焰上固定，滴加结晶紫染液，染 1min，水洗。

b. 滴加革兰碘液，作用 1min，水洗。

c. 滴加 95%乙醇脱色约 15～30s，直至染色液被洗掉，不要过分脱色，水洗。

d. 滴加复染液，复染 1min，水洗、待干、镜检。

脱色是革兰染色关键的一步，可直接用 95%酒精冲洗脱色，直到流下的酒精无明显的紫色为止。然后，应立即用水冲洗，以避免脱色时间过长而影响最终染色结果。另外，挑菌量、固定温度、染色时间也是影响结果的重要因素，只有通过反复实践，才能获得满意的实验结果。

(4) 细菌形态观察

① 将细菌染色标本片放在载物台上，对准染色部位，先通过低倍镜调焦找到待检部位，然后将其移到视野中央。

② 将油镜转入光路，聚光镜上升到最高点，并适当扩大光圈，以获得较强的光线。

③ 在标本片的待检部位滴加一滴香柏油，然后从侧面注视，调节粗调节旋钮上升载物台使油镜浸入香柏油内。

④ 从目镜观察，调节粗调节旋钮缓慢下降载物台，直至视野内出现物像，然后再细心调节细调节旋钮至物像清晰。如果油镜已离开油面而仍未见物像，则应重复上述操作，直至看到清晰物像。然后，一边用左眼观察，一边用右眼绘图、记录。在调焦中，一定要小心，防止损坏油镜和标本片。

⑤ 观察完后，下降载物台，取下标本片，用擦镜纸擦去油镜头上的香柏油，再用擦镜纸沾取少量二甲苯，擦去残存油渍，最后再用擦镜纸擦去二甲苯。

⑥ 结束后，用洁净的绸布把显微镜各部位擦拭干净，复原，填写使用记录后，放入箱中。

任务思考

(1) 简述细菌的制片过程。

(2) 简述革兰染色步骤。

任务三　常用玻璃器皿的清洗、包扎及灭菌

知识储备 >>>

知识点1：干热灭菌

干热灭菌即干燥热空气灭菌法，是利用高温使微生物细胞内的蛋白质凝固变性而达到灭菌的目的。蛋白质凝固与其本身含水量有关，环境与细胞内含水量越大，则蛋白质凝固越快，反之，凝固越慢。具体可分为火焰灭菌法和干热灭菌法两种。

知识点2：高压蒸汽灭菌

高压蒸汽灭菌是利用高压灭菌器，使水的沸点在密封灭菌器内随压力升高而增高来提高蒸汽温度，以使菌体蛋白凝固变性而达到灭菌的目的。该方法应用广泛，培养基和器皿均可采用此法灭菌处理。灭菌的温度及维持时间随灭菌物品的性质和容量等具体情况而有所改变。

在微生物实验中，为了保证实验顺利进行，要求把实验用器皿清洗干净。保持灭菌后呈无菌状态，需要对培养皿、吸管等进行妥善包扎，试管和三角瓶要做棉塞。这些工作看起来很普通，但如操作不当或不按规定要求去做，会导致实验失败。

【任务目标】

（1）熟悉微生物实验所需的各种常用器皿的名称和规格。

（2）掌握对各种器皿的清洗方法。

（3）学会常用玻璃器皿的包扎。

（4）了解几种灭菌方法，掌握高压蒸汽灭菌原理及方法。

【任务准备】

（1）常用各种玻璃器皿　量筒、三角瓶、试管、培养皿、漏斗、玻璃棒、吸管、防水油纸等。

（2）清洗工具和去污粉、肥皂、洗涤液、报纸、棉花等。

（3）电热干燥箱、高压蒸汽灭菌锅。

【任务实施】

（1）玻璃器皿的洗涤

① 任何洗涤方法，都不应对玻璃器皿有所损伤，所以不能用有腐蚀作用的化学药剂，也不能使用比玻璃硬度大的物品来擦拭玻璃器皿。

② 一般新的玻璃器皿用2%的盐酸溶液浸泡数小时，用水充分洗干净。

③ 用过的器皿应立即洗涤，有时放置太久会增加洗涤困难。

④ 难洗涤的器皿不要与易洗涤的器皿放在一起。有油的器皿不要与无油的器皿放在一起，否则使本来无油的器皿也沾上了油垢，浪费药剂和时间。

⑤ 强酸、强碱、琼脂等腐蚀、阻塞管道的物质不能直接倒在洗涤槽内，必须倒在废缸内。

⑥ 含有琼脂培养基的器皿，可先用小刀或铁丝将器皿中的琼脂培养基刮去或把它们用水蒸煮，待琼脂融化后趁热倒出，然后用水洗涤。

⑦ 一般的器皿都可用去污粉、肥皂或配成5%热肥皂水来清洗；油渍很重的器皿，应先

将油层擦去再洗涤。

⑧ 如果器皿沾有焦油或树脂类等物质，可用浓硫酸或40%的氢氧化钠液洗涤或用洗涤液浸泡。

⑨ 当器皿上沾有蜡或油漆等物质，用加热方法使之融化揩去或用有机溶剂（苯、二甲苯、丙酮、松节油等）拭揩。

⑩ 洗涤后的器皿达到玻璃能被水均匀湿润而无条纹和水珠。

⑪ 载玻片或盖玻片可先在2%盐酸溶液中浸1h，然后在水中冲洗2～3次，最后用蒸馏水洗2～3次，洗后烘干冷却或浸于95%酒精中保存备用。用过的载玻片或盖玻片，先擦去油垢，再放在5%肥皂水中煮10min后，立即用清水冲洗，以后放在洗涤液（稀释）中浸泡2h，再用清水洗至无色为止，最后用蒸馏水洗数次，干后浸于95%酒精中保存备用。

⑫ 凡遇到粘有传染性材料的器皿，洗涤前应经高压灭菌后清洗。

（2）器皿包扎　为了在灭菌后仍保持无菌状态，各种玻璃器皿均需进行包扎。

① 培养皿　培养皿洗净烘干后每10套叠在一起，用牢固的纸卷成一筒，外面用绳子捆扎，以免散开，然后进行灭菌。到使用时在无菌室中再打开取出培养皿。

② 吸管　洗净烘干后的吸管，在吸口的一端用尖头镊子或针塞入少许脱脂棉花，以防止菌体误吸口中以及口中的微生物通过吸管而进入培养物中造成污染。塞入棉花的量要适宜，棉花不宜露在吸管口的外面，多余的棉花可用酒精灯火焰烧掉。每支吸管用一条宽4～5cm的纸条，以45°左右的角度螺旋形卷起来，吸管的尖端在头部，吸管的另一端用剩余纸条叠打成结，以免散开，标上容量（图2-2-2）。若干支吸管扎成一束，灭菌后，同样要在使用时才从吸管中间拧断纸条抽出吸管。

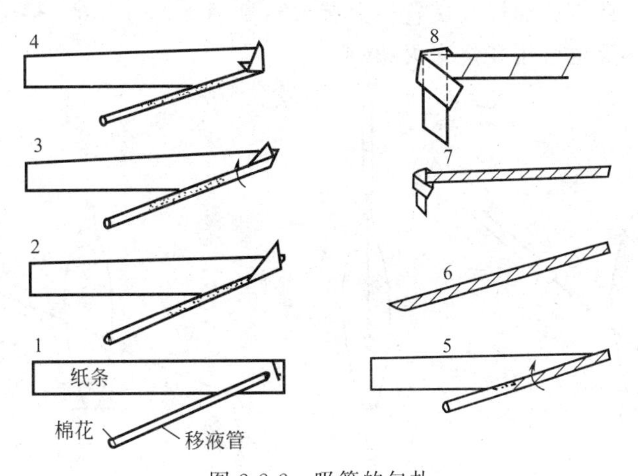

图2-2-2　吸管的包扎

③ 试管和三角瓶　试管和三角瓶都要做合适的棉花塞。棉花塞的作用是起过滤作用，避免空气中的微生物进入试管或三角瓶。棉花塞的制作要求使棉花塞紧贴玻璃壁，没有皱纹和缝隙，不能过松。过紧易挤破管口和不易塞入，过松则易掉落和污染。棉花塞的长度不少于管口直径的2倍，约2/3塞进管口（棉塞的制作见图2-2-3）。若干支试管用绳子扎在一起，在棉花塞部分外包油纸或牛皮纸，再在纸外用线绳扎紧。每个三角瓶单独用油纸包扎棉花塞。

（3）灭菌　常用的灭菌（消毒）方法可以分为以下几类。

① 干热灭菌　干热灭菌即干燥热空气灭菌法，是利用高温使微生物细胞内的蛋白质凝

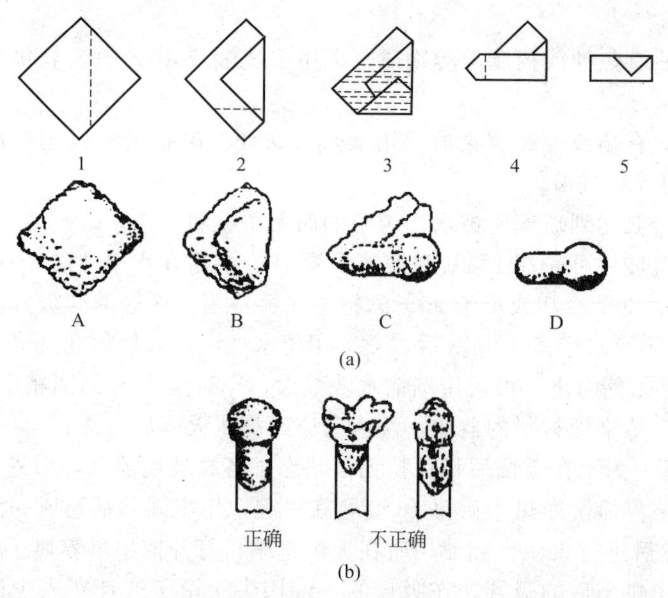

图 2-2-3　棉塞的制作

固变性而达到灭菌的目的。蛋白质凝固与其本身含水量有关，环境与细胞内含水量越大，则蛋白质凝固越快，反之，凝固越慢。具体可分为火焰火菌法和干热灭菌法两种。

a. 火焰灭菌法　这是一种最简单的干热灭菌法，是直接利用火焰把微生物灼烧而死。此法灭菌彻底可靠、简便迅速，但是使用范围有限，因为大部分物品经灼烧易损坏。此法只适用于接种环、接种针、玻璃棒及试管口灭菌（参见图 2-2-4）。对于一些污染物品、带菌物品或实验动物的尸体等也可用焚烧来灭菌。

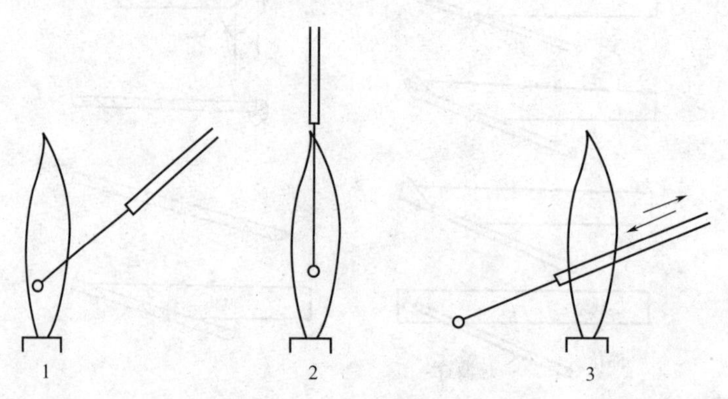

图 2-2-4　接种环的火焰灭菌

1—灼烧金属环；2—灼烧金属丝；3—灼烧螺丝口、柄

b. 干热灭菌法　干热灭菌法即干燥热空气灭菌法，是利用电热烘箱作为干热灭菌器，一般加热至 160～170℃维持 1.5～2h 即可达到灭菌目的。该法适用于空的、干燥的玻璃器皿如试管、培养皿、三角瓶等材料的灭菌。金属器械和其他耐热物品也可采用此法灭菌。凡带有胶皮的物品、液体及固体培养基等不能使用干热灭菌。常用的设备是电热干燥箱。具体操作方法如下所述。

ⓐ 将干热灭菌的物品放在电热干燥箱内，堆置时要留空隙勿使接触四壁，关闭箱门。

ⓑ 接通电源，把箱顶的通气口适当打开，使箱内湿空气能逸出，至箱内温度达到 100℃

时关闭。

ⓒ 调节温度控制器旋钮，直至箱内温度达到所需温度为止，观察温度是否恒定，若温度不够再进行调节，调节完毕后不可再拨动调节旋钮和通气口，保持160～170℃，维持1.5～2h。

ⓓ 切断电源，冷却到60℃以下时，才能把箱门打开，取出灭菌物品。

ⓔ 将温度调节控制旋钮返回原处，并将箱顶通气口打开，干净的玻璃器皿及其他耐热器皿等一般都可用此法灭菌。但培养基和其他不耐热的橡皮塞等不可以用此法灭菌。

注意事项如下：

ⓐ 在灭菌过程中，温度上升或下降都不能过急，特别是60℃以上时，勿随意打开箱门，否则玻璃器皿容易炸裂。

ⓑ 箱内温度不能超过180℃，以防纸张和棉花烤焦。

ⓒ 灭菌后的器皿，在使用前勿打开包装纸，以免被空气中的杂菌污染。

② 高压蒸汽灭菌　高压蒸汽灭菌是利用高压灭菌器，使水的沸点在密封灭菌器内随压力升高而增高来提高蒸汽温度，以使菌体蛋白凝固变性而达到灭菌的目的。该方法应用广泛，培养基和器皿均可采用此法灭菌处理。灭菌的温度及维持时间随灭菌物品的性质和容量等具体情况而有所改变。

高压灭菌器的主要构成部分是：灭菌锅、盖、压力表、放气阀、安全阀等。高压蒸汽灭菌操作过程如下。

a. 加水：在灭菌器内加入一定量的水。水不能过少，以免将灭菌锅烧干引起爆炸事故。

b. 装料：将待灭菌的物品包扎好，放在灭菌锅搁架内，不要过满，包与包之间留有适当的空隙以利于蒸汽的流通。装有培养基的容器放置时要防止液体溢出，瓶塞不要紧贴桶壁，以防冷凝水沾湿棉塞。

c. 加盖：将盖上与排气孔相连接的排气管插入内层灭菌桶的排气槽内，摆正锅盖，对齐螺口，然后以同时旋紧相对的两个螺栓的方式拧紧所有螺栓，并打开排气阀。

d. 加热排气：通电加热，待水沸腾后，水蒸气和空气一起从排气孔排出。一般认为，当排气孔的气流很强并有嘘声时，表明锅内空气已排净（沸后约5min）。

e. 升压：当锅内空气已排尽时，即可关闭排气阀，压力开始上升。

f. 灭菌：待压力逐渐上升至所需压力时，控制热源，维持所需时间。一般实验采用压力0.1MPa、温度121℃、20min灭菌。或根据制作要求的温度、时间进行灭菌。

g. 降压：达到灭菌所需时间后，关闭热源，让压力自然下降到“0”后，打开排气阀。放净余下的蒸汽后，再打开锅盖，取出灭菌物品。在压力未完全下降至“0”时，切勿打开锅盖，否则压力骤然降低，会造成培养基剧烈沸腾而冲出管口或瓶口，污染棉塞、引起杂菌污染。

h. 保养：灭菌完毕取出物品后，倒掉锅内剩水，保持内壁及搁架干燥，盖好锅盖。

③ 过滤除菌法　这是采用特殊的细菌过滤器来进行，一些受热分解物质如抗生素、血清、维生素等要采取过滤除菌法。

④ 紫外线杀菌　由于穿透力弱常常用于空气消毒或物体表面灭菌处理。

任务思考

（1）简述常用玻璃器皿的清洗过程。

（2）简述高压灭菌锅的使用步骤。

任务四　培养基的制备

知识储备

知识点1：培养基的概念

培养基是用人工方法将微生物生长繁殖所需要的各种营养物质配制而成的营养基质。

知识点2：培养基的种类

培养基的种类较多。根据配制培养基的营养物质来源，可将其分为天然培养基、半合成培养基、合成培养基；根据培养基制成后的物理状态又可将培养基分为液体培养基、固体培养基、半固体培养基，在固体培养基和半固体培养基中加入了一定含量的凝固剂，凝固剂一般为琼脂，也有用明胶等制成的；根据培养基的功能和用途也可将其分为基础培养基、加富培养基、选择性培养基及鉴别培养基等。

培养基主要成分包括水分、碳源物质、氮源物质、无机盐和生长因子。此外，培养基的pH还必须调节到微生物生长繁殖所适宜的pH范围。不同种类的微生物对营养物质的要求不同，因此要配制相应的培养基。配制好的培养基和微生物实验过程中使用的器具如培养皿、试管、三角瓶和移液管等均需进行灭菌处理。

【任务目标】

（1）了解培养基的配制原理和方法。

（2）掌握分离、培养微生物的有关准备工作。

【任务准备】

（1）药品　牛肉膏、蛋白胨、氯化钠、琼脂、可溶性淀粉、麦芽汁、葡萄糖、蔗糖、$FeSO_4 \cdot 7H_2O$、$NaNO_3$、$MgSO_4 \cdot 7H_2O$、K_2HPO_4、1mol/L HCl、1mol/L NaCl、KH_2PO_4等。

（2）仪器及其他　高压蒸汽灭菌锅、天平、电炉、烧杯、试管、量筒、锥形瓶、漏斗、玻璃棒、吸管、纱布、防水油纸或报纸、棉花、酸度计（pH试纸）、马铃薯、黄豆芽等。

【任务实施】

（1）培养基的制备　培养基制备的一般步骤如下：原料称量⟶溶解⟶（加琼脂熔化）⟶调节pH⟶分装⟶塞棉塞和包扎⟶灭菌⟶摆放斜面或倒平板。

① 原料称量、溶解　根据培养基配方，准确称取各种原料成分，在容器中加所需水量的一半，然后依次将各种原料加入水中，用玻璃棒搅拌使之溶解。某些不易溶解的原料如蛋白胨、牛肉膏等可事先在小容器中加少量水，加热溶解后再倒入容器中。有些原料需用量很少，不易称量，可先配成高浓度的溶液按比例换算后取一定体积的溶液加入容器中。待原料全部放入容器后，加热使其充分溶解，并补足需要的全部水分，即成液体培养基。

配制固体培养基时，预先将琼脂称好洗净（粉状琼脂可直接加入，条状琼脂用剪刀剪成小段，以便熔化），然后将液体培养基煮沸，再把琼脂放入，继续加热至琼脂完全熔化。在加热过程中应注意不断搅拌，以防琼脂沉淀在锅底烧焦，并应控制火力，以免培养基因暴沸而溢出容器。待琼脂完全熔化后，再用热水补足因蒸发而损失的水分。

② 调节pH　液体培养基配好后，一般要调节至所需的pH。常用一定浓度的盐酸及氢

氧化钠溶液进行调节。调节培养基酸碱度最简单的方法是用精密pH试纸进行测定。用玻璃棒蘸少许培养基，点在试纸上进行对比。如pH偏酸，则加3%氢氧化钠溶液，偏碱则加3%盐酸溶液。经反复几次调节至所需pH。此法简便快速，但难于精确。要准确调节培养基的pH可用酸度计进行。

固体培养基酸碱度的调节，与液体培养基相同。一般在加入琼脂后进行。进行调节时，应注意将培养基温度保持在80℃以上，以防因琼脂凝固影响调节操作。

③ 分装　培养基配好后，要根据不同的使用目的，分装到各种试管或锥形瓶中。

试管分装时取玻璃漏斗一个，装在铁架上，漏斗下连一根橡皮管与另一玻璃管嘴相连，橡皮管上加一弹簧夹。分装时，用左手拿住空试管中部，并将漏斗下的玻璃管嘴插入试管内，以右手拇指及食指开放弹簧夹，中指及无名指夹住玻璃管嘴，使培养基直接流入试管内（图2-2-5）。

装入试管的培养基视试管大小及需要而定。如为液体则分装至试管高度的1/4左右为宜；如为固体则分装量为管高的1/5；如是半固体培养基，则分装至试管1/3～1/2的高度为宜。

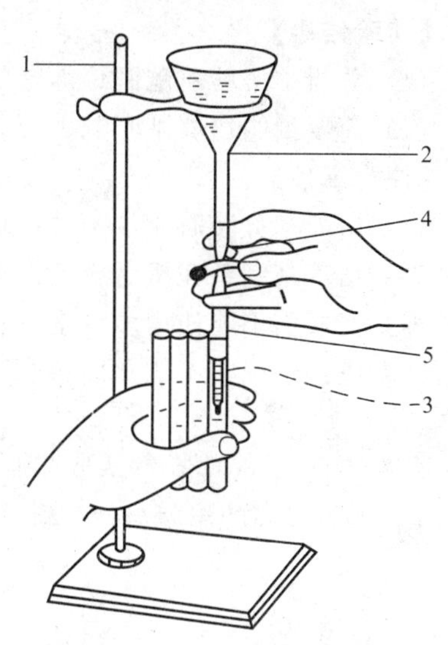

图2-2-5　培养基的分装

1—铁架台；2—漏斗；3—乳胶管；4—弹簧夹；5—玻管

用三角瓶分装培养基时，容量以不超过容积的一半为宜。

④ 高压蒸汽灭菌　将待灭菌的物品连同盛装的桶放入高压灭菌锅内，盖好盖子，设置所需的温度和时间进行灭菌，灭菌完成后，取出备用。

⑤ 摆放斜面或倒平板　已灭菌的固体培养基要趁热制作斜面试管和固体平板。

a. 斜面培养基的制作　需做斜面的试管，斜面的斜度要适当，使斜面的长度不超过试管长度的1/2（图2-2-6），摆放时注意不可使培养基沾污棉塞，冷凝过程中勿再移动试管。制得的斜面以稍有凝结水析出者为佳。待斜面完全凝固后，再进行收藏和保存。制作半固体或固体深层培养基时，灭菌后则应垂直放置至冷凝。

b. 平板培养基制作　将已灭菌的琼脂培养基（装在锥形瓶或试管中）融化后，待冷却至50℃左右倾入无菌培养皿中。温度过高时，易在皿盖上形成太多冷凝水；低于45℃时，培养基易凝固。操作时最好在超净工作台酒精灯火焰旁进行，左手拿培养皿，右手拿锥形瓶的底部或试管，左手同时用小指和手掌将棉塞打开，灼烧瓶口，用左手大拇指将培养皿盖打开一缝，至瓶口刚好伸入，倾入培养基12～15mL，平置（图2-2-7）凝固后备用（一般平板培养基的高度约为3mm）。

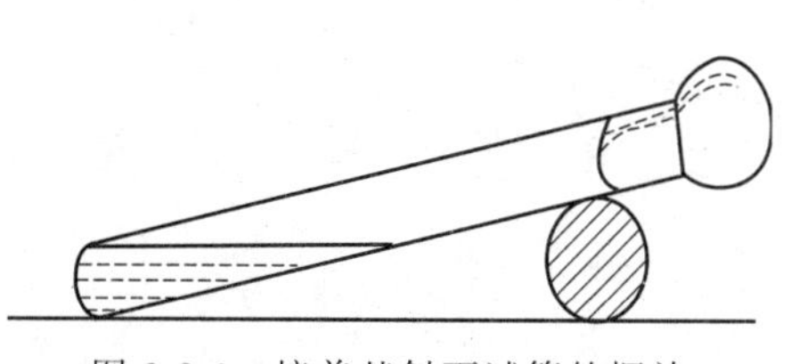
图2-2-6　培养基斜面试管的摆放

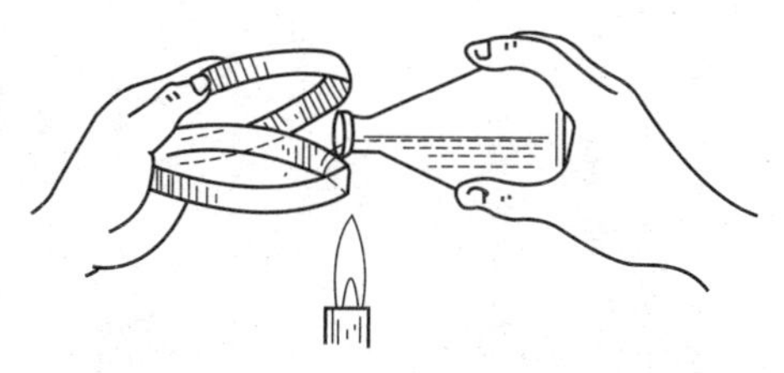
图2-2-7　平板培养基制作法

⑥ 无菌检查　灭菌后的培养基，一般需进行无菌检查。最好从中取出1～2管（瓶），

置于30～37℃恒温箱中保温培养1～2天，如发现有杂菌生长，应及时再次灭菌，以保证使用前的培养基处于绝对无菌状态。

（2）几种常用培养基的配制

① 营养琼脂培养基（用于分离及培养细菌）

成分：蛋白胨10g，牛肉膏3g，氯化钠5g，琼脂17g，蒸馏水1000mL，pH7.2。

制法：将除琼脂外的各成分溶解于蒸馏水中，校正pH，加入琼脂，分装于烧瓶内，121℃高压灭菌15min备用。

② 高盐察氏培养基（用于粮食中的霉菌和酵母菌计数、分离） 硝酸钠2g，磷酸二氢钾1g，硫酸镁（$MgSO_4 \cdot 7H_2O$）0.5g，氯化钾0.5g，硫酸亚铁0.01g，氯化钠60g，蔗糖30g，琼脂20g，蒸馏水1000mL，115℃灭菌30min。

【实验结果】

（1）分析本实验所配制培养基的碳源、氮源、能源、无机盐及维生素的来源。

（2）简要说明培养基配制、分装过程中的关键操作步骤。

【注意事项】

（1）培养基分装时注意不要使培养基沾染管口或瓶口，以免浸湿棉塞，引起污染。

（2）培养基制备完毕后应立即进行高压蒸汽灭菌。如延误时间，会因杂菌繁殖生长，导致培养基变质而不能使用。特别是在气温高的情况下，如不及时进行灭菌，数小时内培养基就可能变质。若确实不能立即灭菌，可将培养基暂放于4℃冰箱或冰柜中，但时间也不宜过久。

（3）不同成分的培养基要采用不同的杀菌条件，如脱脂牛乳的杀菌采用0.055MPa、20min，因为过高的温度会使牛乳变色。

任务思考

（1）培养不同种类微生物能否用同一种培养基？培养细菌、放线菌、酵母菌、霉菌通常采用什么培养基？

（2）培养基配制完成后，为什么必须立即灭菌？若不能及时灭菌应如何处理？已灭菌的培养基如何进行无菌检查？

（3）微生物实验所用瓶口、管口为什么都要塞上棉塞？棉塞的作用是什么？所用培养基及器皿接种前为什么均需经高压蒸汽灭菌？

任务五 微生物的接种、分离和纯化技术

知识储备

知识点1： 无菌操作

无菌操作是指培养基经灭菌后，用经过灭菌的接种工具，在无菌的条件下接种含菌材料于培养基上的过程。

知识点2： 分离和纯化

分离纯化微生物的方法有很多种，但基本原理相似，一般是将待分离的样品进行一系列的稀释，使稀释样品中的微生物或孢子呈分散状态，然后在适宜的培养基和培养条件下长出单菌落，再将单菌落转移培养。重复此过程二三次便可获得纯种微生物。常用的分离纯化方法有稀释倒平板法、平板划线分离法、涂布平板法、亨盖特稀释滚管法、单细胞（单孢子）挑取法、利用选择培养基进行分离等。大多数好气且数量大的微生物可采用稀释倒平板法和平板划线分离法进行分离，热敏菌和严格好氧菌可采用涂布平板法，而严格厌氧菌则需采用稀释滚管法，对于比较大而个体数少的单细胞和单孢子可采用单细胞（单孢子）挑取法，对于那些生长慢、营养要求或生长条件特殊的微生物需利用选择培养基结合其他方法进行分离。

知识点3： 接种方法

接种方法有斜面接种、液体接种、平板接种、穿刺接种等。无论是从斜面到斜面或到液体或到平板或相反的过程，接种的核心问题在于接种过程中，必须采用严格的无菌操作，以确保纯种不被杂菌污染。

自然界微生物是以混杂的状态存在的。分离和纯化的目的是从各种样品来源混杂的微生物群体中获得纯种微生物，即在一定的条件下培养、繁殖得到只有一种微生物的培养物也称为纯培养物。

【任务目标】

（1）熟悉微生物转移接种技术。

（2）掌握常用的微生物分离纯化方法。

【任务准备】

（1）菌种　大肠杆菌、金黄色葡萄球菌、酿酒酵母斜面菌种。

（2）培养基和溶液　牛肉膏蛋白胨琼脂培养基、牛肉膏蛋白胨琼脂斜面试管、豆芽汁葡萄糖琼脂斜面试管、牛肉膏蛋白胨半固体培养基试管、无菌生理盐水。

（3）器材　玻璃珠、摇床、无菌吸管、培养皿、恒温培养箱、玻璃涂棒、接种环、酒精灯、标签纸、超净工作台、无菌试管、无菌培养皿。

（4）样品　待分离土样或食品样品。

【任务实施】

（1）微生物接种技术

①准备工作　接种前将空白斜面贴上标签，注明菌名、接种日期、接种人姓名。标签应贴在斜面向上的部位。开启超净工作台20min后待用。

② 接种　点燃酒精灯，将菌种管和新鲜空白斜面试管的斜面向上，用大拇指和其他四指握在左手中，使中指位于两试管之间的部位，无名指和大拇指分别夹住两试管的边缘，管口齐平，试管横放，管口稍稍上斜（图 2-2-8）。右手先将棉塞拧转松动，以利接种时拔出。右手拿接种环，使接种环直立在氧化焰部位，将金属环烧红灭菌，然后将接种环来回通过火焰数次，使环以上凡在接种时可能进入试管的部分都应用火灼烧（图 2-2-9）。以右手小指、无名指和手掌拔下棉塞并夹紧，棉塞下部应露在手外，勿放桌上，以免污染。将试管口迅速在火焰上微烧一周，使试管口上可能沾染的少量杂菌或带菌尘埃得以烧死。将灼烧过的接种环伸入菌种管内，先将环接触一下没有长菌的培养基部分，使其冷却，以免烫死菌体。然后用环轻轻取菌少许，并将接种环慢慢从试管中抽出。在火焰旁迅速将接种环伸进另一空白斜面，在斜面培养基上轻轻划线，将菌体接种于其上。划线时由底部划起，划成较密的波浪状线；或由底部向上划直线，一直划到斜面的顶部。灼烧试管口，并在火焰旁将棉塞塞上。如做穿刺接种只需将接种环改为接种针，用接种针自培养基中心垂直刺入培养基中直到接近试管底部，然后沿着接种线将针拔出，最后塞上棉塞（图 2-2-10）。接种完毕，将接种环上的余菌在火焰上彻底烧死。如接种液体菌种，需使用无菌移液管或滴管替代接种环。

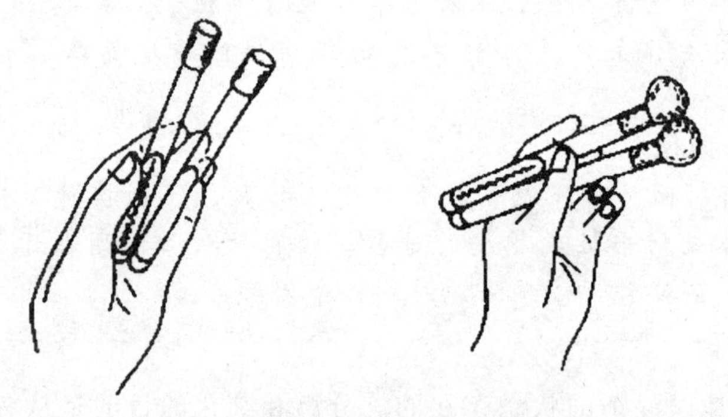

图 2-2-8　斜面接种时试管的两种拿法

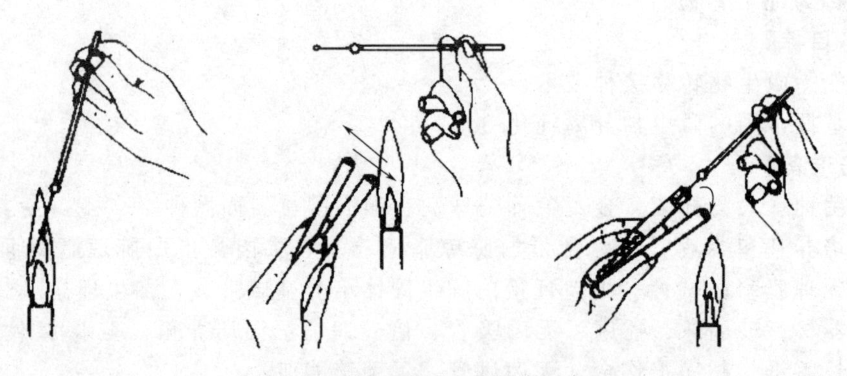

图 2-2-9　斜面接种无菌操作程序

③ 接种使用过的用具一定要及时进行灭菌处理，以免造成周围环境污染。

（2）微生物的分离纯化

① 稀释倒平板法（图 2-2-11）

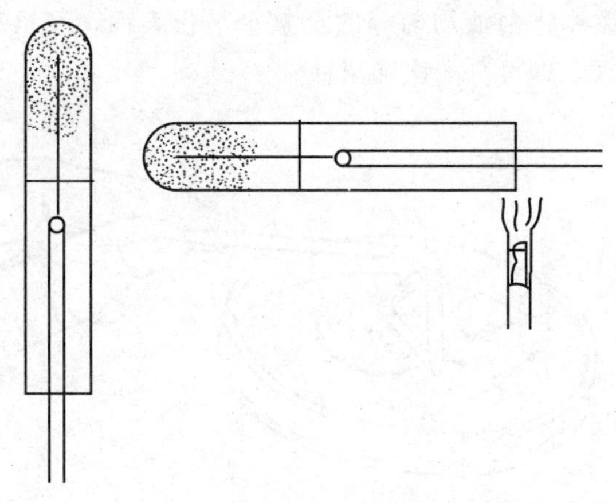

图 2-2-10　穿刺接种

a. 取装有 9mL 无菌水的试管若干支，分别记 1、2、3…。用无菌吸管取 1mL 样品匀液或增殖液注入 1 号管中，混匀，记为 10^{-1}，然后从 1 号管内取 1mL 于 2 号管内，混匀，记为 10^{-2}，以此类推。

b. 用 3 支无菌吸管分别吸取 3 个所需稀释度的稀释液各 1mL 于 3 个无菌培养皿中，然后加入已灭菌并已冷却至 45～50℃的固体培养基 10～15mL，迅速摇匀，待凝固后，倒置于恒温培养箱中培养，培养完成后，挑取单个菌落移接于斜面培养基上培养，如图 2-2-11 所示。

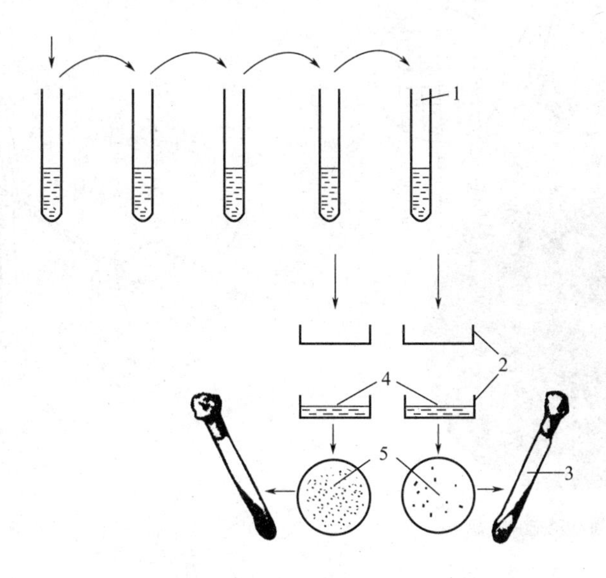

图 2-2-11　稀释倒平板分离法示意图

1—装有 9mL 无菌水的试管；2—无菌培养皿；3—试管斜面培养基；
4—10～15mL 已灭菌的琼脂培养基；5—单个菌落

② 涂布平板法　倒混菌平板可能会影响热敏菌和严格好氧菌的生长而使这些菌无法很好地分离出，相应可采用涂布平板法。其做法是：先将已熔化的培养基倒入无菌平皿，制成无菌平板，冷却凝固后，将一定量（0.1mL 或 0.2mL）的某一稀释度的样品悬液滴加在平

板表面，再用无菌玻璃涂棒将菌液均匀分散至整个平板表面，经培养后挑取单个菌落（图 2-2-12）。重复此过程数次，即可分离出纯菌种。

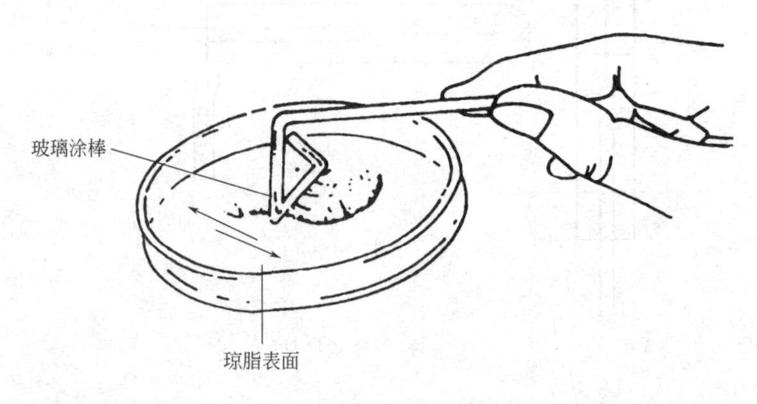

图 2-2-12　涂布平板法示意

③ 平板划线分离法　点燃酒精灯，在火焰旁进行如下操作。

用接种环以无菌操作蘸取少许分离的液体样品（固体样品需用无菌生理盐水稀释后取样），在无菌平板表面进行平行划线、连续划线、交叉划线、扇形划线、方格划线或其他形式的划线，微生物细胞数量将随着划线次数的增加而减少，并逐渐分散开来。如果划线适宜，则微生物能一一分散，经培养后，可在平板表面得到单菌落（图 2-2-13、图 2-2-14）。

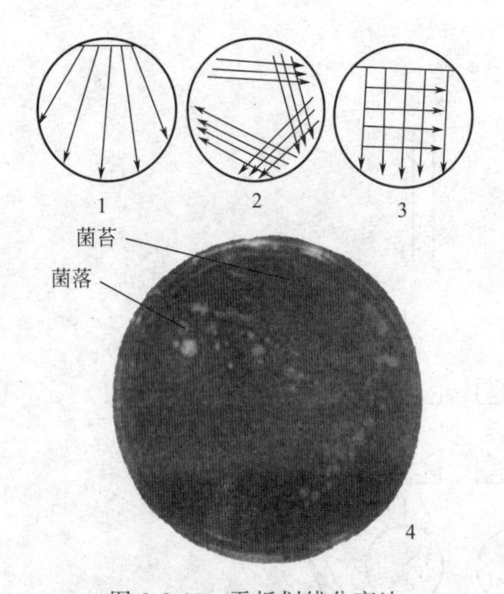

图 2-2-13　平板划线分离法

1—扇形划线；2—交叉划线；3—方格划线；

4—划线分离培养后平板上显示的菌落照片

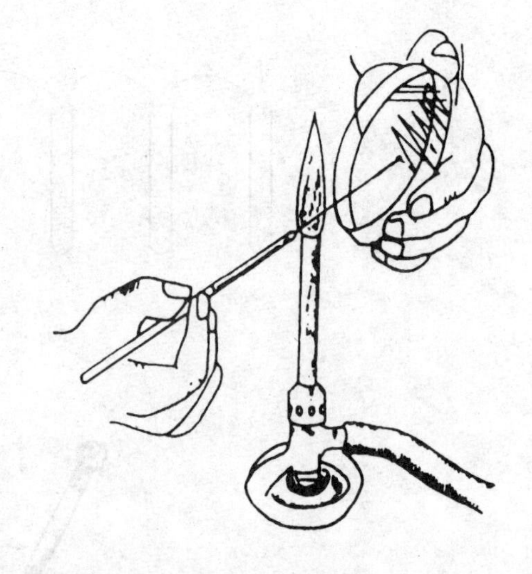

图 2-2-14　平板划线操作

【实验结果】

（1）对于纯化好的菌种用显微镜镜检是否已真正分离纯化。

（2）待接种菌种培养长出菌落后，观察所划线是否标准。

【注意事项】

（1）接种操作时要使试管口或培养皿靠近火焰旁上方区域（即在无菌区内）。

（2）在固体培养基上划线时，注意勿将培养基划破，也不要使菌体沾污管壁或其他地方。

任务思考

（1）分离纯化微生物的方法有哪些？各方法适用分离什么菌种？

（2）接种时无菌操作应注意哪些环节？

任务六　空气净度和涂抹检验

知识储备

知识点 1： 空气净度检验

将灭菌营养琼脂平板在检测目的地暴露一定时间，通过（36±1)℃温箱内培养（48±2)h，来推测被测目的地的空气中所存在微生物的数量。

知识点 2： 涂抹检验

通过无菌操作方法将一定面积的涂抹纸与被检测的接触面进行特定面积的涂抹接触处理，然后进行细菌菌落总数和大肠菌群的测定，并以此结果作为被检面含菌程度的检查结果，由此来推测乳品生产企业的卫生管理状况。

【任务目标】

（1）了解在乳制品的生产车间和化验室进行空气净度检验的原理，并掌握其测定方法。

（2）学习并掌握乳品企业的操作台面或某些接触面含菌程度的检测方法。

【任务准备】

融化并冷却至46℃的营养琼脂、无菌生理盐水、革兰染色液、营养琼脂培养基、单双料乳糖胆盐发酵管、伊红美蓝琼脂培养基（EMB)、乳糖发酵管等；三角瓶、无菌平皿、无菌移液管、载玻片、涂抹纸、75%的酒精棉球、消毒镊子、恒温箱、恒温水浴等。

【任务实施】

（1）空气净度检验

① 在无菌条件下，把冷至46℃的灭菌营养琼脂倾入灭菌平皿内。

② 待完全凝固后，置检测目的地暴露15min。

③ 翻转平板置（36±1)℃温箱内培养（48±2)h。

④ 计数并记录结果。

（2）涂抹检验

① 进入车间先经过消毒池消毒。

② 在洗手池洗手消毒。

③ 涂抹前用75%的酒精棉球消毒手和镊子。

④ 用消毒镊子取25cm^{2}的湿润无菌涂抹纸，贴于被涂抹物表面，使之充分接触，贴完50cm^{2}后，立即放入装有50mL无菌生理盐水的三角瓶中，盖好瓶塞，使涂抹纸与盐水充分混合并做好标识，在4h内进行菌落总数和大肠菌群的测定。

【注意事项】

（1）检测时一定要使平皿完全暴露在空气中。

（2）检测完要及时进行温箱培养。

（3）检测时要保证时间的准确性。

任务思考

（1）空气净度检验的原理是什么？

（2）简述涂抹检验的实验步骤。

任务七　菌落总数测定

知识储备

知识点1：菌落

菌落（colony）是指细菌在某一种固体培养基上克隆增殖发育成肉眼可见的细菌集团。

知识点2：菌落总数

菌落总数是指食品检样经过处理，在一定条件（如培养基成分、培养温度、时间、pH值、需氧性质等）下培养后，所取1mL（g）检样中所含微生物菌落的总数。菌落系数在生产中主要作为判定食品被污染程度的标志，也可以应用这一测定方法观察细菌在食品中的繁殖动态，以便对于被检样品在进行卫生学评价时提供依据。

【任务目标】

（1）掌握菌落总数的概念。

（2）掌握食品中菌落总数的测定方法。

（3）了解通过菌落总数的测定，可判断食品被污染的程度。

【任务准备】

（1）设备和材料

恒温培养箱：36℃±1℃，冰箱：2～5℃，恒温水浴箱：36℃±1℃，天平：感量为0.1g，均质器，振荡器，无菌吸管：1mL（具0.01mL刻度）、10mL（具0.1mL刻度）或微量移液器及吸头，无菌锥形瓶：250mL、500mL，无菌培养皿：直径90mm，pH计或pH比色管或精密pH试纸，菌落计数器，放大镜，灭菌玻璃珠（直径约5mm），灭菌刀、剪子、镊子，灭菌试管（16mm×160mm）。

（2）培养基和试剂

① 平板计数琼脂（PCA）培养基

成分：胰蛋白胨5.0g，酵母浸膏2.5g，葡萄糖1.0g，琼脂15.0g，蒸馏水1000mL，pH 7.0±0.2。

制法：将上述成分加于蒸馏水中，煮沸溶解，调节pH。分装试管或锥形瓶，121℃高压灭菌15min。

② 磷酸盐缓冲液

成分：磷酸二氢钾（KH_2PO_4）34.0g，蒸馏水500.0mL，pH 7.2。

制法：

贮存液　称取34.0g的磷酸二氢钾溶于500mL蒸馏水中，用大约175mL的1mol/L氢氧化钠调节pH，用蒸馏水稀释至1000mL后贮存于冰箱。

稀释液　取贮存液1.25mL，用蒸馏水稀释至1000mL，分装于适宜容器中，121℃高压灭菌15min。

③ 无菌生理盐水

成分：氯化钠8.5g，蒸馏水1000mL。

制法：称取8.5g氯化钠溶于1000mL蒸馏水中，121℃高压灭菌15min。

④ 75%乙醇。

【任务实施】

(1) 检验程序如图 2-2-15 所示。

(2) 任务操作

① 样品稀释

a. 以无菌操作，将检样 25g（25mL）剪碎放于含有 225mL 灭菌生理盐水或磷酸盐缓冲液的灭菌玻璃瓶内（瓶内预置适当数量的玻璃珠），经充分振摇或研磨做成 1∶10 的均匀稀释液。

b. 用 1mL 灭菌吸管吸取 1∶10 稀释液 1mL，沿管壁徐徐注入含有 9mL 灭菌生理盐水或磷酸盐缓冲液的试管内（注意吸管尖端不要触及管内稀释液），振摇试管，混合均匀，做成 1∶100 的稀释液。

c. 另取 1mL 灭菌吸管，按上面操作顺序，做 10 倍系列稀释液，如此每增加一次，即换用 1 支 1mL 灭菌吸管。

d. 根据食品卫生许可要求或对样品污染情况的估计，选择 2～3 个适宜稀释度，分别在做 10 倍递增稀释的同时，即以吸取该稀释度的吸管移 1mL 稀释液于灭菌平皿内，每个稀释度做两个平皿。同时，分别吸取 1mL 空白稀释液加入两个无菌平皿内作空白对照。

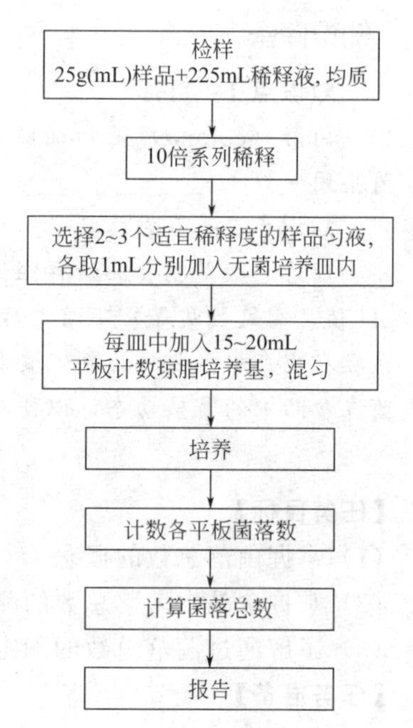

图 2-2-15 细菌总数的检验程序

e. 稀释液移入平皿后，应及时将凉至 46℃ 的平板计数琼脂培养基注入平皿内约 15～20mL，并转动平皿使其混合均匀。

② 培养　待琼脂凝固后，翻转平板，置 36℃±1℃ 温箱内培养 48h±2h。

③ 菌落计数　可用肉眼观察，必要时用放大镜或菌落计数器，以防遗漏。记录稀释倍数和相应的菌落数量。菌落计数以菌落形成单位（colony-forming unit，CFU）表示。

a. 选取菌落数在 30～300CFU 之间、无蔓延菌落生长的平板计数菌落总数。低于 30CFU 的平板记录具体菌落数，大于 300CFU 的可记录为多不可计。每个稀释度的菌落数应采用两个平板的平均数。

b. 其中一个平板有较大片状菌落生长时，则不宜采用，而应以无片状菌落生长的平板作为该稀释度的菌落数；若片状菌落不到平板的一半，而其余一半中菌落分布又很均匀，即可计算半个平板后乘以 2，代表一个平板菌落数。

c. 当平板上出现菌落间无明显界线的链状生长时，则将每条单链作为一个菌落计数。

结果与报告：

(1) 菌落总数的计算方法

① 若只有一个稀释度平板上的菌落数在适宜计数范围内，计算两个平板菌落数的平均值，再将平均值乘以相应稀释倍数，作为每克（g）[毫升（mL）] 样品中的菌落总数结果。

② 若有两个连续稀释度的平板菌落数在适宜计数范围内时，按以下公式计算：

$$N=\frac{\sum C}{(n_1+0.1n_2)d}$$

式中 N——样品中菌落数；

$\sum C$——平板（含适宜范围菌落数的平板）菌落数之和；

n_1——第一稀释度（低稀释倍数）平板个数；

n_2——第二稀释度（高稀释倍数）平板个数；

d——稀释因子（第一稀释度）。

示例：

稀释度	1∶100(第一稀释度)	1∶1000(第二稀释度)
菌落数/CFU	232,244	33,35

$$N=\frac{\sum C}{(n_1+0.1n_2)d}$$

$$=\frac{232+244+33+35}{(2+0.1\times 2)\times 10^{-2}}=\frac{544}{0.022}=24727$$

上述数据按菌落总数的报告（2）②将数字修约后，表示为25000或2.5×10^4。

③ 若所有稀释度的平板上菌落数均大于300CFU，则对稀释度最高的平板进行计数，其他平板可记录为多不可计，结果按平均菌落数乘以最高稀释倍数计算。

④ 若所有稀释度的平板菌落数均小于30CFU，则应按稀释度最低的平均菌落数乘以稀释倍数计算。

⑤ 若所有稀释度（包括液体样品原液）平板均无菌落生长，则以小于1乘以最低稀释倍数计算。

⑥ 若所有稀释度的平板菌落数均不在30～300CFU之间，其中一部分小于30CFU或大于300CFU时，则以最接近30CFU或300CFU的平均菌落数乘以稀释倍数计算。

（2）菌落总数的报告

① 菌落数小于100CFU时，按“四舍五入”原则修约，以整数报告。

② 菌落数大于或等于100CFU时，第3位数字采用“四舍五入”原则修约后，取前2位数字，后面用0代替位数；也可用10的指数形式来表示，按“四舍五入”原则修约后，采用两位有效数字。

③ 若所有平板上为蔓延菌落而无法计数，则报告菌落蔓延。

④ 若空白对照上有菌落生长，则此次检测结果无效。

⑤ 称重取样以CFU/g为单位报告，体积取样以CFU/mL为单位报告。

【注意事项】

（1）操作要快而准，包括加样、倒培养基。

（2）吸液体时液体不能进入吸头。

（3）样品稀释时一定要混匀。

（4）倒培养基前，瓶口要过火焰。

（5）一定要有空白对照。

（6）培养基温度控制适宜，培养基薄厚适宜。

目标自测

（1）简述菌落总数的概念。

（2）简述菌落总数的检测步骤。

（3）简述菌落总数的报告方式。

（4）食品卫生学检验中，为什么要以菌落总数为指标？

任务八 大肠菌群计数

大肠菌群是指在一定培养条件下能发酵乳糖、产酸产气的需氧和兼性厌氧革兰阴性无芽孢杆菌；最可能数（most probable number，MPN）是基于泊松分布的一种间接计数方法。

【任务目标】

（1）掌握大肠菌群的概念。

（2）掌握大肠菌群 MPN 计数法。

（3）掌握大肠菌群平板计数法。

【任务准备】

（1）试剂和培养基

① 月桂基硫酸盐胰蛋白胨（LST）肉汤

a. 成分　胰蛋白胨或胰酪胨 20.0g；氯化钠 5.0g；乳糖 5.0g；磷酸氢二钾（K_2HPO_4）2.75g；磷酸二氢钾（KH_2PO_4）2.75g；月桂基硫酸钠 0.1g；蒸馏水 1000mL；pH6.8±0.2。

b. 制法　将上述成分溶解于蒸馏水中，调节 pH。分装到有玻璃小倒管的试管中，每管 10mL。121℃高压灭菌 15min。

② 煌绿乳糖胆盐（BGLB）肉汤

a. 成分　蛋白胨 10.0g；乳糖 10.0g；牛胆粉溶液 200mL；0.1%煌绿水溶液 13.3mL；蒸馏水 800mL；pH7.2±0.1

b. 制法　将蛋白胨、乳糖溶于约 500mL 蒸馏水中，加入牛胆粉溶液 200mL（将 20.0g 脱水牛胆粉溶于 200mL 蒸馏水中，调节 pH 至 7.0～7.5），用蒸馏水稀释到 975mL，调节 pH，再加入 0.1%煌绿水溶液 13.3mL，用蒸馏水补足到 1000mL，用棉花过滤后，分装到有玻璃小倒管的试管中，每管 10mL。121℃高压灭菌 15min。

③ 磷酸盐缓冲液　见任务七。

④ 结晶紫中性红胆盐琼脂（VRBA）

a. 成分　蛋白胨 7.0g；酵母膏 3.0g；乳糖 10.0g；氯化钠 5.0g；胆盐或 3 号胆盐 1.5g；中性红 0.03g；结晶紫 0.002g；琼脂 15～18g；蒸馏水 1000mL；pH7.4±0.1。

b. 制法　将上述成分溶于蒸馏水中，静置几分钟，充分搅拌，调节 pH。煮沸 2min，将培养基冷却至 45～50℃倾注平板。使用前临时制备，不得超过 3h。

（2）设备和材料　除微生物实验室常规灭菌及培养设备外，其他设备和材料如下。

① 恒温培养箱：36℃±1℃。

② 冰箱：2～5℃。

③ 恒温水浴箱：46℃±1℃。

④ 天平：感量 0.1g。

⑤ 均质器。

⑥ 振荡器。

⑦ 无菌吸管：1mL（具 0.01mL 刻度）、10mL（具 0.1mL 刻度）或微量移液器及吸头。

⑧ 无菌锥形瓶：容量 500mL。

⑨ 无菌培养皿：直径 90mm。

⑩ pH 计或 pH 比色管或精密 pH 试纸。

⑪ 菌落计数器。

【任务实施】

第一法　大肠菌群 MPN 计数法

(1) 检验程序　大肠菌群 MPN 计数的检验程序如图 2-2-16 所示。

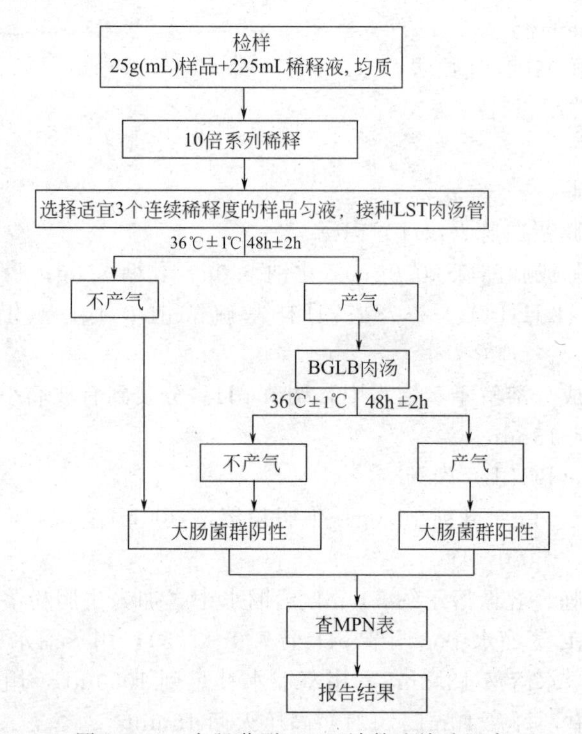

图 2-2-16　大肠菌群 MPN 计数法检验程序

(2) 任务操作

① 样品的稀释

a. 固体和半固体样品　称取 25g 样品，放入盛有 225mL 磷酸盐缓冲液或生理盐水的无菌均质杯内，8000～10000r/min 均质 1～2min，或放入盛有 225mL 磷酸盐缓冲液或生理盐水的无菌均质袋中，用拍击式均质器拍打 1～2min，制成 1∶10 的样品匀液。

b. 液体样品：以无菌吸管吸取 25mL 样品置盛有 225mL 磷酸盐缓冲液或生理盐水的无菌锥形瓶（瓶内预置适当数量的无菌玻璃珠）中，充分混匀，制成 1∶10 的样品匀液。

c. 样品匀液的 pH 值应在 6.5～7.5 之间，必要时分别用 1mol/L NaOH 或 1mol/L HCl 调节。

d. 用 1mL 无菌吸管或微量移液器吸取 1∶10 样品匀液 1mL，沿管壁缓缓注入盛有 9mL 磷酸盐缓冲液或生理盐水的无菌试管中（注意吸管或吸头尖端不要触及稀释液面），振摇试管或换用 1 支 1mL 无菌吸管反复吹打，使其混合均匀，制成 1∶100 的样品匀液。

e. 根据对样品污染状况的估计，按上述操作，依次制成 10 倍递增系列稀释样品匀液。每递增稀释 1 次，换用 1 支 1mL 无菌吸管或吸头。从制备样品匀液至样品接种完毕，全过程不得超过 15min。

② 初发酵试验　每个样品，选择3个适宜的连续稀释度的样品匀液（液体样品可以选择原液），每个稀释度接种3管月桂基硫酸盐胰蛋白胨（LST）肉汤，每管接种1mL（如接种量超过1mL，则用双料LST肉汤），36℃±1℃培养24h±2h，观察倒管内是否有气泡产生，24h±2h产气者进行复发酵试验，如未产气则继续培养至48h±2h。产气者进行复发酵试验。未产气者为大肠菌群阴性。

③ 复发酵试验　用接种环从产气的LST肉汤管中分别取培养物一环，移种于煌绿乳糖胆盐肉汤（BGLB）管中，36℃±1℃培养48h±2h，观察产气情况。产气者，计为大肠菌群阳性管。

（3）大肠菌群最可能数（MPN）的报告　按复发酵试验的大肠菌群LST阳性管数，检索MPN表（表2-2-1），报告每克（g）［毫升（mL）］样品中大肠菌群的MPN值。

表2-2-1　大肠菌群最可能数（MPN）检索表

阳性管数			MPN	95%可信限		阳性管数			MPN	95%可信限	
0.10	0.01	0.001		下限	上限	0.10	0.01	0.001		下限	上限
0	0	0	<3.0	—	9.5	2	2	0	21	4.5	42
0	0	1	3.0	0.15	9.6	2	2	1	28	8.7	94
0	1	0	3.0	0.15	11	2	2	2	35	8.7	94
0	1	1	6.1	1.2	18	2	3	0	29	8.7	94
0	2	0	6.2	1.2	18	2	3	1	36	8.7	94
0	3	0	9.4	3.6	38	3	0	0	23	4.6	94
1	0	0	3.6	0.17	18	3	0	1	38	8.7	110
1	0	1	7.2	1.3	18	3	0	2	64	17	180
1	0	2	11	3.6	38	3	1	0	43	9	180
1	1	0	7.4	1.3	20	3	1	1	75	17	200
1	1	1	11	3.6	38	3	1	2	120	37	420
1	2	0	11	3.6	42	3	1	3	160	40	420
1	2	1	15	4.5	42	3	2	0	93	18	420
1	3	0	16	4.5	42	3	2	1	150	37	420
2	0	0	9.2	1.4	38	3	2	2	210	40	430
2	0	1	14	3.6	42	3	2	3	290	90	1000
2	0	2	20	4.5	42	3	3	0	240	42	1000
2	1	0	15	3.7	42	3	3	1	460	90	2000
2	1	1	20	4.5	42	3	3	2	1100	180	4100
2	1	2	27	8.7	94	3	3	3	>1100	420	—

注：1. 本表采用3个稀释度［0.10g（mL）、0.01g（mL）和0.001g（mL）］，每个稀释度接种3管。

2. 表内所列检样量如改用1g（mL）、0.1g（mL）和0.01g（mL）时，表内数字应相应降低10倍；如改用0.01g（mL）、0.001g（mL）、0.0001g（mL）时，则表内数字应相应增高10倍，其余类推。

第二法　大肠菌群平板计数法

（1）检验程序　大肠菌群平板计数法的检验程序如图2-2-17所示。

（2）任务操作

① 样品的稀释　同本任务第一法。

② 平板计数

a. 选取2～3个适宜的连续稀释度，每个稀释度接种2个无菌平皿，每皿1mL。同时取1mL生理盐水加入无菌平皿作空白对照。

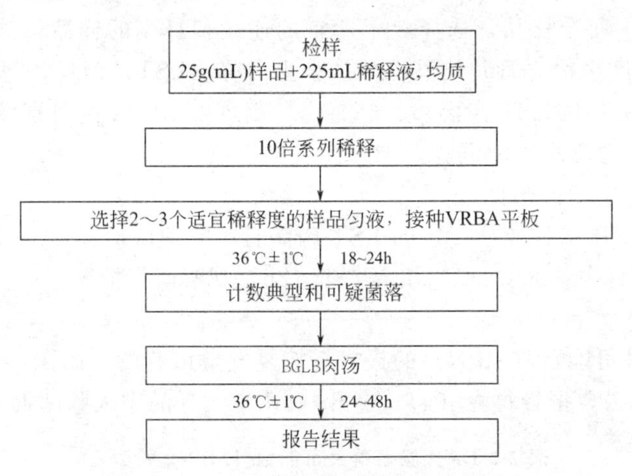

图 2-2-17　大肠菌群平板计数法检验程序

b. 及时将 15～20mL 冷至 46℃的结晶紫中性红胆盐琼脂（VRBA）倾注于每个平皿中。小心旋转平皿，将培养基与样液充分混匀，待琼脂凝固后，再加 3～4mLVRBA 覆盖平板表层。翻转平板，置于 36℃±1℃培养 18～24h。

c. 平板菌落数的选择　选取菌落数在 15～150CFU 之间的平板，分别计数平板上出现的典型和可疑大肠菌群菌落。典型菌落为紫红色，菌落周围有红色的胆盐沉淀环，菌落直径为 0.5mm 或更大。

d. 证实试验　从 VRBA 平板上挑取 10 个不同类型的典型和可疑菌落，分别移种于 BGLB 肉汤管内，36℃±1℃培养 24～48h，观察产气情况。凡 BGLB 肉汤管产气，即可报告为大肠菌群阳性。

e. 大肠菌群平板计数的报告　经最后证实为大肠菌群阳性的试管比例乘以平板计数 C. 中计数的平板菌落数，再乘以稀释倍数，即为每克（g）[毫升（mL）] 样品中的大肠菌群数。例：10^{-4}样品稀释液 1mL，在 VRBA 平板上有 100 个典型和可疑菌落，挑取其中 10 个接种 BGLB 肉汤管，证实有 6 个阳性管，则该样品的大肠菌群数为：$100\times6/10\times10^4$/g（mL）= 6.0×10^5CFU/g（mL）。

任务思考

（1）大肠菌群的概念是什么？

（2）大肠菌群 MPN 计数法的检测步骤有哪些？

（3）大肠菌群平板计数法的检测步骤有哪些？

任务九　大肠埃希菌计数

知识储备

知识点：大肠埃希菌

大肠埃希菌俗称大肠杆菌，系指一群在44.5℃发酵乳糖产酸产气，需氧或兼性厌氧的革兰阴性无芽孢杆菌。大肠杆菌广泛存在于温血动物的肠道中，能够在44.5℃发酵乳糖产酸产气，甲基红、V-P试验、柠檬酸盐生化实验为+－－的革兰阴性杆菌。以此作为粪便污染指标来评价食品的卫生状况，推断食品中肠道致病菌污染的可能性。采用泊松分布的一种间接计数方法most probable number，简称MPN来表示。

利用大肠埃希菌能发酵乳糖产酸产气的特性而设计的初发酵和复发酵实验；复发酵阳性管通过伊红美蓝平板进行分离；挑取可疑菌落接种营养琼脂或斜面；取纯培养物进行革兰染色和生化实验，根据鉴定结果，查MPN检索表，报告每毫升（克）样品中大肠埃希菌MPN值，MPN（最可能数）是表示样品中活菌密度的估计。

【任务目标】

（1）掌握大肠埃希菌计数的概念。

（2）掌握大肠埃希菌计数的方法。

（3）了解大肠埃希菌在食品卫生学检验中的意义。

【任务准备】

（1）试剂与培养基

① 月桂基硫酸盐胰蛋白胨（LST）肉汤

成分：胰蛋白胨或胰酪胨20.0g；氯化钠5.0g；乳糖5.0g；磷酸氢二钾（K_2HPO_4）2.75g；磷酸二氢钾（KH_2PO_4）2.75g；月桂基硫酸钠0.1g；蒸馏水1000.0mL；pH6.8±0.2。

制法：将上述成分溶解于蒸馏水中，调节pH。分装到有玻璃小倒管的试管中，每管10mL。121℃高压灭菌15min。

制备双料LST肉汤时，除蒸馏水外其他成分加倍。

② EC肉汤

成分：胰蛋白胨或胰酪胨20.0g；3号胆盐或混合胆盐1.5g；乳糖5.0g；磷酸氢二钾（K_2HPO_4）4.0g；磷酸二氢钾（KH_2PO_4）1.5g；氯化钠5.0g；蒸馏水1000.0mL；pH6.9±0.1。

制法：将上述成分溶解于蒸馏水中，调节pH，分装到有玻璃小倒管的试管中，每管8mL。121℃高压灭菌15min。

③ 蛋白胨水

成分：胰胨或胰酪胨10.0g；蒸馏水1000.0mL；pH6.9±0.2。

制法：加热搅拌溶解胰胨或胰酪胨于蒸馏水中。分装试管，每管5mL。121℃高压灭菌15min。

④ 缓冲葡萄糖蛋白胨水［甲基红（MR）试验和V-P试验用］

a. 成分：多胨 7.0g；葡萄糖 5.0g；磷酸氢二钾（K_2HPO_4）5.0g；蒸馏水 1000.0mL；pH7.0。

b. 制法：将上述成分溶解于蒸馏水中，调节 pH，分装试管，每管 1mL，121℃高压灭菌 15min，备用。

c. 甲基红（MR）试验

ⓐ 甲基红试剂成分　甲基红 10mg；95%乙醇 30.0mL；蒸馏水 20.0mL。

ⓑ 制法　10mg 甲基红溶于 30mL 95%乙醇中，然后加入 20mL 蒸馏水。

ⓒ 试验方法　取适量琼脂培养物接种于缓冲葡萄糖蛋白胨水，36℃±1℃培养 2～5 天。滴加甲基红试剂一滴，立即观察结果。鲜红色为阳性，黄色为阴性。

d. V-P 试验

ⓐ 6%α-萘酚-乙醇溶液

成分及制法：取 α-萘酚 6.0g，加无水乙醇溶解，定容至 100mL。

ⓑ 40%氢氧化钾溶液

成分及制法：取氢氧化钾 40 g，加蒸馏水溶解，定容至 100mL。

ⓒ 试验方法　取适量琼脂培养物接种于缓冲葡萄糖蛋白胨水，36℃±1℃培养 2～4 天。加入 6%α-萘酚-乙醇溶液 0.5mL 和 40%氢氧化钾溶液 0.2mL，充分振摇试管，观察结果。阳性反应立刻或于数分钟内出现红色，如为阴性，应放在 36℃±1℃继续培养 4h 再进行观察。

⑤ 西蒙柠檬酸盐培养基

成分：柠檬酸钠 2.0g；氯化钠 5.0g；磷酸氢二钾 1.0g；磷酸二氢铵 1.0g；硫酸镁 0.2g；溴百里香酚蓝 0.08g；琼脂 8.0～18.0g；蒸馏水 1000.0mL；pH6.8±0.2。

制法：将各成分加热溶解，必要时调节 pH。每管分装 10mL，121 ℃高压灭菌 15min，制成斜面。

试验方法：挑取培养物接种于整个培养基斜面，36℃±1℃培养 24h±2h，观察结果。阳性者培养基变为蓝色。

⑥ 磷酸盐缓冲液　见任务七。

⑦ 伊红美蓝（EMB）琼脂

成分：蛋白胨 10.0g；乳糖 10.0g；磷酸氢二钾（K_2HPO_4）2.0g；琼脂 15.0g；伊红 γ（水溶液）0.4g 或 2%水溶液 20.0mL；美蓝 0.065g 或 0.5%水溶液 13.0mL；蒸馏水 1000.0mL；pH7.1±0.2。

制法：在 1000mL 蒸馏水中煮沸溶解蛋白胨、磷酸盐和琼脂，加水补足。分装于三角烧瓶中。每瓶 100mL 或 200mL，调节 pH，121℃高压灭菌 15min。使用前将琼脂融化，于每 100mL 琼脂中加 5mL 灭菌的 20%乳糖溶液、2mL 的 2%的伊红 γ 水溶液和 1.3mL 0.5%的美蓝水溶液，摇匀，冷至 45～50℃倾注平皿。

⑧ 营养琼脂斜面

成分：牛肉膏 3.0g；蛋白胨 5.0g；琼脂 15.0g；蒸馏水 1000.0mL；pH7.3±0.1。

制法：将上述成分加于蒸馏水中，煮沸溶解，调节 pH。分装合适的试管，121℃高压灭菌 15min。灭菌后摆成斜面备用。

⑨ 结晶紫中性红胆盐琼脂（VRBA）

成分：蛋白胨 7.0g；酵母膏 3.0g；乳糖 10.0g；氯化钠 5.0g；胆盐或 3 号胆盐 1.5g；中性红 0.03g；结晶紫 0.002g；琼脂 15～18g；蒸馏水 1000.0mL；pH7.4

±0.1。

制法：将上述成分溶于蒸馏水中，静置几分钟，充分搅拌，调节pH。煮沸2min，将培养基冷至45～50℃倾注平板。使用前临时制备，不得超过3h。

⑩ 结晶紫中性红胆盐-4-甲基伞形酮-β-D-葡萄糖苷琼脂（VRBA-MUG）

成分：蛋白胨7.0g；酵母膏3.0g；乳糖10.0g；氯化钠5.0g；胆盐或3号胆盐1.5g；中性红0.03g；结晶紫0.002g；琼脂15～18g；蒸馏水1000.0mL；4-甲基伞形酮-β-D-葡萄糖苷（MUG）0.1g；pH7.4±0.1。

制法：将上述成分溶于蒸馏水中，静置几分钟，充分搅拌，调节pH。煮沸2min，将培养基冷至45～50℃使用。

⑪ Kovacs靛基质试剂

成分：对二甲氨基苯甲醛5.0g；戊醇75.0mL；盐酸（浓）25.0mL。

制法：将对二甲氨基苯甲醛溶于戊醇中，然后慢慢加入浓盐酸即可。

试验方法：将培养物接种蛋白胨水，36℃±1℃培养24h±2h后，加Kovacs靛基质试剂0.2～0.3mL，上层出现红色为靛基质阳性反应。

⑫ 1mol/L NaOH

成分：NaOH 40.0g；蒸馏水1000.0mL。

制法：称取40g氢氧化钠溶于1000mL蒸馏水中，121℃高压灭菌15min。

⑬ 1mol/L HCl

成分：HCl 90.0mL；蒸馏水1000.0mL。

制法：移取浓盐酸90mL，用蒸馏水稀释至1000mL，121℃高压灭菌15min。

（2）设备和材料　除微生物实验室常规灭菌及培养设备外，其他设备和材料如下：

① 恒温培养箱：36℃±1℃；

② 冰箱：2～5℃；

③ 恒温水浴箱：44.5℃±0.2℃；

④ 天平：感量0.1g；

⑤ 均质器；

⑥ 振荡器；

⑦ 无菌吸管：1mL（具0.01mL刻度），10mL（具0.1mL刻度）或微量移液器及吸头；

⑧ 无菌锥形瓶：容量500mL；

⑨ 无菌培养皿：直径90mm；

⑩ pH计或pH比色管或精密pH试纸；

⑪ 菌落计数器；

⑫ 紫外灯：波长360～366nm，功率≤6W。

【任务实施】

方法一　大肠埃希菌MPN计数

（1）检验程序　大肠埃希菌MPN计数的检验程序如图2-2-18所示。

（2）任务操作

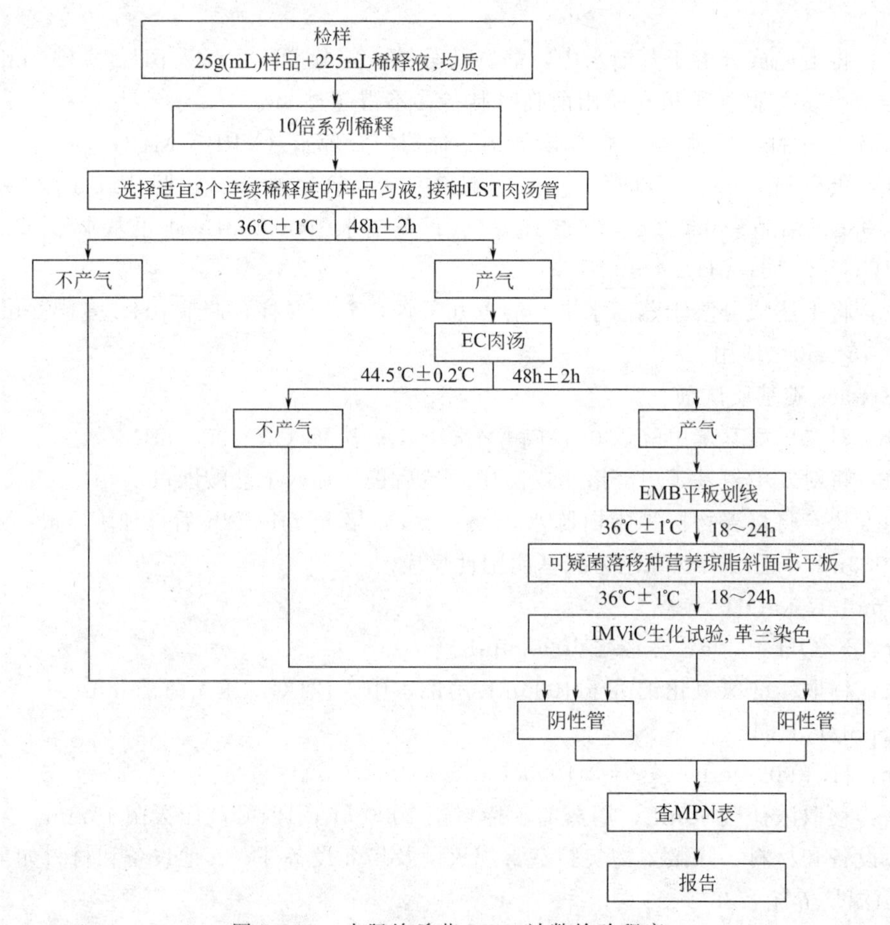

图 2-2-18　大肠埃希菌 MPN 计数检验程序

① 样品的稀释

a. 固体和半固体样品：称取 25g 样品，放入盛有 225mL 磷酸盐缓冲液的无菌均质杯内，8000～10000 r/min 均质 1～2min，制成 1∶10 样品匀液，或放入盛有 225mL 磷酸盐缓冲液的无菌均质袋中，用拍击式均质器拍打 1～2min 制成 1∶10 的样品匀液。

b. 液体样品：以无菌吸管吸取 25mL 样品置盛有 225mL 磷酸盐缓冲液的无菌锥形瓶（瓶内预置适当数量的无菌玻璃珠）中，充分混匀，制成 1：10 的样品匀液。

c. 样品匀液的 pH 值应在 6.5～7.5 之间，必要时分别用 1mol/L NaOH 或 1mol/L HCl 调节。

d. 用 1mL 无菌吸管或微量移液器吸取 1∶10 样品匀液 1mL，沿管壁缓缓注入盛有 9mL 磷酸盐缓冲液的无菌试管中（注意吸管或吸头尖端不要触及稀释液面），振摇试管或换用 1 支 1mL 无菌吸管或吸头反复吹打，使其混合均匀，制成 1∶100 的样品匀液。

e. 根据对样品污染状况的估计，按上述操作，依次制成 10 倍递增系列稀释样品匀液。每递增稀释 1 次，换用 1 支 1mL 无菌吸管或吸头。从制备样品匀液至样品接种完毕，全过程不得超过 15min。

② 初发酵试验　每个样品，选择 3 个适宜的连续稀释度的样品匀液（液体样品可以选择原液），每个稀释度接种 3 管月桂基硫酸盐胰蛋白胨（LST）肉汤，每管接种 1mL（如接种量超过 1mL，则用双料 LST 肉汤），36℃±1℃培养 24h±2h，观察小倒管内是否有气泡

产生，24h±2h 产气者进行复发酵试验，如未产气则继续培养至 48h±2h。产气者进行复发酵试验。如所有 LST 肉汤管均未产气，即可报告大肠埃希菌 MPN 结果。

③ 复发酵试验　用接种环从产气的 LST 肉汤管中分别取培养物一环，移种于已提前预温至 45℃的 EC 肉汤管中，放入带盖的 44.5℃±0.2℃水浴箱内。水浴的水面应稍高于肉汤培养基的液面，培养 24h±2h，检查小倒管内是否有气泡产生，如未有产气则继续培养至 48h±2h。记录在 24h 和 48h 内产气的 EC 肉汤管数。如所有 EC 肉汤管均未产气，即可报告大肠埃希菌 MPN 结果；如有产气者，则进行 EMB 平板分离培养。

④ 伊红美蓝平板分离培养　轻轻振摇各产气管，用接种环取培养物分别划线接种于 EMB 平板，36℃±1℃培养 18～24h。观察平板上有无具黑色中心有光泽或无光泽的典型菌落 。

⑤ 营养琼脂斜面或平板培养　从每个平板上挑 5 个典型菌落，如无典型菌落则挑取可疑菌落。用接种针接触菌落中心部位，移种到营养琼脂平板上，36℃±1℃培养 18～24h。取纯培养物进行革兰染色和生化试验。

⑥ 鉴定　取培养物进行 MR-V-P 试验和柠檬酸盐利用试验。大肠埃希菌与非大肠埃希菌的生化鉴别见表 2-2-2。

表 2-2-2　大肠埃希菌与非大肠埃希菌的生化鉴别

甲基红(MR)	V-P 试验(V-P)	柠檬酸盐(C)	鉴定(型别)
+	−	−	典型大肠埃希菌
+	−	−	非典型大肠埃希菌
+	−	+	典型中间型
+	−	+	非典型中间型
−	+	+	典型产气肠杆菌
−	+	+	非典型产气肠杆菌

注：1. 如出现表中以外的生化反应类型，表明培养物可能不纯，做重复试验。

2. 生化实验也可以选用生化鉴定试剂盒或全自动微生物生化鉴定系统等方法，按照产品说明书进行操作。

(3) 大肠埃希菌 MPN 计数的报告　大肠埃希菌为革兰阴性无芽孢杆菌，发酵乳糖产酸产气，甲基红试验、V-P 试验、柠檬酸盐生化试验为+−−。只要有 1 个菌落鉴定为大肠埃希菌，其所代表的 LST 肉汤管即为大肠埃希菌阳性。依据 LST 肉汤阳性管数查 MPN 表（表 2-2-3），报告每克（g）［毫升（mL）］样品中大肠埃希菌 MPN 值。

表 2-2-3　大肠埃希菌最可能数（MPN）检索表

阳性管数			MPN	95%可信限		阳性管数			MPN	95%可信限	
0.10	0.01	0.001		下限	上限	0.10	0.01	0.001		下限	上限
0	0	0	<3.0	—	9.5	2	2	0	21	4.5	42
0	0	1	3.0	0.15	9.6	2	2	1	28	8.7	94
0	1	0	3.0	0.15	11	2	2	2	35	8.7	94
0	1	1	6.1	1.2	18	2	3	0	29	8.7	94
0	2	0	6.2	1.2	18	2	3	1	36	8.7	94
0	3	0	9.4	3.6	38	3	0	0	23	4.6	94
1	0	0	3.6	0.17	18	3	0	1	38	8.7	110
1	0	1	7.2	1.3	18	3	0	2	64	17	180
1	0	2	11	3.6	38	3	1	0	43	9	180
1	1	0	7.4	1.3	20	3	1	1	75	17	200
1	1	1	11	3.6	38	3	1	2	120	37	420
1	2	0	11	3.6	42	3	1	3	160	40	420
1	2	1	15	4.5	42	3	2	0	93	18	420

续表

阳性管数			MPN	95%可信限		阳性管数			MPN	95%可信限	
0.10	0.01	0.001		下限	上限	0.10	0.01	0.001		下限	上限
1	3	0	16	4.5	42	3	2	1	150	37	420
2	0	0	9.2	1.4	38	3	2	2	210	40	430
2	0	1	14	3.6	42	3	2	3	290	90	1000
2	0	2	20	4.5	42	3	3	0	240	42	1000
2	1	0	15	3.7	42	3	3	1	460	90	2000
2	1	1	20	4.5	42	3	3	2	1100	180	4100
2	1	2	27	8.7	94	3	3	3	>1100	420	—

注：1. 本表采用3个稀释度［0.10g（或0.10mL）、0.01g（或0.01mL）和0.001g（或0.001mL）］，每个稀释度接种3管。

2. 表内所列检样量如改用1g（或1mL）、0.1g（或0.1mL）和0.01g（或0.01mL）时，表内数字应相应降低10倍；如改用0.01g（或0.01mL）、0.001g（或0.001mL）、0.0001g（或0.0001mL）时，则表内数字应相应增高10倍，其余类推。

方法二　大肠埃希菌平板计数法

（1）检验程序　大肠埃希菌平板计数法的检验程序如图2-2-19所示。

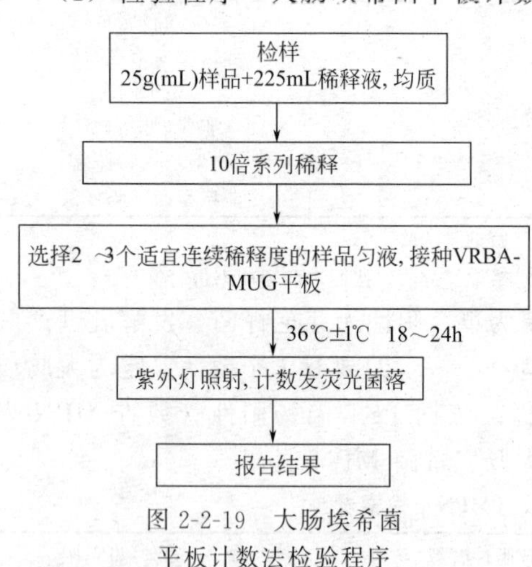

图2-2-19　大肠埃希菌平板计数法检验程序

（2）任务操作

① 样品的稀释　按大肠埃希菌MPN计数法的样品稀释过程进行。

② 平板计数

a. 选取2～3个适宜的连续稀释度的样品匀液，每个稀释度接种2个无菌平皿，每皿1mL。同时取1mL稀释液加入无菌平皿作空白对照。

b. 将10～15mL冷至46℃的结晶紫中性红胆盐琼脂（VRBA）倾注于每个平皿中。小心旋转平皿，将培养基与样品匀液充分混匀。待琼脂凝固后，再加3～4mL VRBA-MUG覆盖平板表层。凝固后翻转平板，36℃±1℃培养18～24h。

（3）平板菌落数的选择　选择菌落数在10～100CFU之间的平板，于暗室中360～366nm波长紫外灯照射下，计数平板上发浅蓝色荧光的菌落。

检验时用已知MUG阳性菌株（如大肠埃希菌ATCC 25922）和产气肠杆菌（如ATCC 13048）作阳性和阴性对照。

（4）大肠埃希菌平板计数的报告　两个平板上发荧光菌落数的平均数乘以稀释倍数，报告每克（g）［毫升（mL）］样品中大肠埃希菌数，以CFU/g（mL）表示。若所有稀释度（包括液体样品原液）平板均无菌落生长，则以小于1乘以最低稀释倍数报告。

任务思考

（1）简述大肠埃希菌的概念。

（2）简述大肠埃希菌的检验过程。

任务十　霉菌和酵母菌计数

知识储备

知识点：稀释平板菌落计数法

稀释平板菌落计数法是根据微生物在高浓度稀释条件下于固体培养基上所形成的单个菌落是由一个单细胞（孢子）繁殖而成这一培养特征设计的计数方法。稀释平板菌落计数法既可定性又可定量，所以既可用于微生物的分离纯化，又可用于微生物的数量测定。霉菌、酵母菌和细菌计数均可采用此方法，区别仅在于霉菌、酵母菌和细菌计数所用培养基不同，霉菌和酵母菌培养基里加入了抑制细菌生长的抗生素，另外，霉菌、酵母菌培养所使用温度亦不同于细菌培养。

【任务目标】

掌握用平板菌落计数法计数食品中霉菌、酵母菌的方法。

【任务准备】

（1）设备和材料　除微生物实验室常规灭菌及培养设备外，其他设备和材料如下：

冰箱：2～5℃，恒温培养箱：28℃±1℃，均质器，恒温振荡器，显微镜：10×～100×，电子天平：感量0.1g，无菌锥形瓶：容量500mL、250mL，无菌广口瓶：500mL，无菌吸管：1mL（具0.01mL刻度）、10mL（具0.1mL刻度），无菌平皿：直径90mm，无菌试管：10mm×75mm，无菌牛皮纸袋、塑料袋。

（2）培养基和试剂

① 马铃薯-葡萄糖-琼脂培养基

成分：马铃薯（去皮切块）300g；葡萄糖20.0g；琼脂20.0g；氯霉素0.1g；蒸馏水1000mL。

制法：将马铃薯去皮切块，加1000mL蒸馏水，煮沸10～20min。用纱布过滤，补加蒸馏水至1000mL。

加入葡萄糖和琼脂，加热溶化，分装后，121℃灭菌20min。倾注平板前，用少量乙醇溶解氯霉素加入培养基中。

② 孟加拉红培养基

成分：蛋白胨5.0g；葡萄糖10.0g；磷酸二氢钾1.0g；硫酸镁（无水）0.5g；琼脂20.0g；孟加拉红0.033g；氯霉素0.1g，蒸馏水1000mL。

制法：上述各成分加入蒸馏水中，加热溶化，补足蒸馏水至1000mL，分装后，121℃灭菌20min。倾注平板前，用少量乙醇溶解氯霉素加入培养基中。

【任务实施】

（1）检验程序　霉菌和酵母菌计数的检验程序如图2-2-20所示。

（2）任务操作

① 样品的稀释

a. 固体和半固体样品：称取25g样品至盛有225mL灭菌蒸馏水的锥形瓶中，充分振摇，

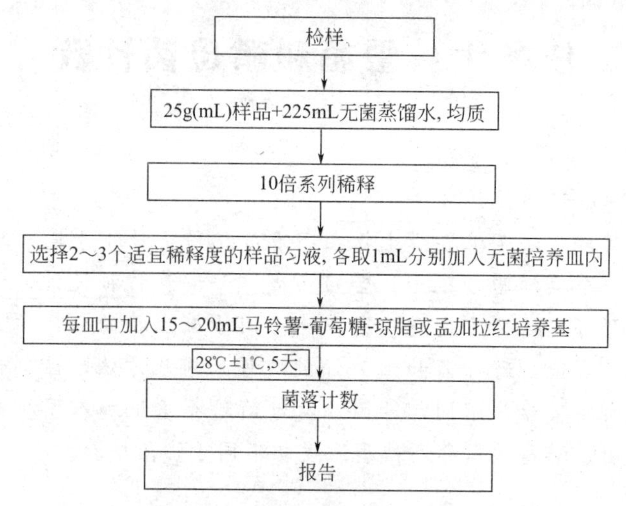

图 2-2-20　霉菌和酵母菌计数的检验程序

即为 1∶10 稀释液。或放入盛有 225mL 无菌蒸馏水的均质袋中，用拍击式均质器拍打 2min，制成 1∶10 的样品匀液。

b. 液体样品：以无菌吸管吸取 25mL 样品至盛有 225mL 无菌蒸馏水的锥形瓶（可在瓶内预置适当数量的无菌玻璃珠）中，充分混匀，制成 1∶10 的样品匀液。

c. 取 1mL 1∶10 稀释液注入含有 9mL 无菌水的试管中，另换一支 1mL 无菌吸管反复吹吸，此液为 1∶100 稀释液。

d. 按操作程序③，制备 10 倍系列稀释样品匀液。每递增稀释一次，换用 1 次 1mL 无菌吸管。

e. 根据对样品污染状况的估计，选择 2～3 个适宜稀释度的样品匀液（液体样品可包括原液），在进行 10 倍递增稀释的同时，每个稀释度分别吸取 1mL 样品匀液于 2 个无菌平皿内。同时分别取 1mL 样品稀释液加入 2 个无菌平皿作空白对照。

f. 及时将 15～20mL 冷却至 46 ℃的马铃薯-葡萄糖-琼脂或孟加拉红培养基（可放置于 46℃±1℃恒温水浴箱中保温）倾注平皿，并转动平皿使其混合均匀。

② 培养　待琼脂凝固后，将平板倒置，28℃±1℃培养 5 天，观察并记录。

③ 菌落计数　肉眼观察，必要时可用放大镜，记录各稀释倍数及相应的霉菌和酵母菌数。以菌落形成单位（CFU）表示。

选取菌落数在 10～150CFU 的平板，根据菌落形态分别计数霉菌和酵母菌数。霉菌蔓延生长覆盖整个平板的可记录为多不可计。菌落数应采用两个平板的平均数。

结果与报告：

（1）计算两个平板菌落数的平均值，再将平均值乘以相应稀释倍数计算。

① 若所有平板上菌落数均大于 150CFU，则对稀释度最高的平板进行计数，其他平板可记录为多不可计，结果按平均菌落数乘以最高稀释倍数计算。

② 若所有平板上菌落数均小于 10CFU，则应按稀释度最低的平均菌落数乘以稀释倍数计算。

③ 若所有稀释度平板均无菌落生长，则以小于 1 乘以最低稀释倍数计算；如为原液，则以小于 1 计数。

（2）报告

① 菌落数在 100CFU 以内时，按“四舍五入”原则修约，采用两位有效数字报告。

② 菌落数大于或等于 100CFU 时，前 3 位数字采用“四舍五入”原则修约后，取前 2 位数字，后面用 0 代替位数来表示结果；也可用 10 的指数形式来表示，此时也按“四舍五入”原则修约，采用两位有效数字。

③ 称重取样以 CFU/g 为单位报告，体积取样以 CFU/mL 为单位报告，报告或分别报告霉菌和/或酵母菌数。

任务思考

（1）霉菌和酵母菌计数的基本原理是什么？

（2）简述霉菌和酵母菌的检验流程。

（3）简述霉菌和酵母菌的报告方式。

任务十一　金黄色葡萄球菌的检验

知识储备

知识点：葡萄球菌

葡萄球菌在自然界分布极广，空气、土壤、水、饲料、牛乳及其制品以及人和动物的体表黏膜等处均有存在，大部分是不致病菌，也有一些致病的球菌。金黄色葡萄球菌是葡萄球菌属的一个种，可引起皮肤组织炎症，还能产生肠毒素。如果在牛乳及其制品中大量生长繁殖，产生毒素，人误食了含有毒素的该类食品，就会发生食物中毒，故牛乳及其制品中存在金黄色葡萄球菌对人的健康是一种潜在危险，检查产品中金黄色葡萄球菌的存在及数量具有非常重要的实际意义。

金黄色葡萄球菌能产生凝固酶，使血浆凝固，多数致病菌株能产生溶血毒素，使血琼脂平板菌落周围出现溶血环，在试管中出现溶血反应。这些是鉴定致病性金黄色葡萄球菌的重要指标。

【任务目标】

（1）观察金黄色葡萄球菌的革兰染色镜检形态以及在血平板和Baird-Parker琼脂平板上生长的菌落特征。

（2）观察金黄色葡萄球菌产生血浆凝固酶现象。

（3）掌握金黄色葡萄球菌鉴定要点和检验方法。

【任务准备】

（1）设备和材料　除微生物实验室常规灭菌及培养设备外，其他设备和材料如下：

恒温培养箱：36℃±1℃；冰箱：2～5℃；恒温水浴箱：37～65℃；天平：感量0.1g；均质器；振荡器；无菌吸管：1mL（具0.01mL刻度）、10mL（具0.1mL刻度）或微量移液器及吸头；无菌锥形瓶：容量100mL、500mL；无菌培养皿：直径90mm；注射器：0.5mL；pH计或pH比色管或精密pH试纸。

（2）培养基和试剂

① 10%氯化钠胰酪胨大豆肉汤

成分：胰酪胨（或胰蛋白胨）17.0g；植物蛋白胨（或大豆蛋白胨）3.0g；氯化钠100.0g；磷酸氢二钾2.5g；丙酮酸钠10.0g；葡萄糖2.5g；蒸馏水1000mL，pH 7.3±0.2。

制法：将上述成分混合，加热，轻轻搅拌并溶解，调节pH，分装，每瓶225mL，121℃高压灭菌15min。

② Baird-Parker琼脂平板

成分：胰蛋白胨10.0g；牛肉膏5.0g；酵母膏1.0g；丙酮酸钠10.0g；甘氨酸12.0g；氯化锂（$LiCl\cdot 6H_2O$）5.0g；琼脂20.0g；蒸馏水950mL；pH 7.0±0.2。

增菌剂的配法：30%卵黄盐水50mL与经过除菌过滤的1%亚碲酸钾溶液10mL混合，保存于冰箱内。

制法：将各成分加到蒸馏水中，加热煮沸至完全溶解，调节pH。分装每瓶95mL，121℃高压灭菌15min。

临用时加热融化琼脂，冷至50℃，每95mL加入预热至50℃的卵黄亚碲酸钾增菌剂5mL摇匀后倾注平板。培养基应是致密不透明的。使用前在冰箱储存不得超过48h。

③ 兔血浆　取柠檬酸钠3.8g，加蒸馏水100mL，溶解后过滤，装瓶，121℃高压灭菌15min。

兔血浆制备：取3.8%柠檬酸钠溶液1份，加兔全血4份，混好静置（或以3000r/min离心30min），使血液细胞下降，即可得血浆。

④ 脑心浸出液肉汤（BHI）

成分：胰蛋白胨10.0g；氯化钠5.0g；磷酸氢二钠（$Na_2HPO_4 \cdot 12H_2O$）2.5g；葡萄糖2.0g；牛心浸出液500mL；pH 7.4±0.2。

制法：加热溶解，调节pH，分装16mm×160mm试管，每管5mL置121℃、15min灭菌。

【任务实施】

（1）检验程序　金黄色葡萄球菌MPN计数程序如图2-2-21所示。

（2）任务操作

① 样品的稀释

a. 固体和半固体样品：称取25g样品置于盛有225mL磷酸盐缓冲液或生理盐水的无菌均质杯内，8000～10000r/min均质1～2min，或置于盛有225mL稀释液的无菌均质袋中，用拍击式均质器拍打1～2min，制成1∶10的样品匀液。

b. 液体样品：以无菌吸管吸取25mL样品置于盛有225mL磷酸盐缓冲液或生理盐水的无菌锥形瓶（瓶内预置适当数量的无菌玻璃珠）中，充分混匀，制成1∶10的样品匀液。

c. 用1mL无菌吸管或微量移液器吸取1∶10样品匀液1mL，沿管壁缓慢注于盛有9mL稀释液的无菌试管中（注意吸管或吸头尖端不要触及稀释液面），振摇试管或换用1支1mL无菌吸管反复吹打使其混合均匀，制成1∶100的样品匀液。

d. 按操作程序③，制备10倍系列稀释样品匀液。每递增稀释一次，换用1次1mL无菌吸管或吸头。

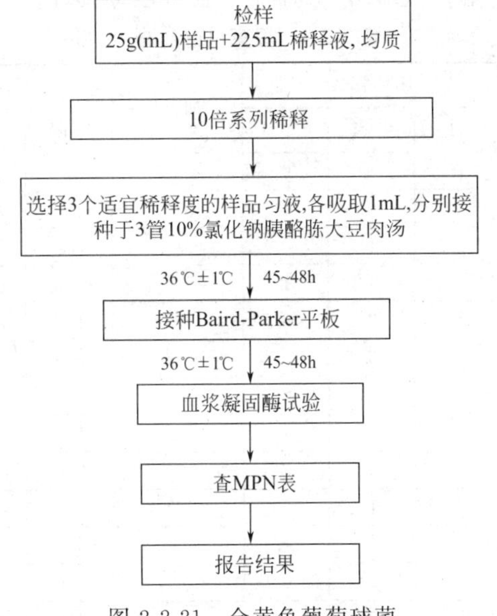

图2-2-21　金黄色葡萄球菌MPN法检验程序

② 接种和培养

a. 根据对样品污染状况的估计，选择3个适宜稀释度的样品匀液（液体样品可包括原液），在进行10倍递增稀释时，每个稀释度分别吸取1mL样品匀液接种到10%氯化钠胰酪胨大豆肉汤管，每个稀释度接种3管，将上述接种物于36℃±1℃培养45～48h。

b. 用接种环从有细菌生长的各管中，移取一环，分别接种Baird-Parker平板，36℃±1℃培养45～48h。

c. 典型菌落确认

ⓐ 金黄色葡萄球菌在Baird-Parker平板上，菌落直径为2～3mm，颜色呈灰色到黑色，边缘为淡色，周围为一浑浊带，在其外层有一透明圈。用接种针接触菌落有似奶油至树胶样的硬度，偶然会遇到非脂肪溶解的类似菌落；但无浑浊带及透明圈。长期保存的冷冻或干燥食品中所分离的菌落比典型菌落所产生的黑色较淡些，外观可能粗糙并干燥。

ⓑ 从典型菌落中至少挑取 1 个菌落接种到 BHI 肉汤和营养琼脂斜面，36℃±1℃培养 18～24h。

进行血浆凝固酶试验：挑取 Baird-Parker 平板或血平板上可疑菌落 1 个或以上，分别接种到 5mLBHI 和营养琼脂小斜面，36℃±1℃培养 18～24h。

取新鲜配制兔血浆 0.5mL，放入小试管中，再加入 BHI 培养物 0.2～0.3mL，振荡摇匀，置 36℃±1℃温箱或水浴箱内，每半小时观察一次，观察 6h，如呈现凝固（即将试管倾斜或倒置时，呈现凝块）或凝固体积大于原体积的一半，被判定为阳性结果。同时以血浆凝固酶试验阳性和阴性葡萄球菌菌株的肉汤培养物作为对照。也可用商品化的试剂，按说明书操作，进行血浆凝固酶试验。

结果如可疑，挑取营养琼脂小斜面的菌落到 5mLBHI，36℃±1℃培养 18～48h，重复试验。

结果与报告：

计算血浆凝固酶试验阳性菌落对应的管数，查 MPN 检索表（表 2-2-4），报告每克（g）［毫升（mL）］样品中金黄色葡萄球菌的最可能数，以 MPN/g（mL）表示。

表 2-2-4　每克（g）［毫升（mL）］样品中金黄色葡萄球菌最可能数（MPN）检索表

阳性管数			MPN	95%可信限		阳性管数			MPN	95%可信限	
0.10	0.01	0.001		下限	上限	0.10	0.01	0.001		下限	上限
0	0	0	<3.0	—	9.5	2	2	0	21	4.5	42
0	0	1	3.0	0.15	9.6	2	2	1	28	8.7	94
0	1	0	3.0	0.15	11	2	2	2	35	8.7	94
0	1	1	6.1	1.2	18	2	3	0	29	8.7	94
0	2	0	6.2	1.2	18	2	3	1	36	8.7	94
0	3	0	9.4	3.6	38	3	0	0	23	4.6	94
1	0	0	3.6	0.17	18	3	0	1	38	8.7	110
1	0	1	7.2	1.3	18	3	0	2	64	17	180
1	0	2	11	3.6	38	3	1	0	43	9	180
1	1	0	7.4	1.3	20	3	1	1	75	17	200
1	1	1	11	3.6	38	3	1	2	120	37	420
1	2	0	11	3.6	42	3	1	3	160	40	420
1	2	1	15	4.5	42	3	2	0	93	18	420
1	3	0	16	4.5	42	3	2	1	150	37	420
2	0	0	9.2	1.4	38	3	2	2	210	40	430
2	0	1	14	3.6	42	3	2	3	290	90	1000
2	0	2	20	4.5	42	3	3	0	240	42	1000
2	1	0	15	3.7	42	3	3	1	460	90	2000
2	1	1	20	4.5	42	3	3	2	1100	180	4100
2	1	2	27	8.7	94	3	3	3	>1100	420	—

注：1. 本表采用 3 个稀释度［0.10g（mL）、0.01g（mL）和 0.001g（mL）］，每个稀释度接种 3 管。

2. 表内所列检样量如改用 1g（mL）、0.1g（mL）和 0.01g（mL）时，表内数字应相应降低 10 倍；如改用 0.01g（mL）、0.001g（mL）、0.0001g（mL）时，则表内数字应相应增高 10 倍，其余类推。

任务思考

（1）金黄色葡萄球菌引起食物中毒的机理是什么？

（2）为什么采用血浆凝固酶试验来决定葡萄球菌致病和不致病？

任务十二　乳酸菌检验

知识储备

知识点：乳酸菌

乳酸菌是一类可发酵糖、主要产生大量乳酸的细菌的通称。本检验中的乳酸菌主要为乳杆菌属（*Lactobacillus*）、双歧杆菌属（*Bifidobacterium*）和链球菌属（*Streptococcus*）。

由于乳酸菌对营养有较复杂的要求，生长需要碳水化合物、氨基酸、肽类、脂肪酸、脂类、核酸衍生物、维生素和矿物质等，一般的肉汤培养基很难满足其要求。测定乳酸菌时必须尽量将试样中所有活的乳酸菌检测出来。为了提高检出率，需选用营养特定的培养基，采用稀释平板菌落计数法，以获得满意的结果。

【任务目标】

（1）熟悉乳酸菌的检验程序。

（2）掌握乳酸菌的计数方法。

【任务准备】

（1）设备和材料　除微生物实验室常规灭菌及培养设备外，其他设备和材料如下：

恒温培养箱：36℃±1℃；冰箱 2～5℃；均质器及无菌均质袋、均质杯或灭菌乳钵；天平：感量 0.1g；无菌试管：18mm×180mm、15mm×100mm；无菌吸管：1mL（具 0.01mL 刻度）、10mL（具 0.1mL 刻度）或微量移液器及吸头；无菌锥形瓶：500mL、250mL。

（2）培养基和试剂

① MRS（Man Rogosa Sharpe）培养基

成分：蛋白胨 10.0g；牛肉粉 5.0g；酵母粉 4.0g；葡萄糖 20.0g；吐温 801.0mL；$K_2HPO_4 \cdot 7H_2O$ 2.0g；乙酸钠 · $3H_2O$ 5.0g；柠檬酸三铵 2.0g；$MgSO_4 \cdot 7H_2O$ 0.2g；$MnSO_4 \cdot 4H_2O$ 0.05g；琼脂粉 15.0g；pH 6.2。

制法：将上述成分加入到 1000mL 蒸馏水中，加热溶解，调节 pH，分装后 121℃高压灭菌 15～20min。

② 莫匹罗星锂盐（Li-Mupirocin）改良 MRS 培养基

莫匹罗星锂盐储备液制备：称取 50mg 莫匹罗星锂盐（Li-Mupirocin）加入到 50mL 蒸馏水中，用 0.22μm 微孔滤膜过滤除菌。

制法：将 MRS 培养基成分加入到 950mL 蒸馏水中，加热溶解，调节 pH，分装后于 121℃高压灭菌 15～20min。临用时加热融化琼脂，在水浴中冷至 48℃，用带有 0.22μm 微孔滤膜的注射器将莫匹罗星锂盐储备液加入到融化琼脂中，使培养基中莫匹罗星锂盐的浓度为 50μg/mL。

③ MC（Modified Chalmers）培养基

成分：大豆蛋白胨 5.0g；牛肉粉 3.0g；酵母粉 3.0g；葡萄糖 20.0g；乳糖 20.0g；碳酸钙 10.0g；琼脂 15.0g；蒸馏水 1000mL；1%中性红溶液 5.0mL；pH6.0。

制法：将前面 7 种成分加入蒸馏水中，加热溶解，调节 pH，加入中性红溶液。分装后于 121℃高压灭菌 15～20min。

④ 其他

0.5%蔗糖发酵管：市售
0.5%纤维二糖发酵管：市售
0.5%麦芽糖发酵管：市售
0.5%甘露醇发酵管：市售
0.5%水杨苷发酵管：市售
0.5%山梨醇发酵管：市售
0.5%乳糖发酵管：市售
七叶苷发酵管：市售
莫匹罗星锂盐（Li-Mupirocin）：化学纯

【任务实施】

（1）检验程序　乳酸菌检验程序如图 2-2-22 所示。

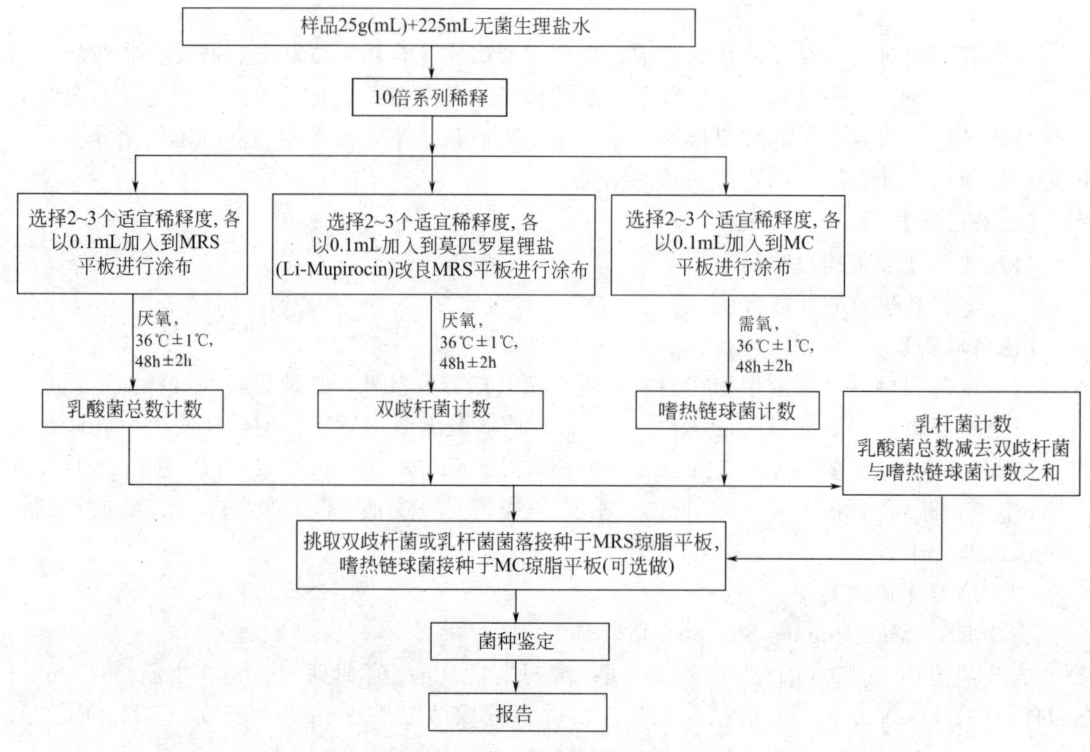

图 2-2-22　乳酸菌检验程序

（2）任务操作

① 样品制备

a. 样品的全部制备过程均应遵循无菌操作程序。

b. 冷冻样品可先使其在 2～5℃条件下解冻，时间不超过 18h，也可在温度不超过 45℃的条件下解冻，时间不超过 15min。

c. 固体和半固体食品：以无菌操作称取 25g 样品，置于装有 225mL 生理盐水的无菌均质杯内，于 8000～10000r/min 均质 1～2min，制成 1∶10 样品匀液；或置于装有 225mL 生理盐水的无菌均质袋中，用拍击式均质器拍打 1～2min 制成 1∶10 的样品匀液。

d. 液体样品：液体样品应先将其充分摇匀后以无菌吸管吸取样品 25mL 放入装有 225mL 生理盐水的无菌锥形瓶（瓶内预置适当数量的无菌玻璃珠）中，充分振摇，制成 1∶10的样品匀液。

② 具体步骤

a. 用 1mL 无菌吸管或微量移液器吸取 1∶10 样品匀液 1mL，沿管壁缓慢注于装有 9mL

生理盐水的无菌试管中（注意吸管尖端不要触及稀释液），振摇试管或换用1支无菌吸管反复吹打使其混合均匀，制成1：100的样品匀液。

b. 另取1mL无菌吸管或微量移液器吸头，按上述操作顺序，做10倍递增样品匀液，每递增稀释一次，即换用1次1mL灭菌吸管或吸头。

c. 乳酸菌计数

ⓐ 乳酸菌总数　根据待检样品活菌总数的估计，选择2～3个连续的适宜稀释度，每个稀释度吸取0.1mL样品匀液分别置于2个MRS琼脂平板，使用L形棒进行表面涂布。36℃±1℃，厌氧培养48h±2h后计数平板上的所有菌落数。从样品稀释到平板涂布要求在15min内完成。

ⓑ 双歧杆菌计数　根据对待检样品双歧杆菌含量的估计，选择2～3个连续的适宜稀释度，每个稀释度吸取0.1mL样品匀液于莫匹罗星锂盐（Li-Mupirocin）改良MRS琼脂平板，使用灭菌L形棒进行表面涂布，每个稀释度做两个平板。36℃±1℃，厌氧培养48h±2h后计数平板上的所有菌落数。从样品稀释到平板涂布要求在15min内完成。

ⓒ 嗜热链球菌计数　根据待检样品嗜热链球菌活菌数的估计，选择2～3个连续的适宜稀释度，每个稀释度吸取0.1mL样品匀液分别置于2个MC琼脂平板，使用L形棒进行表面涂布。36℃±1℃，需氧培养48h±2h后计数。嗜热链球菌在MC琼脂平板上的菌落特征为：菌落中等偏小，边缘整齐光滑的红色菌落，直径2mm±1mm，菌落背面为粉红色。从样品稀释到平板涂布要求在15min内完成。

ⓓ 乳杆菌计数　ⓐ项乳酸菌总数结果减去ⓑ项双歧杆菌与ⓒ项嗜热链球菌计数结果之和即得乳杆菌计数。

③ 菌落计数　可用肉眼观察，必要时用放大镜或菌落计数器，记录稀释倍数和相应的菌落数量。菌落计数以菌落形成单位（CFU）表示。

a. 选取菌落数在30～300CFU之间、无蔓延菌落生长的平板计数菌落总数。低于30CFU的平板记录具体菌落数，大于300CFU的可记录为多不可计。每个稀释度的菌落数应采用两个平板的平均数。

b. 其中一个平板有较大片状菌落生长时，则不宜采用，而应以无片状菌落生长的平板作为该稀释度的菌落数；若片状菌落不到平板的一半，而其余一半中菌落分布又很均匀，即可计算半个平板后乘以2，代表一个平板菌落数。

c. 当平板上出现菌落间无明显界线的链状生长时，则将每条单链作为一个菌落计数。

④ 结果表述

a. 若只有一个稀释度平板上的菌落数在适宜计数范围内，计算两个平板菌落数的平均值，再将平均值乘以相应稀释倍数，作为每克（g）或毫升（mL）中菌落总数结果。

b. 若有两个连续稀释度的平板菌落数在适宜计数范围内时，按以下公式计算：

$$N=\frac{\sum C}{(n_1+0.1n_2)d}$$

式中　N——样品中菌落数；

$\sum C$——平板（含适宜范围菌落数的平板）菌落数之和；

n_1——第一稀释度（低稀释倍数）平板个数；

n_2——第二稀释度（高稀释倍数）平板个数；

d——稀释因子（第一稀释度）。

c. 若所有稀释度的平板上菌落数均大于300 CFU，则对稀释度最高的平板进行计数，其他平板可记录为多不可计，结果按平均菌落数乘以最高稀释倍数计算。

d. 若所有稀释度的平板菌落数均小于30CFU，则应按稀释度最低的平均菌落数乘以稀释倍数计算。

e. 若所有稀释度（包括液体样品原液）平板均无菌落生长，则以小于1乘以最低稀释倍数计算。

f. 若所有稀释度的平板菌落数均不在30～300CFU之间，其中一部分小于30CFU或大于300CFU时，则以最接近30CFU或300CFU的平均菌落数乘以稀释倍数计算。

⑤ 菌落数的报告

a. 菌落数小于100CFU时，按"四舍五入"原则修约，以整数报告。

b. 菌落数大于或等于100CFU时，第3位数字采用"四舍五入"原则修约后，取前2位数字，后面用0代替位数；也可用10的指数形式来表示，按"四舍五入"原则修约后，采用两位有效数字。

c. 称重取样以CFU/g为单位报告，体积取样以CFU/mL为单位报告。

⑥ 结果与报告　根据菌落计数结果出具报告，报告单位以CFU/g（mL）表示。

⑦ 乳酸菌的鉴定（可选做）

a. 纯培养　挑取3个或以上单个菌落，嗜热链球菌接种于MC琼脂平板，乳杆菌属接种于MRS琼脂平板，置36℃±1℃厌氧培养48h。

b. 鉴定

ⓐ 双歧杆菌的鉴定按GB/T 4789.34的规定操作。

ⓑ 涂片镜检：乳杆菌属菌体形态多样，呈长杆状、弯曲杆状或短杆状。无芽孢，革兰染色阳性。嗜热链球菌菌体呈球形或球杆状，直径为0.5～2.0μm，成对或成链排列，无芽孢，革兰染色阳性。

ⓒ 乳酸菌菌种主要生化反应见表2-2-5和表2-2-6。

表2-2-5　常见乳杆菌属内种的碳水化合物反应

菌种	七叶苷	纤维二糖	麦芽糖	甘露醇	水杨苷	山梨醇	蔗糖	棉子糖
干酪乳杆菌干酪亚种(*L. casei* subsp. *casei*)	+	+	+	+	+	+	+	−
德氏乳杆菌保加利亚种(*L. delbrueckii* subsp. *bulgaricus*)	−	−	−	−	−	−	−	−
嗜酸乳杆菌(*L. acidophilus*)	+	+	+	−	+	−	+	d
罗伊乳杆菌(*L. reuteri*)	ND	−	+	−	−	−	+	+
鼠李糖乳杆菌(*L. rhamnosus*)	+	+	+	+	+	+	+	−
植物乳杆菌(*L. plantavam*)	+	+	+	+	+	+	+	+

注：+表示90%以上菌株阳性；−表示90%以上菌株阴性；d表示11%～89%菌株阳性；ND表示未测定。

表2-2-6　嗜热链球菌的主要生化反应

菌种	菊糖	乳糖	甘露醇	水杨苷	山梨醇	马尿酸	七叶苷
嗜热链球菌(*S. thermophilus*)	−	+	−	−	−	−	−

注：+表示90%以上菌株阳性；−表示90%以上菌株阴性。

任务思考

（1）熟悉乳酸菌的检验程序。

（2）培养基中加入$CaCO_3$的目的是什么？

（3）培养基溶化后为什么要用冷水立即冷却？

任务十三　沙门菌的检验

知识储备

知识点： 沙门菌属

沙门菌属是一大群寄生于人类和动物肠道，其生化反应和抗原构造相似的革兰阴性杆菌。其种类繁多，少数能使人致病，其他可使动物致病，偶尔可传染给人。主要引起人类伤寒、副伤寒以及食物中毒或败血症。在世界各地的食物中毒中，沙门菌食物中毒常占首位或第二位。

食品中沙门菌的含量较少，且常由于食品加工过程使其受到损伤而处于濒死的状态。为了分离与检测食品中的沙门菌，对某些加工食品必须经过前增菌处理，用无选择性的培养基使处于濒死状态的沙门菌恢复其活力，再进行选择性增菌，使沙门菌得以增殖而大多数的其他细菌受到抑制，然后再进行分离鉴定。

沙门菌属是一群血清学上相关的需氧、无芽孢的革兰阴性杆菌，周身鞭毛，能运动，不发酵侧金盏花醇、乳糖及蔗糖，不液化明胶，不产生靛基质，不分解尿素，能有规律地发酵葡萄糖并产生气体。沙门菌属细菌由于不发酵乳糖，能在各种选择性培养基上生成特殊形态的菌落。大肠杆菌由于发酵乳糖产酸而出现与沙门菌形态特征不同的菌落，如在SS琼脂平板上使中性红指示剂变红，菌落呈红色，借此可把沙门菌同大肠杆菌相区别。根据沙门菌属的生化特征，借助于三糖铁、靛基质、尿素、KCN、赖氨酸等试验可与肠道其他菌属相鉴别。本菌属的所有菌种均有特殊的抗原结构，借此也可以把它们分辨出来。

【任务目标】

(1) 学习食品中沙门菌的致病性。

(2) 熟悉沙门菌属的检验程序。

(3) 了解沙门菌属的生化反应及基本原理。

(4) 掌握沙门菌属的系统检验方法。

【任务准备】

(1) 设备和材料　除微生物实验室常规灭菌及培养设备外，其他设备和材料如下：

冰箱：2～5℃；恒温培养箱：36℃±1℃，42℃±1℃；均质器；振荡器；电子天平：感量0.1g；无菌锥形瓶：容量500mL、250mL；无菌吸管：1mL（具0.01mL刻度）、10mL（具0.1mL刻度）或微量移液器及吸头；无菌培养皿：直径90mm；无菌试管：3mm×50mm、10mm×75mm；无菌毛细管；pH计或pH比色管或精密pH试纸；全自动微生物生化鉴定系统。

(2) 培养基和试剂　缓冲蛋白胨水（BPW）；四硫磺酸钠煌绿（TTB）增菌液；亚硒酸盐胱氨酸（SC）增菌液；亚硫酸铋（BS）琼脂；HE琼脂；木糖赖氨酸脱氧胆盐（XLD）琼脂；沙门菌属显色培养基；三糖铁（TSI）琼脂；营养琼脂平板（NA）；蛋白胨水；靛基质试剂；尿素琼脂（pH 7.2）；氰化钾（KCN）培养基；赖氨酸脱羧酶试验培养基；糖发酵管；邻硝基酚-β-D-半乳糖苷（ONPG）培养基；半固体琼脂；丙二酸钠培养基；沙门菌O和H诊断血清；生化鉴定试剂盒。

培养基成分及制法详见GB 4789.4—2016。

【任务实施】

（1）检验程序　沙门菌检验程序如图 2-2-23 所示。

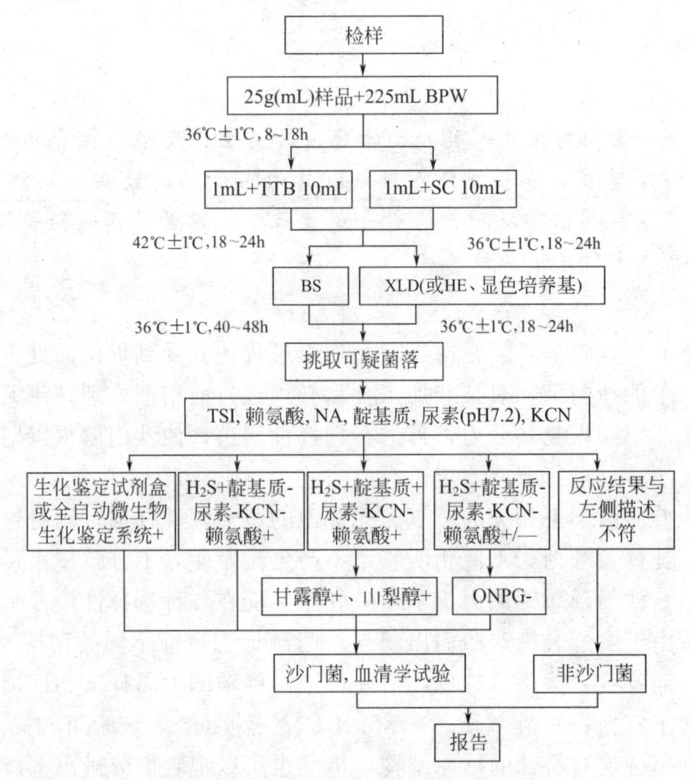

图 2-2-23　沙门菌检验程序

（2）任务操作

① 前增菌　称取 25g（mL）样品放入盛有 225mL BPW 的无菌均质杯中，以 8000～10000r/min 均质 1～2min，或置于盛有 225mL BPW 的无菌均质袋中，用拍击式均质器拍打 1～2min。若样品为液态，不需要均质，振荡混匀。如需测定 pH 值，用 1mol/mL 无菌 NaOH 或 HCl 调 pH 至 6.8±0.2。无菌操作将样品转至 500mL 锥形瓶中，如使用均质袋，可直接进行培养，于 36℃±1℃培养 8～18h。如为冷冻产品，应在 45℃以下不超过 15min，或 2～5℃不超过 18h 解冻。

② 增菌　轻轻摇动培养过的样品混合物，移取 1mL，转种于 10mL TTB 内，于 42℃±1℃培养 18～24h。同时，另取 1mL，转种于 10mL SC 内，于 36℃±1℃培养 18～24h。

③ 分离　分别用接种环取增菌液一环，划线接种于一个 BS 琼脂平板和一个 XLD 琼脂平板（或 HE 琼脂平板或沙门菌属显色培养基平板）。于 36℃±1℃分别培养 18～24h（XLD 琼脂平板、HE 琼脂平板、沙门菌属显色培养基平板）或 40～48h（BS 琼脂平板），观察各个平板上生长的菌落，各个平板上的菌落特征见表 2-2-7。

④ 生化试验

a. 自选择性琼脂平板上分别挑取两个以上典型或可疑菌落，接种三糖铁琼脂，先在斜面划线，再于底层穿刺；接种针不要灭菌，直接接种赖氨酸脱羧酶试验培养基和营养琼脂平板，于 36℃±1℃培养 18～24h，必要时可延长至 48h。在三糖铁琼脂和赖氨酸脱羧酶试验培养基内，沙门菌属的反应结果见表 2-2-8。

表 2-2-7　沙门菌属在不同选择性琼脂平板上的菌落特征

选择性琼脂平板	沙门菌
BS 琼脂	菌落为黑色有金属光泽、棕褐色或灰色，菌落周围培养基可呈黑色或棕色；有些菌株形成灰绿色的菌落，周围培养基不变
HE 琼脂	蓝绿色或蓝色，多数菌落中心黑色或几乎全黑色；有些菌株为黄色，中心黑色或几乎全黑色
XLD 琼脂	菌落呈粉红色，带或不带黑色中心，有些菌株可呈现大的带光泽的黑色中心，或呈现全部黑色的菌落；有些菌株为黄色菌落，带或不带黑色中心
沙门菌属显色培养基	按照显色培养基的说明进行判定

表 2-2-8　沙门菌属在三糖铁琼脂和赖氨酸脱羧酶试验培养基内的反应结果

三糖铁琼脂				赖氨酸脱羧酶试验培养基	初步判断
斜面	底层	产气	硫化氢		
K	A	+(−)	+(−)	+	可疑沙门菌属
K	A	+(−)	+(−)	−	可疑沙门菌属
A	A	+(−)	+(−)	+	可疑沙门菌属
A	A	+/−	+/−	−	非沙门菌
K	K	+/−	+/−	+/−	非沙门菌

注：K 表示产碱，A 表示产酸；+表示阳性，−表示阴性；+（−）表示多数阳性，少数阴性；+/−表示阳性或阴性。

b. 接种三糖铁琼脂和赖氨酸脱羧酶试验培养基的同时，可直接接种蛋白胨水（供做靛基质试验）、尿素琼脂（pH7.2）、氰化钾（KCN）培养基，也可在初步判断结果后从营养琼脂平板上挑取可疑菌落接种。于 36℃±1℃培养 18～24h，必要时可延长至 48h，按表 2-2-9判定结果。将已挑菌落的平板储存于 2～5℃或室温至少保留 24h，以备必要时复查。

表 2-2-9　沙门菌属生化反应初步鉴别表（一）

反应序号	硫化氢(H_2S)	靛基质	pH 7.2 尿素	氰化钾(KCN)	赖氨酸脱羧酶
A1	+	−	−	−	+
A2	+	+	−	−	+
A3	−	−	−	−	+/−

注：+表示阳性；−表示阴性；+/−表示阳性或阴性。

ⓐ 反应序号 A1：典型反应判定为沙门菌属。如尿素、KCN 和赖氨酸脱羧酶 3 项中有 1 项异常，按表 2-2-10 可判定为沙门菌。如有两项异常为非沙门菌。

表 2-2-10　沙门菌属生化反应初步鉴别表（二）

pH 7.2 尿素	氰化钾(KCN)	赖氨酸脱羧酶	判定结果
−	−	−	甲型副伤寒沙门菌(要求血清学鉴定结果)
−	+	+	沙门菌Ⅳ或Ⅴ(要求符合本群生化特性)
+	−	+	沙门菌个别变体(要求血清学鉴定结果)

注：+表示阳性；−表示阴性。

ⓑ 反应序号 A2：补做甘露醇和山梨醇试验，沙门菌靛基质阳性变体两项试验结果均为

阳性，但需要结合血清学鉴定结果进行判定。

ⓒ 反应序号 A3：补做 ONPG。ONPG 阴性为沙门菌，同时赖氨酸脱羧酶阳性，甲型副伤寒沙门菌为赖氨酸脱羧酶阴性。

ⓓ 必要时按表 2-2-11 进行沙门菌生化群的鉴别。

表 2-2-11 沙门菌属各生化群的鉴别

项目	Ⅰ	Ⅱ	Ⅲ	Ⅳ	Ⅴ	Ⅵ
卫矛醇	+	+	−	−	+	−
山梨醇	+	+	+	+	+	−
水杨苷	−	−	−	+	−	−
ONPG	−	−	+	−	+	−
丙二酸盐	−	+	+	−	−	−
KCN	−	−	−	+	+	−

注：+表示阳性；−表示阴性。

c. 如选择生化鉴定试剂盒或全自动微生物生化鉴定系统，可根据初步判断结果，从营养琼脂平板上挑取可疑菌落，用生理盐水制备成浊度适当的菌悬液，使用生化鉴定试剂盒或全自动微生物生化鉴定系统进行鉴定。

⑤ 血清学鉴定

a. 抗原的准备　一般采用 1.2%～1.5%琼脂培养物作为玻片凝集试验用的抗原。

O 血清不凝集时，将菌株接种在琼脂量较高的（如 2%～3%）培养基上再检查；如果是由于 Vi 抗原的存在而阻止了 O 凝集反应时，可挑取菌苔于 1mL 生理盐水中做成浓菌液，于酒精灯火焰上煮沸后再检查。H 抗原发育不良时，将菌株接种在 0.55%～0.65%半固体琼脂平板的中央，待菌落蔓延生长时，在其边缘部分取菌检查；或将菌株通过装有 0.3%～0.4%半固体琼脂的小玻管 1～2 次，自远端取菌培养后再检查。

b. 多价菌体抗原（O）鉴定　在玻片上划出 2 个约 1cm×2cm 的区域，挑取一环待测菌，各放 1/2 环于玻片上的每一区域上部，在其中一个区域下部加 1 滴多价菌体（O）抗血清，在另一区域下部加入 1 滴生理盐水，作为对照。再用无菌的接种环或针分别将两个区域内的菌落研成乳状液。将玻片倾斜摇动混合 1min，并对着黑暗背景进行观察，任何程度的凝集现象皆为阳性反应。

c. 多价鞭毛抗原（H）鉴定　同上②

d. 血清学分型（选做项目，见 GB 4789.4—2016）。

结果与报告：

综合以上生化试验和血清学鉴定的结果，报告 25g（mL）样品中检出或未检出沙门菌。

任务思考

（1）沙门菌在三糖铁培养基上的反应结果如何？

（2）沙门菌属检测主要包括哪几个主要步骤？

任务十四　阪崎肠杆菌的检验

知识储备

知识点：阪崎肠杆菌

阪崎肠杆菌（*Enterobacter sakazakii*）为食源性致病菌，革兰阴性，属于肠杆菌科肠杆菌属。1980年以前曾命名为产黄色色素阴沟杆菌。该菌主要在新生儿，特别是早产儿和免疫力弱的婴儿中引起脓毒症、脑膜炎、小肠坏死症和败血症，在某些情况下，死亡率达80%。

以下针对婴幼儿配方食品、乳和乳制品及其原料中的阪崎肠杆菌进行检验。

【任务目标】

（1）了解阪崎肠杆菌对婴儿的危害。

（2）观察阪崎肠杆菌的个体形态和培养特征。

（3）熟悉阪崎肠杆菌的分类地位及检测方法。

【任务准备】

（1）设备和材料

恒温培养箱：25℃±1℃、36℃±1℃、44℃±0.5℃，冰箱：2～5℃，恒温水浴箱：44℃±0.5℃，天平：感量0.1g，均质器，振荡器，无菌吸管：1mL（具0.01mL刻度）、10mL（具0.1mL刻度）或微量移液器及吸头，无菌锥形瓶：容量100mL、200mL、2000mL，无菌培养皿：直径90mm，pH计或pH比色管或精密pH试纸，全自动微生物生化鉴定系统。

（2）培养基和试剂　缓冲蛋白胨水（buffer peptone water，BPW）；改良月桂基硫酸盐胰蛋白胨肉汤-万古霉素（modified lauryl sulfate tryptose broth-vancomycinmedium，mLST-Vm）；阪崎肠杆菌显色培养基；胰蛋白胨大豆琼脂（trypticase soy agar，TSA）；生化鉴定试剂盒；氧化酶试剂；L-赖氨酸脱羧酶培养基；L-鸟氨酸脱羧酶培养基；L-精氨酸双水解酶培养基；糖类发酵培养基；西蒙柠檬酸盐培养基。

培养基成分及制法详见GB 4789.40—2010。

【任务实施】

（1）检验程序　阪崎肠杆菌的检验程序如图2-2-24所示。

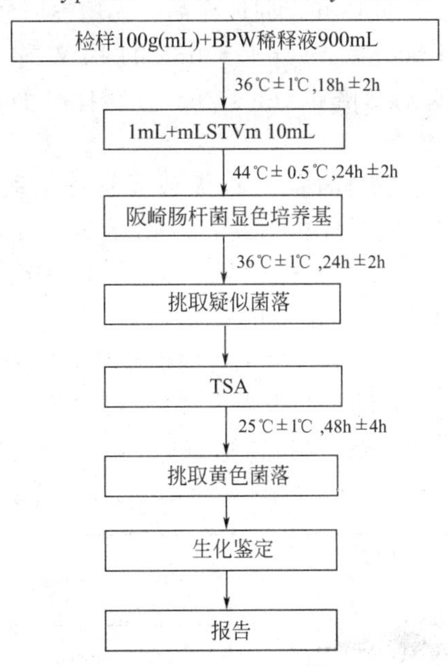

图2-2-24　阪崎肠杆菌检验程序

（2）任务操作

① 前增菌和增菌　取检样100g（mL）加入已预热至44℃装有900mL缓冲蛋白胨水的锥形瓶中，用手缓缓地摇动至充分溶解，36℃±1℃培养18h±2h。移取1mL转种于10mL mLST-Vm肉汤，44℃±0.5℃培养24h±2h。

② 分离

a. 轻轻混匀 mLST-Vm 肉汤培养物，各取增菌培养物一环，分别划线接种于两个阪崎肠杆菌显色培养基平板，36℃±1℃培养 24h±2h。

b. 挑取 1～5 个可疑菌落，划线接种于 TSA 平板。25℃±1℃培养 48h±4h。

③ 鉴定　自 TSA 平板上直接挑取黄色可疑菌落，进行生化鉴定。阪崎肠杆菌的主要生化特征见表 2-2-12。可选择生化鉴定试剂盒或全自动微生物生化鉴定系统。

表 2-2-12　阪崎肠杆菌的主要生化特征

生化试验		特征
黄色素产生		+
氧化酶		—
L-赖氨酸脱羧酶		—
L-鸟氨酸脱羧酶		(+)
L-精氨酸双水解酶		+
柠檬酸水解		(+)
发酵	D-山梨醇	(—)
	L-鼠李糖	+
	D-蔗糖	+
	D-蜜二糖	+
	苦杏仁苷	+

注：+表示＞99%阳性；—表示＞99%阴性；（+）表示 90%～99%阳性；（—）表示 90%～99%阴性。

④ 结果与报告　综合菌落形态和生化特征，报告每 100g（mL）样品中检出或未检出阪崎肠杆菌。

【阪崎肠杆菌的计数】

（1）样品的稀释

① 固体和半固体样品　无菌称取样品 100g、10g、1g 各三份，加入已预热至 44℃分别盛有 900mL、90mL、9mL 的 BPW 中，轻轻振摇使充分溶解，制成 1∶10 样品匀液，置 36℃±1℃培养 18h±2h。分别移取 1mL 转种于 10mL mLST-Vm 肉汤，44℃±0.5℃培养 24h±2h。

② 液体样品　以无菌吸管分别取样品 100mL、10mL、1mL 各三份，加入已预热至 44℃分别盛有 900mL、90mL、9mL 的 BPW 中，轻轻振摇使充分混匀，制成 1∶10 样品匀液，置 36℃±1℃培养 18h±2h。分别移取 1mL 转种于 10mL mLST-Vm 肉汤，44℃±0.5℃培养 24h±2h。

（2）分离、鉴定　同操作步骤中的（2）和（3）。

（3）结果与报告　综合菌落形态、生化特征，根据证实为阪崎肠杆菌的阳性管数，查 MPN 检索表，报告每 100g（mL）样品中阪崎肠杆菌的 MPN 值（表 2-2-13）。

表 2-2-13　阪崎肠杆菌最可能数（MPN）检索表

阳性管数			MPN	95%可信限		阳性管数			MPN	95%可信限	
100	10	1		下限	上限	100	10	1		下限	上限
0	0	0	＜0.3	—	0.95	2	2	0	2.1	0.45	4.2
0	0	1	0.3	0.015	0.96	2	2	1	2.8	0.87	9.4

续表

阳性管数			MPN	95%可信限		阳性管数			MPN	95%可信限	
100	10	1		下限	上限	100	10	1		下限	上限
0	1	0	0.3	0.015	1.1	2	2	2	3.5	0.87	9.4
0	1	1	0.61	0.12	1.8	2	3	0	2.9	0.87	9.4
0	2	0	0.62	0.12	1.8	2	3	1	3.6	0.87	9.4
0	3	0	0.94	0.36	3.8	3	0	0	2.3	0.46	9.4
1	0	0	0.36	0.017	1.8	3	0	1	3.8	0.87	11
1	0	1	0.72	0.13	1.8	3	0	2	6.4	1.7	18
1	0	2	1.1	0.36	3.8	3	1	0	4.3	0.9	18
1	1	0	0.74	0.13	2	3	1	1	7.5	1.7	20
1	2	0	1.1	0.36	4.3	3	1	2	12	3.7	42
1	2	1	1.5	0.45	4.2	3	1	3	16	4	42
1	1	1	1.1	0.36	3.8	3	2	0	9.3	1.8	42
1	3	0	1.6	0.45	4.2	3	2	1	15	3.7	42
2	0	0	0.92	0.14	3.8	3	2	2	21	4	43
2	0	1	1.4	0.36	4.2	3	2	3	29	9	100
2	0	2	2	0.45	4.2	3	3	0	24	4.2	100
2	1	0	1.5	0.37	4.2	3	3	1	46	9	200
2	1	1	2	0.45	4.2	3	3	2	110	18	410
2	1	2	2.7	0.87	9.4	3	3	3	>110	42	—

注：1. 本表采用3个稀释度［100g（mL）、10g（mL）和1g（mL）］，每个稀释度接种3管。

2. 表内所列检样量如改用1000g（mL）、100g（mL）和10g（mL）时，表内数字应相应降低10倍；如改用10g（mL）、1g（mL）和0.1g（mL）时，则表内数字应相应增高10倍，其余类推。

任务思考

（1）阪崎肠杆菌对婴幼儿的危害有哪些？

（2）简述乳中阪崎肠杆菌的检验过程。

模块三
乳及乳制品仪器分析

仪器分析基础知识

项目一　紫外-可见分光光度法

学习目标

1. 掌握紫外-可见分光光度法概念。
2. 了解光谱的划分及物质对光的选择性吸收。
3. 会画出某物质的光吸收曲线图，并找出这种物质的最大吸收波长。
4. 理解分光光度法的定量依据——朗伯-比尔定律。
5. 掌握分光光度计的组成部件，并会使用某一型号分光光度计。
6. 掌握分光光度计绘制工作曲线的方法。

一、紫外-可见分光光度法简介

紫外-可见分光光度法是利用物质的分子或离子对某一波长范围内光的吸收作用，对物质进行定性和定量分析的一种方法。这一波长范围一般在200～800nm光区内。按照吸收光的波长区域不同分为紫外分光光度法和可见分光光度法，合称紫外-可见分光光度法。此方法是最为常用的光学分析法之一。

1. 紫外-可见分光光度法特点

（1）具有较高的灵敏度　一般物质可测到10^{-6}～10^{-3}mol/L。适用于微量组分的测定。

（2）有一定的准确度　该方法相对误差为2%～5%，可满足对微量组分测定的要求。如一试样含铁量为0.020mg，相对误差5%，其含量在0.019～0.021mg之间，该结果是令人满意的。

（3）操作简便、快速、选择性好、仪器设备简单　近年来由于新的显色剂和掩蔽剂的不断出现，提高了选择性，一般不分离干扰物质就能测定。

（4）应用广泛　可测定大多数无机物质及具有共轭双键的有机化合物。其在化工、医学、生物学等领域常用来剖析天然产物的组成和结构、测定化合物的含量及研究生化过程等。

2. 紫外-可见分光光度法的应用

紫外-可见分光光度法是经典的分析方法，它具有快速、成本低廉以及操作简单等特点，在乳制品检测中的应用非常广泛，主要应用在硝酸盐和亚硝酸盐的定量分析上，除此之外，还可以用于维生素、铁、酶、三聚氰胺等的检测。几种常用的检测方法有单组分定量法、多组分定量法、双波长法、示差分光光度法和导数光谱法。其主要用途介绍如下。

（1）物质的定量分析　可通过建立工作曲线，求出待测物质的浓度，从而求出该物质在样品中的含量。在乳制品检测中，亚硝酸盐含量的测定就是利用此方法。

（2）定性分析　每一种化合物都有自己的特征光谱。测出未知物的吸收光谱，原则上可以对该未知物做出定性鉴定，但对复杂化合物的定性分析有一定的困难。

（3）纯度的鉴定　用紫外吸收光谱确定试样的纯度比较方便。如蛋白质与核酸的纯度分析中，可用 A_{280}/A_{260} 的比值鉴定其纯度。

（4）结构分析　紫外-可见吸收光谱一般不用于化合物的结构分析，但利用紫外吸收光谱鉴定化合物中的共轭结构和芳环结构还是有一定价值的。例如，某化合物在近紫外区内无吸收，说明该物质无共轭结构和芳香结构。

二、紫外-可见吸收光谱及光吸收曲线

1. 光谱区的划分

光是电磁波的一部分，所以可以根据电磁波的波长不同，将电磁波谱划分成不同的区域，如图 3-1-1 所示。在图的右端是波长较长的微波和无线电波，依次向左为红外光区、可见光区、紫外光区等。其中，紫外-可见区可细分为：①10～200nm，远紫外光区；②200～400nm，近紫外光区；③400～800nm，可见光区。

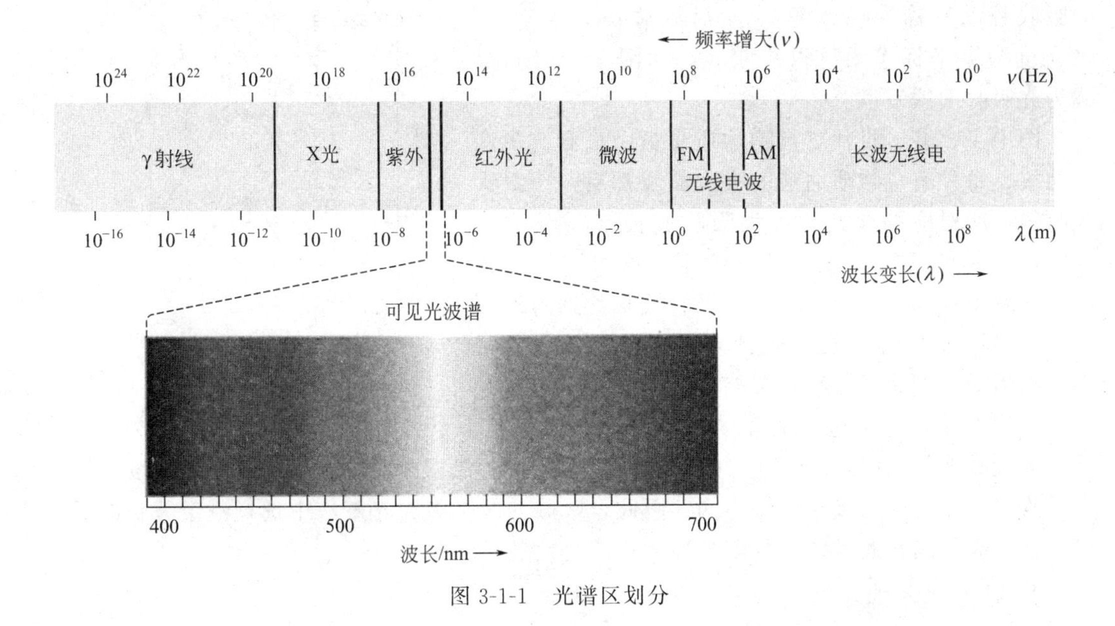

图 3-1-1　光谱区划分

2. 物质对光的选择性吸收

光与物质作用时，物质可对光产生不同程度的吸收。光被吸收后，其能量通常以热的形式释放出来，这种能量很微小，一般察觉不到。我们可以利用测量物质对某些波长的光的吸收来了解物质的特性，这就是吸收光谱法的基础。物质的结构决定了其在吸收光时只能吸收某些特定波长的光，也就是说，物质对光的吸收是具有选择性的。

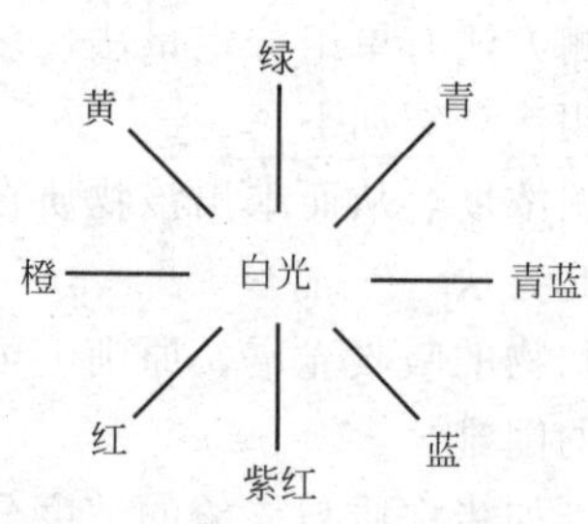

图 3-1-2　有色光的互补色

例如，当一束白光（由各种波长的色光按一定比例组成的复合光）通过有色溶液时，某些波长的光被溶液吸收，另一些波长的光不被吸收而透过溶液。人眼能感觉的波长在 400～760nm，为可见光区。溶液的颜色由透过光的波长所决定。例如，$CuSO_4$ 溶液强烈地吸收黄色的光，所以溶液呈现蓝色。又如 $KMnO_4$ 溶液强烈地吸收黄绿色的光，对其他的光吸收很少或不吸收，所以溶液呈现紫红色。若溶液对白光中各种颜色的光都不吸收，则溶液为透明无色；反之，则呈黑色。如果两种颜色的光按照适当的强度比例混合后组成白光，则这两种有色光称为互补色，如图 3-1-2 所示，成直线关系的两种光可混合成白光。各种物质的颜色的互补关系列于表 3-1-1 中。

表 3-1-1　物质颜色（透过光）与吸收光颜色的互补关系

物质颜色	黄绿	黄	橙	红	紫红	紫	蓝	绿蓝	蓝绿
吸收光颜色	紫	蓝	绿蓝	蓝绿	绿	黄绿	黄	橙	红
波长/nm	400～450	450～480	480～490	490～500	500～560	560～580	580～610	610～650	650～760

3. 吸收曲线

以上仅简单地用有色溶液对各种波长光的选择吸收来说明溶液的颜色。究竟某种溶液最易选择吸收什么波长的光，可用实验来确定。即用不同波长的单色光透过有色溶液，测量溶液对每一波长的吸收程度（称为吸光度）。然后以波长为横坐标、吸光度为纵坐标作图可得一曲线，如图 3-1-3 所示，称为光吸收曲线。

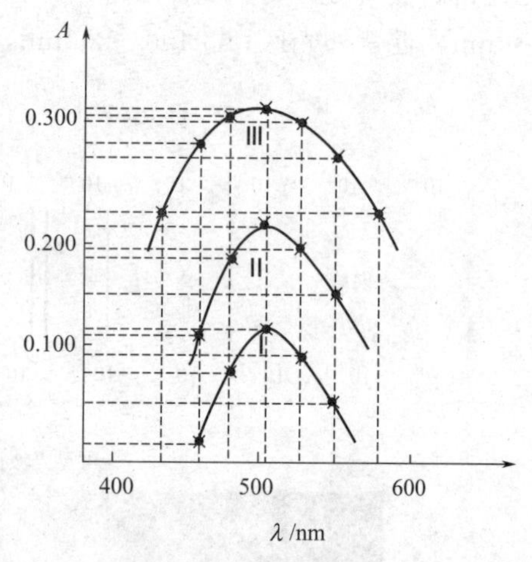

图 3-1-3　光吸收曲线

图中Ⅰ、Ⅱ、Ⅲ代表被测物质含量由低到高的吸收曲线。每种有色物质溶液的吸收曲线都有一个最大吸收值，所对应的波长为最大吸收波长（λ_{max}）。一般定量分析就选用该波长进行测定，这时灵敏度最高。如有干扰物质存在时，最大吸收波长处通过测吸光度来测浓度（朗伯-比尔定律）所得结果的误差最小。因为吸光度大了，相对误差自然就小，所谓称量时的“称大样”也是这个道理。对不同物质的溶液，其最大吸收波长不同，此特性可作为物质定性分析的依据。对同一物质，溶液浓度不同，最大吸收波长相同，而吸光度值不同。因此，吸收曲线是吸光光度法中选择测定波长的重要依据，最大吸收波长通常作为测定某种物质的特定波长。

4. 对光吸收的本质

物质对光的选择性吸收的本质，可通过吸收光谱产生的原因来说明。物质都处于运动状态，分子内部的运动有三种，除价电子绕着分子轨道高速旋转外，还有原子在平衡位置附近的振动和分子绕着其重心的转动。因此，一个分子的能量也包括三部分，即分子的电子能级的能量、分子振动能级的能量及整个分子转动能级的能量。

分子中价电子能级间的能量差一般在1～20eV，这恰好是可见光和紫外光的能量。可见光常用于有色物质含量的测定，紫外光用于具有紫外吸收基团的无色物质含量的测定。振动能级间的能量差一般在0.05～1eV，相当于红外光的能量。而转动能级间的能量差一般在10^{-4}～0.05eV，相当于远红外光及微波的能量。红外光谱常用于研究有机物的结构。

分子内部各种能级能量的改变都是量子化的，因此当分子吸收能量之后受到激发，分子就从基态能级跃迁到激发态，即 M（基态）$+h\nu \longrightarrow M^*$（激发态），而产生吸收谱线，因此紫外-可见吸收光谱是由于分子中价电子的跃迁而产生的。物质对光的吸收是物质的分子、原子或离子与辐射能相互作用的一种形式，只有当入射光子的能量与吸光体的基态和激发态的能量差相等时才会被吸收。由于吸光物质的性质不同，所以物质对光的吸收是有选择性的，不同物质的分子从基态跃迁到激发态所需的能量各有差异。故它只能选择性地吸收与之相当的波长的光，即$\Delta E=E_2-E_1=h\nu$。不同物质由于结构上的差异，所需的跃迁能量也不相同，于是呈现出不同的吸收光谱。紫外及可见吸收光谱主要是分子中价电子能量跃迁引起的吸收光谱，通过分子的吸收光谱可以研究分子结构并进行定性和定量分析。

三、 光的吸收定律——朗伯-比尔定律

当一束平行的单色光通过一均匀的吸收物质溶液时，吸光物质吸收了光能，光的强度将减弱，其减弱的程度同入射光的强度、溶液层的厚度及溶液的浓度成正比。如图3-1-4所示，表示它们之间的定量关系的定律称为朗伯-比尔（Lambert-Beer）定律，这是各类吸光光度法定量测定的依据。

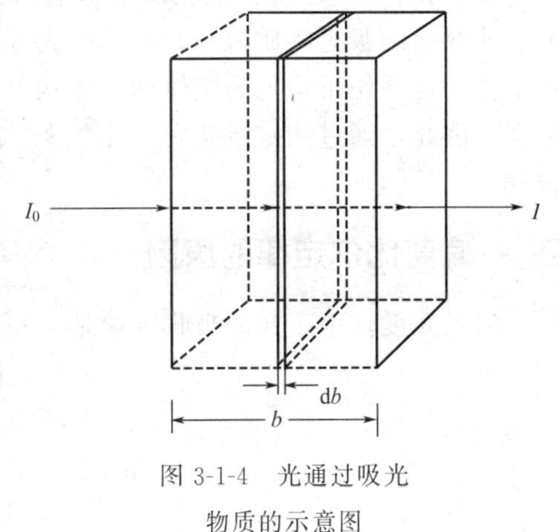

图3-1-4　光通过吸光物质的示意图

1729年，波格（Bouguer）发现了物质对光的吸收与吸光物质的厚度有关。1760年，朗伯提出了一束单色光通过吸光物质后，光的吸收程度与溶液液层厚度成正比的关系，该关系称为朗伯定律。即

$$A=\lg \frac{I_0}{I}=k'b \qquad (3\text{-}1\text{-}1)$$

式中　A为吸光度，表示物质对光的吸收程度，为分光光度计测定吸光值的读数；I_0为入射光强度；I为透射光强度；k'为比例常数；b为液层厚度（光程长度）。

1852年，比尔又提出了一束单色光通过吸光物质后，光的吸收程度与吸光物质微粒的数目（溶液的浓度）成正比的关系，该关系称为比尔定律。即

$$A=\lg \frac{I_0}{I}=k''c \qquad (3\text{-}1\text{-}2)$$

式中，k''为比例常数；c为溶液的浓度。

将两个定律合并起来就成为朗伯-比尔定律，其数学表达式为：

$$A=\lg\frac{I_0}{I}=abc \tag{3-1-3}$$

式中，a 为比例常数，它与吸光物质性质、入射光波长及温度等因素有关。该常数称为吸光系数。通常液层厚度 b 以 cm 为单位；若将 c 换成以 g/L 为单位的质量浓度，则 a 用 κ 表示，它的单位为 L/（mol · cm）。则式（3-1-3）可改写为：

$$A=\kappa bc \tag{3-1-4}$$

式中，κ 是各种吸光物质在特定波长和溶剂下的一个特征常数，数值上等于在 1cm 的溶液厚度中吸光物质为 1mol/L 时的吸光度，它是吸光物质的吸光能力的量度。κ 值是定性鉴定的重要参数之一，也可用来估量定量分析方法的灵敏度。即，κ 值越大，表示该吸光物质对某一波长的吸收能力越强，则方法的灵敏度越高。为了提高定量分析的灵敏度，就必须选择合适的试剂与被测物生成 κ 值大的配合物及具有最大 κ 值的波长的单色光作为入射光。通常由实验结果计算 κ 值时，是以被测物质的总浓度代替吸光物质的浓度，这样计算的 κ 值实际上是表观摩尔吸光系数。κ 和 a 的关系为 $\kappa=Ma$。M 为物质的摩尔质量。由式(3-1-1) 可见，如果光通过溶液时完全不被吸收，则 $I=I_0$，而 $I/I_0=1$。透过光 I 值越小，则 I/I_0 的比值越小，因此，将 I/I_0 称为透光度 T。

$$A=\lg\frac{1}{T}=abc \text{ 或 } A=\lg\frac{1}{T}=\kappa bc \tag{3-1-5}$$

式(3-1-5) 是各类光吸收的基本定律。其物理意义为：当一束平行的单色光通过一均匀的、非散射的吸光物质溶液时，其吸光度与溶液液层厚度和浓度的乘积成正比。它不仅适用于溶液，也适用于均匀的气体和固体状态的吸光物质。这是各类吸光光度法定量测定的理论依据。因此，通过测定溶液对一定波长入射光的吸光度可以求出该物质在溶液中的浓度和含量。

四、 偏离比尔定律的原因

吸光光度法中，光的吸收定律是定量测定物质含量的基础。根据 $A=\kappa bc$ 这一关系式，以 A 对 c 作图，应为一通过原点的直线，通常称为工作曲线（或称标准曲线）。有时会在工作曲线的高浓度端发生偏离的情况，如图 3-1-5 中虚线所示，即在该实验条件下，当浓度大于 c_1 时，偏离了比尔定律。引起偏离的原因很多，主要可能有以下几方面。

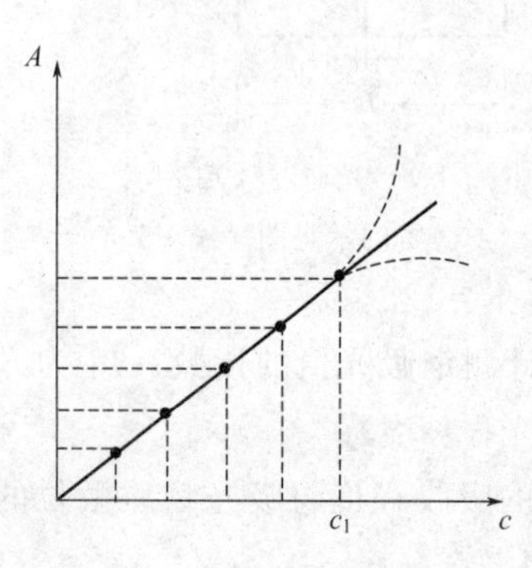

图 3-1-5　吸光光度法工作曲线

比尔定律是一个有限制性的定律，它假设了吸收粒子之间是无相互作用的，因此仅在稀溶液的情况下才适用。在高浓度（通常 $c>0.01$mol/L）时，由于吸光物质的分子或离子间的平均距离缩小，使相邻的吸光微粒（分子或离子）的电荷分布互相影响，从而改变了它对光的吸收能力。由于这种相互影响的过程同浓度有关系，因此使吸光度 A 与浓度 c 之间的线性关系发生了偏离。

1. 非单色入射光引起的偏离

严格地讲，比尔定律仅在入射光为单色光时才适用，实际上一般分光光度计中的单色器获得的光束不是严格的单色光，而是具有较窄波长范围的复合光带，这些非单色光会引起对比尔定律的偏离，而不是定律本身的不正确，这是由仪器条件的限制所造成的。

2. 由于溶液本身发生化学变化的原因而引起的偏离

由于被测物质在溶液中发生缔合、解离或溶剂化、互变异构、配合物的逐级形成等化学变化，造成对比尔定律的偏离。这类原因所造成的误差称为化学误差。例如，在一个非缓冲体系的铬酸盐溶液中存在着如下的平衡：

$$\underset{\text{(橙色)}}{Cr_2O_7^{2-}} + H_2O \rightleftharpoons 2HCrO_4^- \rightleftharpoons \underset{\text{(黄色)}}{2CrO_4^{2-}} + 2H^+$$

测定时，在大部分波长处，$Cr_2O_7^{2-}$ 的 κ 值与 CrO_4^{2-} 的 κ 值是不相同的。因此，当铬的总浓度相同时，各溶液的吸光度决定于 $c(Cr_2O_7^{2-}/CrO_4^{2-})$ 之比值，它将随溶液的稀释而发生显著的变化。所以将造成 A 与 c 之间线性关系的明显偏离。为了控制这一偏离可采用：在溶液中加碱使其中 $Cr_2O_7^{2-}$ 全部转化为 CrO_4^{2-}；或加酸，使 CrO_4^{2-} 全部转化为 $Cr_2O_7^{2-}$。这样溶液中的总浓度 c 与 A 之间就能符合比尔定律。

另外，有些配合物的稳定性较差，由于溶液稀释导致配合物离解度增大，使溶液颜色变浅，因此有色配合物的浓度不等于金属离子的总浓度，导致 A 与 c 不成线性关系。

五、 紫外-可见吸光光度计

通常紫外光谱仪（分光光度计）的工作范围在 200～800nm，用以测量可见和紫外光区的吸收。

分光光度计的基本组成部件如图 3-1-6 所示，各部件的作用及性能简介如下。

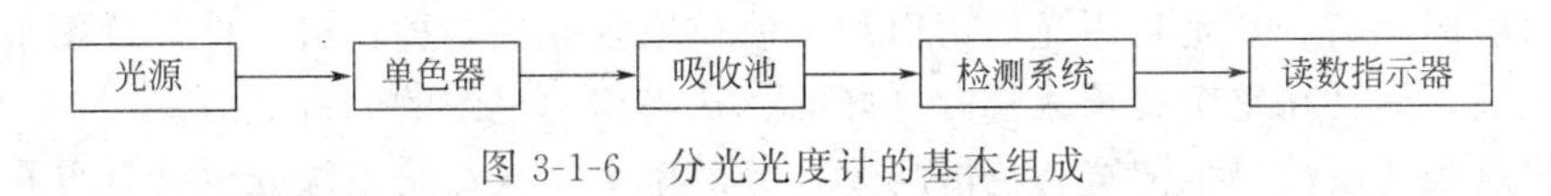

图 3-1-6 分光光度计的基本组成

（1）光源　在吸光光度法中，要求光源在比较宽的光谱区域内发出的连续光谱强度足够、分布均匀、在一定时间内保持稳定。在可见、近红外光区测量时，常用的光源有白炽灯（钨灯、卤钨灯等）、气体放电灯（氢灯、氘灯及氙灯等）、金属弧灯（各种汞灯）等多种。钨灯和卤钨灯发射 320～2000nm 连续光谱，最适宜工作范围为 360～1000nm，稳定性好，用作可见光分光光度计的光源。氢灯和氘灯能发射 150～400nm 的紫外线，可用作紫外光区分光光度计的光源。近紫外区测定时常用氘灯，它可在 160～375nm 范围内产生连续光源，是紫外光区应用最广泛的一种光源。汞灯发射的不是连续光谱，能量绝大部分集中在 253.6nm 波长处，一般作波长校正用。钨灯在出现灯管发黑时应及时更换，如换用的灯型号不同，还需要调节灯座的位置和焦距。氢灯及氘灯的灯管或窗口是石英的，且有固定的发射方向，安装时必须仔细校正，接触灯管时应戴手套以防留下污迹。光强受电源电压的影响大，因此必须使用稳压器以提供稳定的电源电压，保证光源光强稳定不变。

（2）单色器　单色器是能从光源辐射的复合光中分出单色光的光学装置，其主要功能是产生光谱纯度高的光波且波长在紫外可见区域内任意可调。单色器一般由入射狭缝、准光器（透镜或凹面反射镜使入射光成平行光）、色散元件、聚焦元件和出射狭缝等几部分组成。其核心部分是色散元件，起分光的作用。能起分光作用的色散元件主要是棱镜和光栅。

① 棱镜　光束通过入射狭缝，经准直透镜色散元件使其成为平行光后通过棱镜，产生折射而色散，从而将复合光按波长顺序分解为单色光，然后通过聚焦透镜及出射狭缝。移动棱镜或出射狭缝的位置，就可使所需波长的光经出射狭缝而照射到试样溶液上。如图 3-1-7 所示是以棱镜为单色元件的单色器的原理示意图。

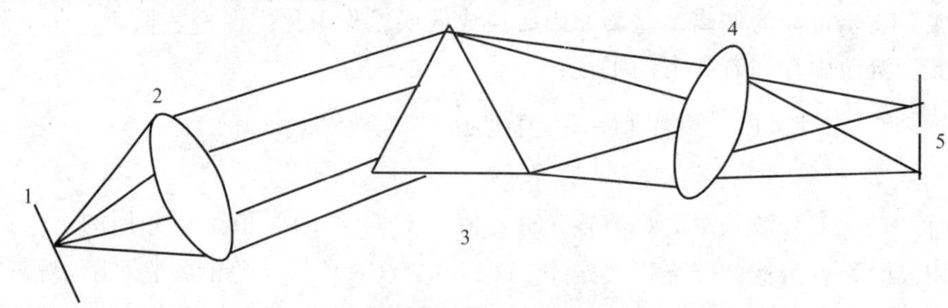

图 3-1-7　棱镜单色器的原理示意图

1—入射狭缝；2—准直透镜；3—棱镜；4—聚焦棱镜；5—出射狭缝

单色光的纯度决定于棱镜的色散率和出射狭缝的宽度。棱镜有玻璃和石英两种材料。它们的色散原理是依据不同波长的光通过棱镜时有不同的折射率而将不同波长的光分开。由于玻璃可吸收紫外光，所以玻璃棱镜只能用于 350～3200nm 的波长范围，即只能用于可见光域内。石英棱镜可使用的波长范围较宽，可从 185～4000nm，即可用于紫外、可见和近红外三个光域。棱镜的特点是波长越短，色散程度越好，越向长波一侧越差。所以用棱镜的分光光度计，其波长刻度在紫外区可达到 0.2nm，而在长波段只能达到 5nm。

② 光栅　有的分光系统是衍射光栅，即在石英或玻璃的表面上刻划许多平行线，刻线处不透光，于是通过光的干涉和衍射现象，较长的光波偏折的角度大，较短的光波偏折的角度小，因而形成光谱。它是利用光的衍射与干涉作用制成的一种色散元件，可用于紫外、可见及红外光域，而且在整个波长区具有良好的、几乎均匀一致的分辨能力。

它的优点是适用波长范围宽、色散均匀、分辨率高；缺点是各级光谱会有重叠而相互干扰，经选用适当的滤光片可消除不需要的次级的光谱干扰。

(3) 吸收池　吸收池也叫样品池或比色皿，用来盛溶液，它是由无色透明、能耐腐蚀的光学玻璃或石英制成的，能透过所需光谱范围内的光线。可见光区用玻璃吸收池，紫外光区用石英吸收池。每台仪器都配有液层厚度为 0.5cm、1.0cm、2.0cm、3.0cm 等一套规格的吸收池。同一厚度的吸收池之间的透光率误差应小于 0.5%。使用时的注意事项有：①各个杯子的壁厚度等规格应尽可能完全相等，否则将产生测定误差。②玻璃比色杯只适用于可见光区，在紫外区测定时要用石英比色杯。③吸收池放置的位置要使其透光面垂直于光束方向。④要保持吸收池的光洁。指纹、油腻或四壁的积垢都会影响透光率，特别要注意透光面不受磨损。所以，不能用手指拿比色杯的光学面，用后要及时洗涤，可用温水或稀盐酸、乙醇以至铬酸洗液（浓酸中浸泡不要超过 15min），表面只能用柔软的绒布或镜头纸擦净（图 3-1-8）。

(4) 检测系统　它是一种光电转换元件，利用光电效应使透过光强度能转换成电流进行测量。这种光电转换器对测定波长范围内的光要有快速、灵敏的响应，所产生的光电流必须与照射在检测器上的光强度成正比。常用的光电转换器介绍如下。

(a) 光面

(b) 毛玻璃面

图 3-1-8　比色皿

① 光电池。硒光电池的结构如图 3-1-9 所示。当光照射在光电池上时，硒表面就有电子逸出。由于硒的半导体性质，电子只能单向移动而被聚集于金属薄膜（透明的金或银的薄膜）上，带负电，成为光电池的负极。铁片即为正极。通过与外电路很小的电阻连接，能产生 10～100μA 的光电流，可直接用检流计测量，光电流的大小与入射光强度成正比。硒光电池对光的敏感波长范围为 300～800nm，对 500～600nm 的光最灵敏。在 750nm 处，相对灵敏度降至 10%左右。其光谱灵敏度曲线及人眼的光谱响应如图 3-1-10 所示。

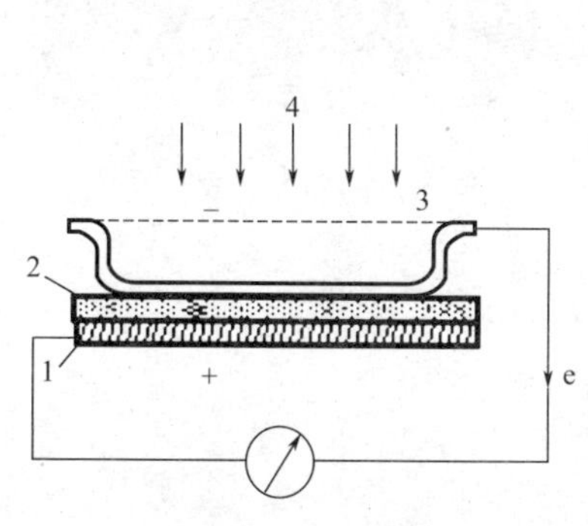

图 3-1-9　硒光电池示意图

1—铁片；2—半导体硒；
3—金属薄膜；4—入射光线

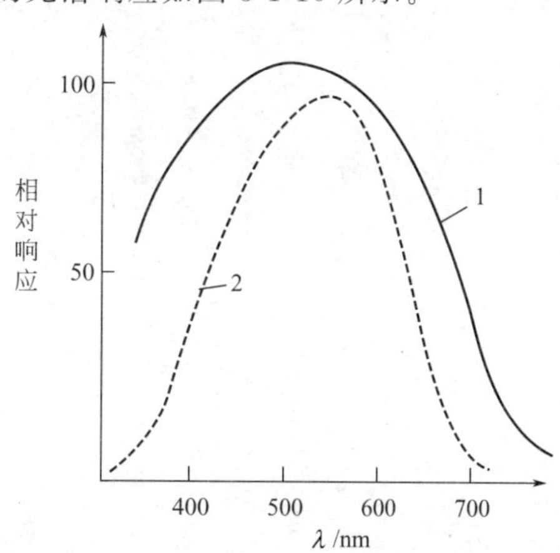

图 3-1-10　硒光电池的光谱灵敏度曲线与人眼的光谱响应

1—硒光电池；2—人眼

硒光电池结构简单，价格便宜，更换方便。但受强光照射或长久连续使用时，会出现“疲劳现象”，即照射光强度不变而产生的光电流会逐渐下降。这时应暂停使用，置于暗处使其恢复原有的灵敏度，严重时需更换新的光电池。

② 光电管　光电管是由一个阳极和一个光敏阴极组成的真空（或充有少量惰性气体）二极管。由于所采用的阴极材料光敏性能不同，可分为红敏（适用波长范围为 625～1000nm）和紫敏（适用波长范围为 200～625nm）两类。当它被足够的能量照射时，能发射电子。当两极间有电位差时，发射出的电子就流向阳极而产生电流，电流的大小取决于入射光的强度。在同等强度的光照射下，它所产生的电流约为光电池的 1/4，但由于光电管有很高的内阻，所以产生电流很容易放大，因此具有灵敏度高、光敏范围广、不易疲劳等优点。

（5）读数指示器　指示器的作用是把光电流或放大的信号以适当方式显示或记录下来。比较老的分光光度计通常使用悬镜式光点反射检流计来测量产生的光电流，其灵敏度约为

10^{-9} A/格。检流计的标尺上有两种刻度，等刻度的标尺是百分透光度 T，对数刻度则为吸光度 A。透光度与吸光度两者的关系可互相换算。

$$A=-\lg T=\lg \frac{I_0}{I}=\lg I_0-\lg I \tag{3-1-6}$$

实验时，应读取吸光度 A，它与溶液浓度 c 成正比，而 T 不与 c 成正比关系。检流计使用时应防止振动和大电流通过。停用时，必须将检流计开关拽向零位并使其短路。

比较新型的分光光度计采用记录仪、数字显示器或电传打字机作为指示器。

目标自测

（1）如何找出某一物质的最大吸收波长？并根据此波长绘制该物质溶液的工作曲线？

（2）分光光度计的组成部件有哪些？

（3）分光光度计不同光谱区域的光源选用有何不同？

（4）比色皿的使用注意事项有哪些？

项目二　色谱法

学习目标

1. 了解色谱来源及分类。
2. 掌握色谱相关术语。
3. 掌握色谱定性定量的依据。
4. 掌握气相色谱基本结构。
5. 掌握液相色谱基本结构。
6. 了解色谱在乳制品分析检测中的应用。

子项目一　色谱概述

一、色谱发展

色谱法是一种分离分析方法，它是利用各物质在两相中具有不同的分配系数，当两相做相对运动时，这些物质在两相中进行多次反复的分配来达到分离的目的。色谱法最早是由俄国植物学家茨维特（Tswett）在1906年研究用碳酸钙分离植物色素时发现的。他用碳酸钙填充竖立的玻璃管，以石油醚洗脱植物色素提取液，经过一段时间洗脱之后，植物色素在碳酸钙柱中实现分离，由一条色带分散成数条平行的色带，色谱法 Chromatography 因此得名。然后将潮湿的碳酸钙挤出玻璃管，用刀切下各色素带，对其中的组分用合适的分析方法进行测定，这是经典的色谱法。图3-1-11是植物叶片汁液经分离后得到的色带。该种方法不能连续进行，经过一个多世纪的发展，经典色谱基本已经被可以在线、连续的现代色谱所取代。

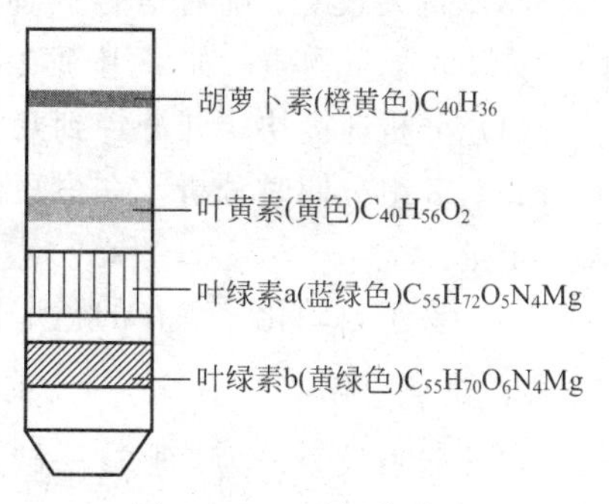

图3-1-11　叶绿素分离

形象地说，色谱分离就像是田径比赛，运动员们从同一起点出发后，不同速度的运动员就像是不同组分的混合物，他们经过在色谱柱这条赛道上奔跑，以不同的时间到达终点，从而达到将混合物分离的目的。

二、色谱法在乳品加工及检测中的应用

色谱法经历了整整一个世纪的发展，到今天已经成为最重要的分离分析科学，广泛应用于许多领域。目前乳制品的加工及检测更是离不开色谱法。

（1）乳制品营养成分的分析　乳及乳制品中富含糖、脂、蛋白质、维生素等营养以及强化的营养物质，高效液相色谱技术（HPLC技术）几乎可用于各种营养成分的检测中。

（2）食品添加剂分析　糖精钠、安赛蜜、甜味素、苯甲酸、山梨酸、咖啡因等添加剂均能用色谱法分析检测。

（3）乳制品风味物质的分析检测　酸奶、奶酪等特有的风味物质均可以用HPLC和气相色谱（GC）进行分析检测。

（4）乳品加工和储藏中的品质控制　由于乳品中含有丰富的蛋白质和乳糖，在加热和储藏过程中会发生美拉德反应，从而引起乳品颜色、气味、功能特性的改变及营养价值的降低。糠醛和羟甲基糠醛的产生与美拉德反应相关，可通过监测以上几种物质确定产品的加工和储藏品质。此外，也可用于奶酪成熟分析，通过反相 HPLC 测定奶酪中凝乳酶残留活力，从技术上支持奶酪的生产实践。

（5）乳品中毒物和药物残留分析　最典型的就是 HPLC 法测定乳制品中的三聚氰胺，HPLC 也可用于乳品中驱虫药、利尿药、抗菌药、生物胺、生物碱及微生物毒素等的检测。GC 可用于测定乳制品中的农药和兽药残留。离子色谱可测定乳制品中的硝酸盐等。随着色谱技术的发展，其在乳制品中的应用将更加广泛。

三、色谱法的优缺点

1. 优点

（1）高选择性　通过选择合适的分离模式和检测方法，可以只分离或检测感兴趣的部分物质。

（2）高效能　可以反复多次利用组分性质的差异产生很好的分离效果。

（3）高灵敏度　随着信号处理和检测器制作技术的进步，不经过预浓缩可以直接检测 10^{-9}g 级的微量物质。如采用预浓缩技术，检测下限可以达到 10^{-12}g 数量级。

（4）分析速度快　几分钟到几十分钟就可以完成一次复杂样品的分离和分析。

（5）多组分同时分析　在很短的时间内（20min 左右），可以实现几十种成分的同时分离与定量。

（6）易于自动化　现在的色谱仪器已经可以实现从进样到数据处理的全自动。

2. 缺点

定性能力较差。为克服这一缺点，已经发展起来了色谱法与其他多种具有定性能力分析技术的联用。

四、基本概念及术语

1. 固定相

在色谱分析中，不动的一相（固体或液体）称为固定相。俄国科学家分离植物色素使用的碳酸钙就是固定相。

2. 流动相

自上而下运动、携带样品流过固定相的流动体（一般是气体、液体或超临界液体），称为流动相。分离植物色素使用的石油醚就是流动相。

3. 色谱柱

装有固定相的柱子（玻璃或不锈钢）称为色谱柱。分离植物色素装碳酸钙用的玻璃柱就是色谱柱。

4. 洗脱

将流动相连续不断地加入色谱柱，使之通过固定相，把被分离的物质冲洗出柱的过程，叫洗脱。洗脱是色谱过程中必要而又重要的步骤，即选择适宜的流动相、固定相实现分离。

5. 色谱流出曲线

在色谱法中，当样品加入后，样品中的各组分随着流动相不断向前移动而在两相间反复进行溶解、挥发或吸附、解吸的过程。如果各组分在固定相中的分配系数（表示溶解或吸附的能力）不同，它们就有可能达到分离。分配系数大的组分，滞留在固定相中的时间长，在柱内移动的速度慢，后流出柱子，分配系数小的组分则相反。分离后的各组分的浓度经检测器转换成电信号而记录下来，得到一条信号随时间变化的曲线，称为色谱流出曲线，也称为色谱峰，如图 3-1-12 所示。理想的色谱流出曲线应该是正态分布曲线。

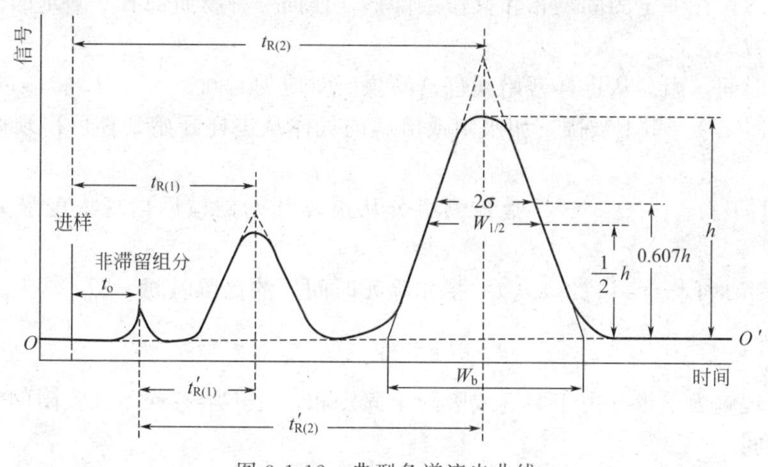

图 3-1-12　典型色谱流出曲线

6. 色谱图

以组分的浓度变化为纵坐标、流出时间为横坐标所得的曲线，称为色谱流出曲线。现以组分的流出曲线图来说明有关的色谱术语。

7. 基线

当色谱柱中没有组分进入检测器时，在实验操作条件下，反映检测器系统噪声随时间变化的线称为基线。稳定的基线是一条平行于横轴的直线，如图 3-1-12 中 OO'连线。

8. 色谱峰

色谱柱流出物通过检测器时所产生的响应信号的变化曲线，指色谱流出曲线上突起的部分。

9. 鬼峰

没有进样就有色谱峰出现。

10. 峰底

峰底又称峰基线，指色谱峰下面对应的基线部分。

11. 峰高（h）

峰高指从峰顶顶点到峰底的垂直距离。

12. 峰底宽度（W_b）

峰底宽度指经色谱峰两侧的拐点分别作峰的切线与峰底相交后交点间的距离。

13. 半峰宽度（$W_{1/2}$）

半峰宽度指峰高一半处峰的宽度。

14. 噪声

仪器本身所固有的，以噪声带表示（仪器越好，噪声越小）。

15. 漂移

基线向某个方向稳定移动（仪器未稳定造成）。

16. 保留值

表示试样中各组分在色谱柱中停留时间的数值。通常用时间或将组分带出色谱柱所需载气的体积来表示。在一定的固定相和操作条件下，任何一种物质都有一确定的保留值，这样就可作定性参数。

（1）保留时间　组分从进样开始到色谱峰顶所对应的时间。

① 死时间（t_0）　指不被固定相吸附或溶解的气体从进样开始到柱后出现浓度最大值时所需的时间。

② 保留时间（$t_{R(1)}$、$t_{R(2)}$）　指被测组分从进样开始到柱后出现浓度最大值时所需的时间。

③ 调整保留时间（$t'_{R(1)}$、$t'_{R(2)}$）　指扣除死时间后的保留时间。即

$$t'_R = t_R - t_0 \tag{3-1-7}$$

此参数可理解为某组分由于溶解或吸附于固定相，比不溶解或不被吸附的组分在色谱柱中多停留的时间。

保留值是色谱法定性的基本依据。但同一组分的保留时间常受到流动相流速的影响，因此，可采用保留体积进行定性鉴定。

（2）保留体积　将上述各保留时间分别乘以载气的流速 F_0，便得到用体积表示的保留值。

① 死体积　$$V_0 = t_0 \cdot F_0 \tag{3-1-8}$$

② 保留体积　$$V_R = t_R \cdot F_0 \tag{3-1-9}$$

③ 调整保留体积　$$V'_R = t'_R \cdot F_0 \quad 或 \quad V'_R = V_R - V_0 \tag{3-1-10}$$

（3）相对保留值（γ_{21}）　指某组分 2 的调整保留值与另一组分 1 的调整保留值之比。

$$\gamma_{21} = \frac{t'_{R(2)}}{t'_{R(1)}} = \frac{V'_{R(2)}}{V'_{R(1)}} \tag{3-1-11}$$

相对保留值的优点是只要柱温、固定相性质不变，即使柱径、柱长、填充情况及流动相流速有所变化，γ_{21} 值仍保持不变，因此它是色谱定性分析的重要参数。

17. 区域宽度

色谱峰区域宽度是色谱流出曲线中的一个重要参数，用于衡量柱效率及反映色谱操作条件的动力学因素。从色谱分离角度着手，希望区域宽度越窄越好。度量色谱峰区域宽度有三种形式，除前述的半峰宽度（$W_{1/2}$）、峰底宽度（W_b）外，还有标准偏差 σ，即 0.607 倍峰高处色谱峰宽度的一半。

18. 半峰宽度、峰底宽度与标准偏差的关系

$$W_{1/2} = 2.35\sigma \tag{3-1-12}$$

$$W_b = 4\sigma \tag{3-1-13}$$

三种方法中半峰宽度易于测量，使用方便，所以常用它来表示区域宽度。

五、 色谱分类

色谱法有许多种类，通常按以下几种方式进行分类。

1. 按两相物理状态分

（1）气相色谱法（gas chromatography，GC） 用气体作流动相的色谱法。

气相色谱法 {
- 气-固色谱法 GSC（固定相为固体吸附剂）
- 气-液色谱法 GLC（固定相为涂在固体或毛细管壁上的液体）

（2）液相色谱法（liquid chromatography，LC） 用液体作流动相的色谱法。

液相色谱法 {
- 液-固色谱法 LSC（固定相为固体吸附剂）
- 液-液色谱法 LLC（固定相为涂在固体载体上的液体）

（3）超临界流体色谱法(SFC) 用超临界状态的流体作流动相的色谱法。

超临界状态的流体不是一般的气体或流体，而是高于临界压力和临界温度的高度压缩的气体，其密度比一般气体大得多，而与液体相似，故又称为“高密度气相色谱法”。

2. 按分离原理分

（1）吸附色谱法（adsorption chromatography） 根据吸附剂表面对不同组分物理吸附能力的强弱差异进行分离的方法。它是基于在溶质和用作固定固体吸附剂上的固定活性位点之间的相互作用。可以将吸附剂装填于柱中、覆盖于板上或浸渍于多孔滤纸中。吸附剂是具有大表面积的活性多孔固体，例如硅胶、氧化铝和活性炭等。活性位点例如硅胶的表面硅烷醇，一般与待分离化合物的极性官能团相互作用。分子的非极性部分（例如烃）对分离只有较小影响，所以液-固色谱法十分适于分离不同种类的化合物（例如，分离醇类与芳香烃）。如：气-固色谱法、液-固色谱法均为吸附色谱。

（2）分配色谱法（partition chromatography） 根据不同组分在固定相中的溶解能力和在两相间分配系数的差异进行分离的方法。如：气-液色谱法、液-液色谱法均为分配色谱。

（3）离子交换色谱法（ion exchange chromatography） 根据不同组分离子对固定相亲和力的差异进行分离的方法。离子交换色谱法的固定相是离子交换树脂，常用苯乙烯与二乙烯交联形成的聚合物骨架，在表面末端芳环上接上羧基、磺酸基（阳离子交换树脂）或季氨基（阴离子交换树脂）。被分离组分在色谱柱上分离的原理是树脂上可电离离子与流动相中具有相同电荷的离子及被测组分的离子进行可逆交换，根据各离子与离子交换基团具有不同的电荷吸引力而分离。缓冲液常用作离子交换色谱的流动相。被分离组分在离子交换柱中的保留时间除与组分离子与树脂上的离子交换基团作用的强弱有关外，它还受流动相的 pH 值和离子强度影响。pH 值可改变化合物的解离程度，进而影响其与固定相的作用。流动相的盐浓度大，则离子强度高，不利于样品的解离，导致样品较快流出。离子交换色谱法主要用于分析有机酸、氨基酸、多肽及核酸。

（4）排阻色谱法（size exclusion chromatography） 又称凝胶色谱法，是根据不同组分的分子体积大小的差异进行分离的方法。排阻色谱法固定相是有一定孔径的多孔性填料，流动相是可以溶解样品的溶剂。小分子量的化合物可以进入孔中，滞留时间长；大分子量的化合物不能进入孔中，直接随流动相流出。它利用分子筛对分子量大小不同的各组分排阻能力的差异而完成分离。常用于分离高分子化合物，如组织提取物、多肽、蛋白质和核酸等。

（5）亲和色谱法（affinity chromatography） 利用不同组分与固定相共价键合的高专属反应进行分离的方法。

3. 按固定相的形式分

（1）柱色谱法（column chromatography） 固定相装在柱中，试样沿着一个方向移动而进行分离。

包括{填充柱色谱法：固定相填充满玻璃管和金属管中
开管柱色谱法：固定相固定在细管内壁（毛细管柱色谱法）

（2）平板色谱法（planar chromatography） 固定相呈平面状的色谱法

包括{纸色谱法：以吸附水分的滤纸作固定相
薄层色谱法：以涂敷在玻璃板上的吸附剂作固定相

4. 按使用目的分类

分析用：实验室用、便携式；分析样品量少。

制备用：实验室用、工业用；纯物质制备，如高纯试剂、蛋白质、手性药物拆分和纯化等。

六、 色谱流出曲线的意义

色谱的流出曲线图可提供很多重要的定性和定量信息，如：

① 根据色谱峰的个数，可以判断样品中所含组分的最少个数；

② 根据色谱峰的保留值，可以进行定性分析；

③ 根据色谱峰的面积或峰高，可以进行定量分析；

④ 色谱峰的保留值及其区域宽度，是评价色谱柱分离效能的依据；

⑤ 色谱峰两峰间的距离，是评价固定相（或流动相）选择是否合适的依据。

子项目二 气相色谱法

气相色谱法（GC）首先是一种分离技术。实际工作中要分析的样品往往是复杂机体中的多组分混合物。对含有未知组分的样品，首先必须将其分离，然后才能对有关组分进行进一步的分析。混合物中各个组分的分离性质在一定条件下是不变的，因此，一旦确定了分离条件，就可用来对样品组分进行定性定量分析。这就是色谱的分离分析过程。GC 主要是利用物质的沸点、极性及吸附性质的差异来实现混合物的分离。在仪器允许的条件下，对能够气化且热稳定，不具腐蚀性的液体或气体，都可用气相色谱法进行分析。对因沸点高难以气化或热不稳定的化合物，则可以通过化学衍生物的方法，使其转变成易气化或热稳定的物质后再进行分析。

一、 气相色谱法的分类

根据所用的固定相不同可分为：气-固色谱、气-液色谱。

按色谱分离的原理可分为：吸附色谱和分配色谱。

根据所用的色谱柱内径不同又可分为：填充柱色谱和毛细管柱色谱。

二、气相色谱法的特点

（1）优点　它具有分离效能高、灵敏度高、选择性好、分析速度快以及用样量少等特点，还可制备高纯物质。

① 高效能、高选择性　可以分离性质相似的多组分混合物、同系物、同分异构体等；分离制备高纯物质，纯度可达 99.99%。

② 灵敏度高　可检出 $10^{-13} \sim 10^{-11}$g 的物质。

③ 分析速度快　几分钟到几十分钟。

④ 应用范围广　低沸点、易挥发的有机物和无机物（主要是气体）。

（2）局限性　不适于高沸点、难挥发、热稳定性差的高分子化合物和生物大分子化合物的分析。

三、分离原理

气相色谱法是利用被分离分析的物质在色谱柱中的气相（载气）和固定相之间的分配系数的微小差别，在两相做相对运动时，物质在两相间作反复多次（$10^3 \sim 10^6$）的分配，使得原来的微小差别变大，从而使各组分达到分离的目的。

在互不相溶的两相——流动相和固定相的体系中，当两相做相对运动时，第三组分（即溶质或吸附质）连续不断地在两相之间进行分配，这种分配过程即为色谱过程。由于流动相、固定相以及溶质混合物性质的不同，在色谱过程中溶质混合物中的各组分表现出不同的色谱行为，从而使各组分彼此相互分离，这就是色谱分析法的实质。也就是说，当一种不与被分析物质发生化学反应的被称为载气的永久性气体（例如 H_2、N_2、He、Ar、CO_2 等）携带样品中各组分通过装有固定相的色谱柱时，由于试样分子与固定相分子间发生吸附、溶解、结合或离子交换，使试样分子随载气在两相之间反复多次分配，使那些分配系数只有微小差别的组分发生很大的分离效果，从而使不同组分得到完全分离。例如一个试样中含 A、B 两个组分，已知 B 组分在固定相中的分配系数大于 A 组分，即 $K_B > K_A$，如图 3-1-13 所示。

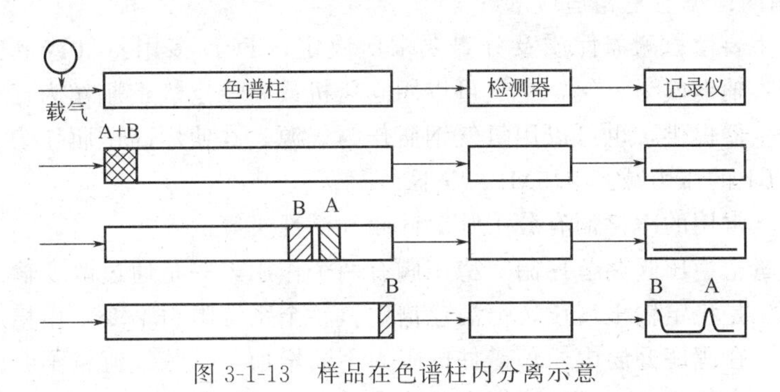

图 3-1-13　样品在色谱柱内分离示意

四、气相色谱仪结构

气相色谱仪的种类和型号较多，但它们都是由气路系统、进样系统、色谱柱温度控制系统、检测器和信号记录系统等部分组成，如图 3-1-14 所示。

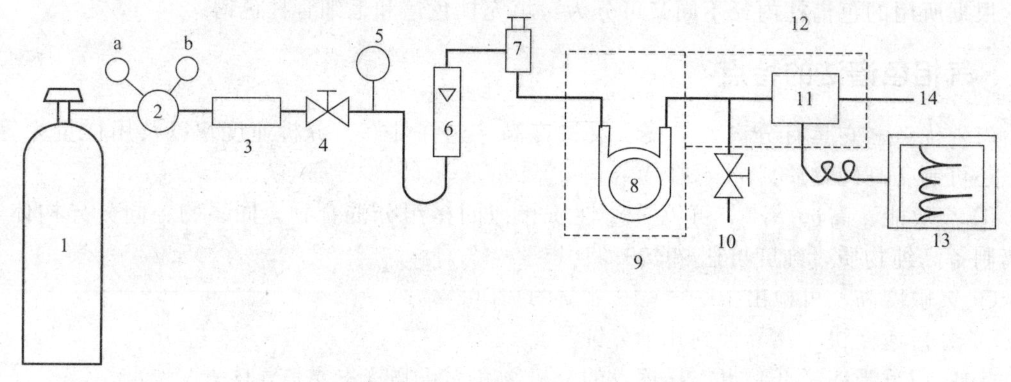

图 3-1-14　气相色谱仪示意

1—载气瓶；2—压力调节器（a—瓶压；b—输出压力）；3—净化器；4—稳压阀；5—柱前压力表；6—转子流量计；7—进样器；8—色谱柱；9—色谱柱恒温箱；10—馏分收集口；11—检测器；12—检测器恒温箱；13—记录器；14—尾气出口

1. 气路系统

气路系统是载气连续运行的密闭系统。常用的有单柱单气路和双柱双气路。单柱单气路应用于恒温分析，双柱双气路应用于程序升温分析，补偿由于固定液流失和载气流量不稳定等因素引起的检测器噪声和基线漂移。气路的气密性、载气流量的稳定性和测量流量的准确性，对气相色谱的测定结果起着重要作用。

(1) 载气　在气相色谱中，把流动相气体称为载气。载气以一定流速携带气体样品或经气化后的样品一起进入色谱柱。载气在进入色谱柱以前必须经过净化处理，含有微量的水分会影响仪器的稳定性和检测灵敏度。

气相色谱常用的载气为氢气、氦气和氮气。载气应该具有以下特点：

① 不活泼性，以免与样品或溶剂（固定液）相互作用。

② 扩散速度小。

③ 纯度高。

④ 价廉、易得。

⑤ 与所使用的检测器是相适应的。

载气的选择主要由检测器性质及分离要求所决定，TCD 多用氦气或氢气，FID 多用氢气、氦气或氮气。辅助气为空气，空气可以用空压机或高压空气钢瓶作为气源，作载气的氢气可以用氢气发生器提供，也可以用氢气钢瓶作为气源，在使用高压瓶作为气源时要通过减压阀把 10MPa 以上的压力减到 0.5MPa 以下。

(2) 净化器　常用的净化剂有分子筛、硅胶和活性炭等。

(3) 载气流量由稳压阀调节控制　稳压阀有两个作用，一是通过改变输出气压来调节气体流量的大小，二是稳定输出气压，恒温色谱中，整个系统阻力不变，用稳压阀便可使色谱柱入口压力稳定。在程序升温中，色谱柱内阻力不断增加，其载气流量不断减少，因此需要在稳压阀后连接一个稳流阀，以保持恒定的流量。色谱柱的载气压力（柱入口压）由压力表指示，压力表读数反映的是柱入口压与大气压之差，柱出口压力一般为常压，柱前流量由流量计指示，柱后流量必要时可用皂膜流量计测量。

2. 进样系统

进样系统包括进样装置和气化室。气体样品可以注射进样，也可以用定量阀进样。液体样品用微量注射器进样。固体样品则要溶解后用微量注射器进样。样品进入气化室后在一瞬间就被气化，然后随载气进入色谱柱。根据分析样品的不同，气化室温度可以在 50～500℃范围内任意设定，对气化室要求热容量大，使样品能够瞬间气化，并要求死体积小。为保证样品全部气化，气化室的温度要比柱温高 10～50℃。进样量和进样速度会影响色谱柱效率。进样量过大造成色谱柱超负荷，进样速度慢会使色谱峰加宽，影响分离效果。因此要将样品快速、定量地加到柱头，气化室将样品瞬间气化后进入色谱柱分离。进样系统包括气化室、进样器两部分。液体样品一般进样 0.5～5μL，气体样品为 0.1～10mL。

3. 色谱柱

色谱柱是整个色谱系统的心脏，它的质量优劣直接影响分离效果，安装在温控的恒温箱内。色谱柱有填充柱［亦称毛细管柱（图 3-1-15）］和开管柱两大类。填充柱用不锈钢或玻璃等材料制成，开管柱用石英制成。

4. 温度控制系统

温度控制系统用于设置、控制和测量气化室、柱温和检测室等处的温度。气化室温度应使试样瞬间气化但又不分解，通常选在试样的沸点或稍高于沸点。对热不稳定性样品，可采用高灵敏度检测器，能大大减少进样量，使气化温度降低。

图 3-1-15　毛细管柱

检测室温度的波动影响检测器的灵敏度或稳定性，为保证柱后流出组分不至于冷凝在检测器上，检测室温度必须比柱温高数十摄氏度，检测室的温度控制精度要求在±0.1℃以内。

柱室温度的变动会引起柱温的变化，从而影响柱的选择性和柱效，因此柱室的温度控制要求精确。温控方法根据需要可以恒温，也可以程序升温。

现代气相色谱仪都装有程序升温控制系统，这是解决复杂样品分离的重要技术。恒温气相色谱的柱温通常恒定在各组分的平均沸点附近。如果一个混合样品中各组分的沸点相差很大，采用恒温气相色谱就会出现低沸点组分出峰太快，相互重叠，而高沸点组分则出峰太晚，使峰形展宽和分析时间过长。程序升温气相色谱就是在分离过程中逐渐增加柱温，使所有组分都能在各自的最佳温度下洗脱。程序升温方式可根据样品组分的沸点采用线性升温或非线性升温，如图 3-1-16 所示是几种不同的程序升温方式。

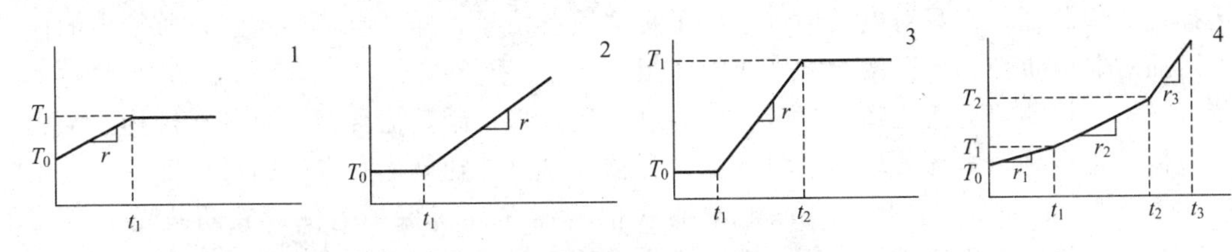

图 3-1-16　不同的程序升温方式（温度-时间变化曲线）

T—柱温；T_0—起始柱温；t—时间；r—升温速率（℃/min）

5. 气相色谱检测器

常用的是热导检测器、火焰离子化检测器、电子捕获检测器以及火焰光度检测器等。气相色谱检测器一般可分为通用性检测器和选择性检测器。通用性检测器如热导检测器和火焰离子化检测器，对绝大多数物质都有响应；选择性检测器如电子捕获检测器和火焰光度检测器，只对某些物质有响应，对其他物质无响应或响应很少。根据检测原理，又可将检测器分成浓度型和质量型。热导检测器和电子捕获检测器属浓度型，其响应与进入检测器的浓度变化成比例；火焰离子化检测器及火焰光度检测器属质量型，其响应与单位时间内进入检测器的物质质量成比例。

（1）热导检测器（TCD） 由于不同的气体分子热导率不同，分子量小的或分子直径小的气体具有高的热导率，相反，分子量大的或分子体积大的则有低的热导率。气流中样品浓度发生变化，则从热敏元件上所带走的热量也就不同，从而改变热敏元件的电阻值。由于热敏元件为组成惠斯顿电桥之臂，只要桥路中任何一臂电阻发生变化，则整个线路就会立即有信号输出。

特点：此检测器几乎能对所有可挥发的有机物和无机物响应。但灵敏度较低，被测样品的浓度不得低于万分之一。属非破坏性检测器。

（2）氢火焰离子化检测器（FID） 它是一种灵敏度很高的检测器，几乎对所有的有机物都有响应，而对无机物、惰性气体或火焰中不解离的物质等无响应或响应很小。其灵敏度比热导检测器高 $10^2 \sim 10^4$ 倍，对温度不敏感，响应快，适合连接开管柱进行复杂的分离。它是典型的破坏性、质量型检测器，是以氢气和空气燃烧生成的火焰为能源，当有机化合物进入以氢气和氧气燃烧的火焰时，在高温下产生化学电离，电离产生比基流高几个数量级的离子，在高压电场的定向作用下，形成离子流。微弱的离子流（$10^{-12} \sim 10^{-8}$A）经过高阻（$10^6 \sim 10^{11}\Omega$）放大，成为与进入火焰的有机化合物量成正比的电信号，因此可以根据信号的大小对有机物进行定量分析。

氢火焰离子化检测器由于结构简单、性能优异、稳定可靠、操作方便，所以经过几十年的发展，今天的FID结构并无实质性的变化。

其主要特点是对几乎所有具有挥发性的有机化合物均有响应，对所有烃类化合物（碳数≥3）的相对响应值几乎相等，对含杂原子的烃类有机物中的同系物（碳数≥3）的相对响应值也几乎相等。这给化合物的定量带来很大的方便，而且具有灵敏度高（$10^{-13} \sim 10^{-10}$ g/s），基流小（$10^{-14} \sim 10^{-13}$A），线性范围宽（$10^6 \sim 10^7$），死体积小（≤1μL），响应快（1ms），可以和毛细管柱直接联用，对气体流速、压力和温度变化不敏感等优点，所以成为应用最广泛的气相色谱检测器之一。

其主要缺点是需要三种气源及其流速控制系统，尤其是对防爆有严格的要求。

（3）电子捕获检测器（ECD） 电子捕获检测器是目前气相色谱中常用的一种高灵敏度、高选择性的检测器。它只对电负性（亲电子）物质有信号，样品电负性越强，所给出的信号越大，而对非电负性物质则没有响应或响应很小。

电子捕获检测器对卤化物，含磷、硫、氧的化合物，硝基化合物，金属有机物，金属螯合物，甾类化合物，多环芳烃和共轭羰基化合物等电负性物质都有很高的灵敏度，其检出限量可达 $10^{-10} \sim 10^{-9}$g 的范围。所以电子捕获检测器在环境保护监测、农药残留、食品卫生、医学、生物和有机合成等方面，都已成为一种重要的检测工具。可用于乳制品中有机氯农药残留的检测。

（4）火焰光度检测器（FPD） 火焰光度检测器（flame photometric detector，FPD）是利用富氢火焰使含硫、磷杂原子的有机物分解，形成激发态分子，当它们回到基态时，发射出一定波长的光。此光强度与被测组分量成正比，所以它是以物质与光的相互关系为机理的检测方法，属光度法。因它是分子激发后发射光，故它是光度法中的分子发射检测器。

FPD是一种对硫、磷化合物有高响应值的选择性检测器，又称“硫磷检测器”，目前主要用于食品安全、环境污染和生物化学等领域中。它可检测含磷、含硫有机化合物（农药），以及气体硫化物，如甲基对硫磷、马拉硫磷、CH_3SH、CH_3SCH_3、SO_2、H_2S等，稍加改变还可以测有机汞、有机卤化物、氯化物、硼烷以及一些金属螯合物等。乳制品检测中，可用于含硫、磷农药的检测。

6. 记录系统

主要的部件是记录仪，能自动记录由检测器输出的电信号，是一种电子电位差计。气相色谱仪流程如图3-1-17所示。

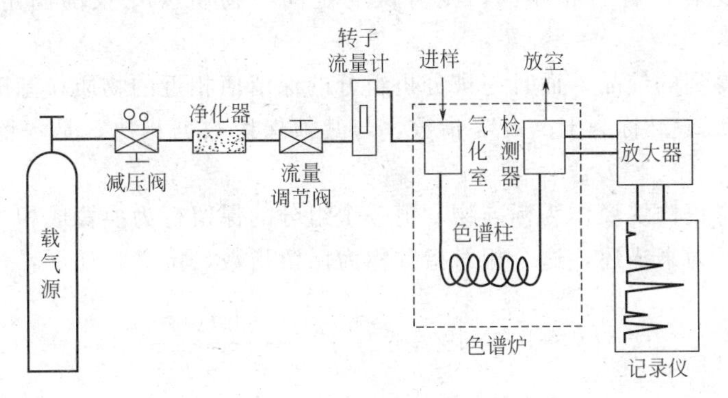

图3-1-17　气相色谱仪流程

载气由高压钢瓶中流出，经减压阀降压到所需压力后，通过净化干燥管使载气净化，再经稳压阀和转子流量计后，以稳定的压力、恒定的速度流经气化室与气化的样品混合，将样品气体带入色谱柱中进行分离。分离后的各组分随着载气先后流入检测器，然后载气放空。检测器将物质的浓度或质量的变化转变为一定的电信号，经放大后在记录仪上记录下来，就得到色谱流出曲线。

根据色谱流出曲线上得到的每个峰的保留时间，可以进行定性分析；根据峰面积或峰高的大小，可以进行定量分析。

五、 气相色谱定性定量分析

1. 定性分析

气相色谱的优点是能对多种组分的混合物进行分离分析（这是光谱、质谱法所不能的）。但由于能用于色谱分析的物质很多，不同组分在同一固定相上色谱峰出现时间可能相同，仅凭色谱峰对未知物定性有一定困难。对于一个未知样品，首先要了解它的来源、性质、分析目的；在此基础上，对样品可有初步估计；再结合已知纯物质或有关的色谱定性参考数据来进行定性鉴定。

（1）利用保留值定性

① 已知物对照法　各种组分在给定的色谱柱上都有确定的保留值，可以作为定性指标。即通过比较已知纯物质和未知组分的保留值定性。如待测组分的保留值与在相同色谱条件下测得的已知纯物质的保留值相同，则可以初步认为它们是属同一种物质。由于两种组分在同一色谱柱上可能有相同的保留值，只用一根色谱柱定性，结果不可靠。可采用另一根极性不同的色谱柱进行定性，比较未知组分和已知纯物质在两根色谱柱上的保留值，如果都具有相同的保留值，即可认为未知组分与已知纯物质为同一种物质。

利用纯物质对照定性，首先要对试样的组分有初步了解，预先准备用于对照的已知纯物质（标准对照品）。该方法非常简便，是气相色谱定性中最常用的定性方法之一。

② 相对保留值法　对于一些组成比较简单的已知范围的混合物或无已知物时，可选定一基准物按文献报道的色谱条件进行实验，计算两组分的相对保留值：

$$r_{is}=\frac{t'_{R_i}}{t'_{R_s}}=\frac{K_i}{K_s} \tag{3-1-14}$$

式中，i 为未知组分；s 为基准物。

并与文献值比较，若二者相同，则可认为是同一物质（r_{is} 仅随固定液及柱温变化而变化）。

可选用易于得到的纯品，而且与被分析组分的保留值相近的物质作基准物。

③ 保留指数法　又称为 Kovat's 指数，与其他保留数据相比，是一种重现性较好的定性参数。

保留指数是将正构烷烃作为标准物，把一个组分的保留行为换算成相当于含有几个碳的正构烷烃的保留行为来描述，这个相对指数称为保留指数，定义式如下：

$$I_X=100\times\left(Z+n\,\frac{\lg t'_{R(X)}-\lg t'_{R(Z)}}{\lg t'_{R(Z+n)}-\lg t'_{R(Z)}}\right) \tag{3-1-15}$$

式中，I_X 为待测组分的保留指数，Z 与 $Z+n$ 为正构烷烃碳原子数目。规定正己烷、正庚烷及正辛烷等的保留指数为 600、700、800，其他类推。

在有关文献给定的操作条件下，将选定的标准和待测组分混合后进行色谱实验（要求被测组分的保留值在两个相邻的正构烷烃的保留值之间）。由式（3-1-15）计算待测组分 X 的保留指数 I_X，再与文献值对照，即可定性。

（2）联用技术　气相色谱对多组分复杂混合物的分离效率很高，但定性却很困难。而质谱、红外光谱和核磁共振等是鉴别未知物的有力工具，但要求所分析的试样组分很纯。因此，将气相色谱与质谱、红外光谱、核磁共振谱联用，复杂的混合物先经气相色谱分离成单一组分后，再利用质谱仪、红外光谱仪或核磁共振谱仪进行定性。未知物经色谱分离后，质谱可以很快地给出未知组分的分子量和电离碎片，提供是否含有某些元素或基团的信息。红外光谱也可很快得到未知组分所含各类基团的信息，从而给结构鉴定提供可靠的论据。随着电子计算机技术的应用又大大促进了气相色谱法与其他方法联用技术的发展。

2. 定量分析

在一定的色谱操作条件下，流入检测器的待测组分 i 的含量 m_i（质量或浓度）与检测器的响应信号（峰面积 A 或峰高 h）成正比：

$$m_i=f_iA_i \quad \text{或} \quad m_i=f_ih_i$$

式中，f_i 为定量校正因子。要准确进行定量分析，必须准确地测量响应信号，求出定量校正因子 f_i。

此两式是色谱定量分析的理论依据。

（1）峰面积的测量

① 峰高乘半峰宽法　对于对称色谱峰，可用式（3-1-16）计算峰面积：

$$A=1.065\times h\times W_{h/2} \tag{3-1-16}$$

在相对计算时，系数 1.065 可约去。

② 峰高乘平均峰宽法　对于不对称峰的测量，在峰高 0.15 和 0.85 处分别测出峰宽，由式（3-1-17）计算峰面积：

$$A=h\times\frac{1}{2}\times(W_{0.15}/h+W_{0.85}/h) \tag{3-1-17}$$

此法测量时比较麻烦，但计算结果较准确。

③ 自动积分法　具有微处理机（工作站、数据站等），能自动测量色谱峰面积，对不同形状的色谱峰可以采用相应的计算程序自动计算，得出准确的结果，并由打印机打出保留时间和 A 或 h 等数据。

（2）定量校正因子　由于同一检测器对不同物质的响应值不同，所以当相同质量的不同物质通过检测器时，产生的峰面积（或峰高）不一定相等。为使峰面积能够准确地反映待测组分的含量，就必须先用已知量的待测组分测定在所用色谱条件下的峰面积，以计算定量校正因子。

$$f_i'=\frac{m_i}{A_i} \tag{3-1-18}$$

式中，f'_i 称为绝对校正因子，即是单位峰面积所相当的物质的量。它与检测器性能、组分和流动相性质及操作条件有关，不易准确测量。在定量分析中常用相对校正因子，即某一组分与标准物质的绝对校正因子之比，即：

$$f_i=\frac{f_i'}{f_s'}=\frac{m_i}{m_s}\times\frac{A_s}{A_i} \tag{3-1-19}$$

式中，A_i、A_s 分别为组分和标准物质的峰面积；m_i、m_s 分别为组分和标准物质的量。m_i、m_s 可以用质量或摩尔质量表示，其所得的相对校正因子分别称为相对质量校正因子和相对摩尔校正因子，用 f_m 和 f_M 表示。使用时常将"相对"二字省去。

校正因子一般都由实验者自己测定。准确称取组分和标准物，配制成溶液，取一定体积注入色谱柱，经分离后，测得各组分的峰面积，再由式（3-1-19）计算 f_m 或 f_M。

（3）定量方法

① 归一化法　如果试样中所有组分均能流出色谱柱，并在检测器上都有响应信号，都能出现色谱峰，可用此法计算各待测组分的含量。其计算公式如下：

$$\omega_i=\frac{m_i}{m_1+m_2+\cdots+m_n}\times100\%=\frac{A_if_i}{A_1f_1+A_2f_2+\cdots+A_nf_n}\times100\% \tag{3-1-20}$$

归一化法简便、准确，进样量多少不影响定量的准确性，操作条件的变动对结果的影响也较小，尤其适用于多组分的同时测定。但如试样中有的组分不能出峰，则不能采用此法。

② 内标法　内标法是在试样中加入一定量的纯物质作为内标物来测定组分的含量。内标物应选用试样中不存在的纯物质，其色谱峰应位于待测组分色谱峰附近或几个待测组分色谱峰的中间，并与待测组分完全分离，内标物的加入量也应接近试样中待测组分的含量。具体做法是准确称取 m(g) 试样，加入 m_s(g) 内标物，根据试样和内标物的质量比及相应的峰面积之比，由下式计算待测组分的含量：

$$\frac{m_i}{m_s}=\frac{f_iA_i}{f_sA_s} \tag{3-1-21}$$

由于内标法中以内标物为基准，则 $f_s=1$，所示。

$$\omega_i=\frac{m_i}{m}=\frac{f_iA_i}{f_sA_s}\times\frac{m_s}{m}=\frac{f_iA_i}{A_s}\times\frac{m_s}{m} \tag{3-1-22}$$

内标法的优点是定量准确。因为该法是用待测组分和内标物的峰面积的相对值进行计算，所以不要求严格控制进样量和操作条件，试样中含有不出峰的组分时也能使用，但每次分析都要准确称取或量取试样和内标物的量，比较费时。

为了减少称量和测定校正因子可采用内标标准曲线法——简化内标法：在一定实验条件下，待测组分的含量 m_i 与 A_i/A_s 成正比例。先用待测组分的纯品配置一系列已知浓度的标准溶液，加入相同量的内标物；再将同样量的内标物加入到同体积的待测样品溶液中，分别进样，测出 A_i/A_s，作 A_i/A_s-m 或 A_i/A_s-c 图，由 A_i（样）$/A_s$ 即可从标准曲线上查得待测组分的含量。

③ 外标法　取待测试样的纯物质配成一系列不同浓度的标准溶液，分别取一定体积，进样分析。从色谱图上测出峰面积（或峰高），以峰面积（或峰高）对含量作图即为标准曲线。然后在相同的色谱操作条件下，分析待测试样，从色谱图上测出试样的峰面积（或峰高），由上述标准曲线查出待测组分的含量。

外标法是最常用的定量方法。其优点是操作简便，不需要测定校正因子，计算简单。其结果的准确性主要取决于进样的重现性和色谱操作条件的稳定性。

子项目三　高效液相色谱

一、高效液相色谱法概述

高效液相色谱法（high performance liquid chromatography，HPLC）是 20 世纪 60 年代末 70 年代初发展起来的一种新型分离分析技术，随着不断地改进与发展，目前已成为应用极为广泛的化学分离分析的重要手段。它是在经典液相色谱基础上，引入了气相色谱的理论，在技术上采用了高压泵、高效固定相和高灵敏度检测器，因此气相色谱的许多理论同样适用于高效液相色谱法。其具备速度快、效率高、灵敏度高以及操作自动化的特点。为了更好地了解高效液相色谱法的优越性，现从以下两方面进行比较。

1. 高效液相色谱法与经典液相色谱法

高效液相色谱法比起经典液相色谱法的最大优点在于高速、高效、高灵敏度、高自动化。高速是指在分析速度上比经典液相色谱法快数百倍。由于经典色谱是重力加料，流出速度极慢；而高效液相色谱配备了高压输液设备，流速最高可达 10mL/min，例如分离苯的羟基化合物，7 个组分只需 1min 就可完成，对氨基酸分离，用经典色谱法，柱长约 170cm，柱径 0.9cm，流动相速度为 30mL/min，需用 20 多个小时才能分离出 20 种氨基酸；而用高效液相色谱法，只需 1h 之内即可完成。又如用 25cm×0.46cm 的 Lichrosorb-ODS（5μm）的柱，采用梯度洗脱，可在不到 0.5h 内分离出尿中 104 个组分。

2. 高效液相色谱法与气相色谱法比较

(1) 气相色谱法分析对象只限于分析气体和沸点较低的化合物，它们仅占有机物总数的 20%。对于占有机物总数近 80%的那些高沸点、热稳定性差、摩尔质量大的物质，目前主要采用高效液相色谱法进行分离和分析。

(2) 气相色谱采用的流动相是惰性气体，它对组分没有亲和力，即不产生相互作用，仅起运载作用。而高效液相色谱法中的流动相可选用不同极性的液体，选择余地大，它对组分可产生一定的亲和力，并参与固定相对组分作用的激烈竞争。因此，流动相对分离起很大作用，相当于增加了一个控制和改进分离条件的参数，这为选择最佳分离条件提供了极大方便。

(3) 气相色谱一般都在较高温度下进行，而高效液相色谱法则经常可在室温条件下工作。

总之，高效液相色谱法是吸取了气相色谱与经典液相色谱的优点，并用现代化手段加以改进，因此得到了迅猛的发展。目前高效液相色谱法已被广泛应用于分析对生物学和医药学有重大意义的大分子物质，例如蛋白质、核酸、氨基酸、多糖类、植物色素、高聚物、染料及药物等物质的分离和分析。在乳品分析检测技术上的应用主要体现在：乳品营养分析、食品添加剂分析、乳中有机酸的分析、乳品中毒物和药物残留分析等。

高效液相色谱法的仪器设备费用昂贵，操作严格，这是它的主要缺点。

二、高效液相色谱流程

泵将储液瓶中的溶剂吸入色谱系统，然后输出，经流量与压力测量之后，导入进样器。被测物由进样器注入，并随流动相通过色谱柱，各组分因在固定相中的分配系数或吸附力大小的不同而被分离，在柱上进行分离后进入检测器，检测信号由数据处理设备采集与处理，并记录色谱图。废液流入废液瓶。遇到复杂的混合物分离（极性范围比较宽）还可用梯度控制器作梯度洗脱。这和气相色谱的程序升温类似，不同的是气相色谱改变温度，而 HPLC 改变的是流动相极性，使样品各组分在最佳条件下得以分离。高效液相色谱流程如图 3-1-18 所示。

三、高效液相色谱仪结构

高效液相色谱仪主要由储液器、脱气器、高压泵、进样器、色谱柱和检测器等组成（图 3-1-19）。目前常见的 HPLC 仪生产厂家国外有 Waters 公司、Agilent 公司（原 HP 公司）、岛津公司等，国内有大连依利特公司、上海分析仪器厂、北京分析仪器厂等。

1. 流动相储器和溶剂过滤系统

储液器用于存放溶剂。溶剂必须很纯，储液器材料要耐腐蚀，对溶剂呈惰性。现代高效液相色谱仪配备一个或多个流动相储液器，一般为玻璃瓶，亦可为耐腐蚀的不锈钢、氟塑料或聚醚醚酮（PEEK）特种塑料制成的容器。每个储瓶容积 500～2000mL。储液瓶位置要高于泵体，以保持一定的输液静压差，在泵启动时易于让残留在溶剂和泵体中的微量气体通过放空阀排出。储液器的溶剂导管入口处装有过滤器，以进一步除去溶剂中的灰尘或微粒残渣，防止损坏泵、进样阀或堵塞色谱柱。溶剂过滤器一般用耐腐蚀的镍合金制成，孔隙大小一般为 2μm。

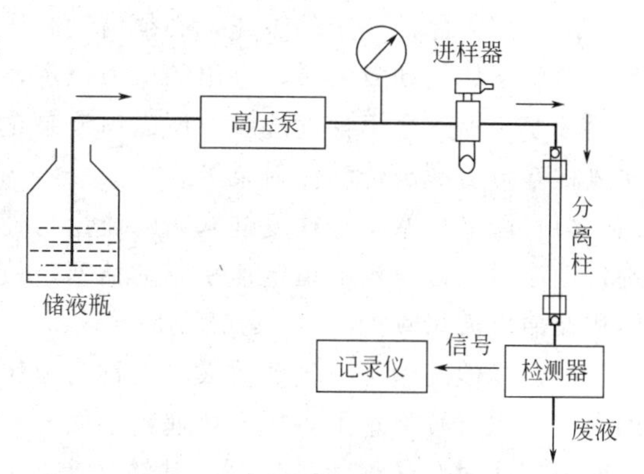

图 3-1-18　高效液相色谱流程

2. 脱气装置

脱气的目的是为了防止流动相从高压柱内

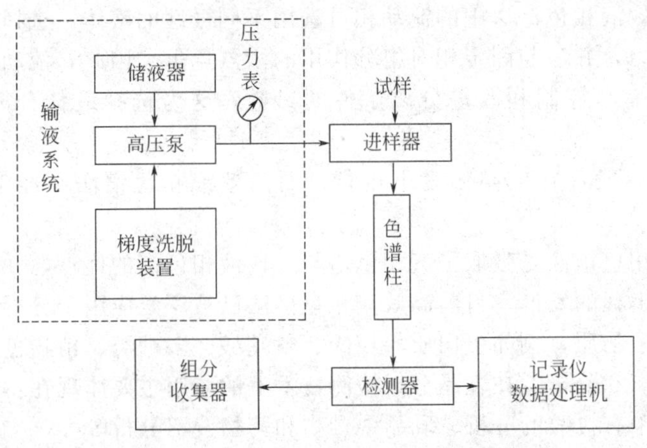

图 3-1-19　高效液相色谱仪结构方块图

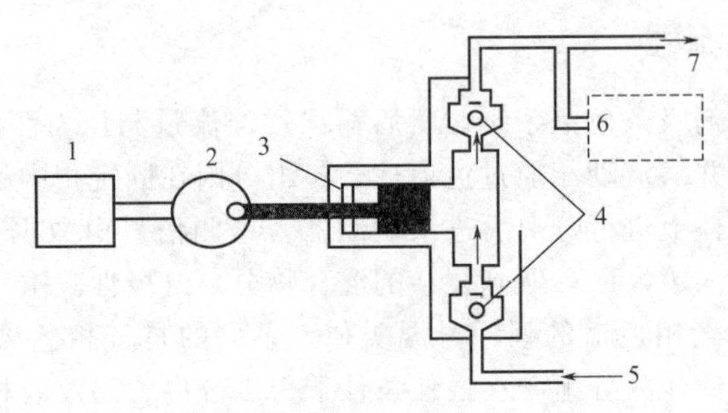

图 3-1-20　往复柱塞泵结构示意

1—电机；2—往复凸轮；3—密封柱塞；

4—吸排液单向阀；5—溶剂入口；

6—脉动阻尼器；7—接色谱柱

流出时，释放出气泡进入检测器而使噪声剧增，甚至不能正常检测。储器常装有脱除溶剂中溶解的氧、氮等气体的装置，这些溶解气可能形成气泡引起谱带展宽，并干扰检测器正常工作。溶剂脱气主要有两种方法，其一是真空或超声波脱气；另一种是通入氦或氮等惰性气体带出溶解在溶剂中的空气。目前在线脱气一般采用真空脱气。

3. 高压泵

高压泵用于输送流动相，因为液体的黏度比气体大 10^2 倍，同时固定相的颗粒极细，柱内压降大，为保证一定的流速，必须借助高压迫使流动相通过柱子。泵有恒压泵和恒流泵两类，恒压泵如气动放大泵，输出的压力恒定，可以得到压力恒定的流出液，但流量随外界阻力而改变，不适合于梯度洗脱。所以恒流泵正逐渐取代恒压泵，恒流泵输出的流量恒定，如往复柱塞泵、螺旋传动注射泵等。

（1）往复柱塞泵　往复柱塞泵的流量与外界阻力无关，体积小，非常适于梯度洗脱。螺旋传动注射泵以很慢的恒定速率驱动活塞，使流动相连续输出，输出时间的长短决定于泵腔体积及输出流量。如图 3-1-20 所示。

（2）其他类型泵　气动放大泵又称为恒压泵，其工作原理与水压机相似，以低压气体作用在大面积气缸活塞上，压力传递到小面积液缸活塞，利用压力放大获得高压。

螺旋注射泵又称为排代泵，其结构类似于医用注射器，由一个大体积液体室和柱塞组成，步进电机通过螺旋杆传动机构推动柱塞输出高压液体。

（3）流速控制和程序系统　包括比例调节阀和混合器；脉动阻尼器；放空阀；过滤器；反压控制传感器等。

4. 进样装置

高效液相色谱柱比气相色谱柱短得多（约 5～30cm），所以柱外展宽（又称柱外效应）较突出。柱外展宽是指色谱柱外的因素所引起的峰展宽，主要包括进样系统、连接管道及检测器中存在死体积。柱外展宽可分柱前展宽和柱后展宽。进样系统是引起柱前展宽的主要因素，因此高效液相色谱法中对进样技术要求较严。高效液相色谱进样普遍使用高压进样阀（手动进样阀如图 3-1-21 所示），如常用六通高压进样阀（图 3-1-22）。用微量注射器将样品注入样品环管。

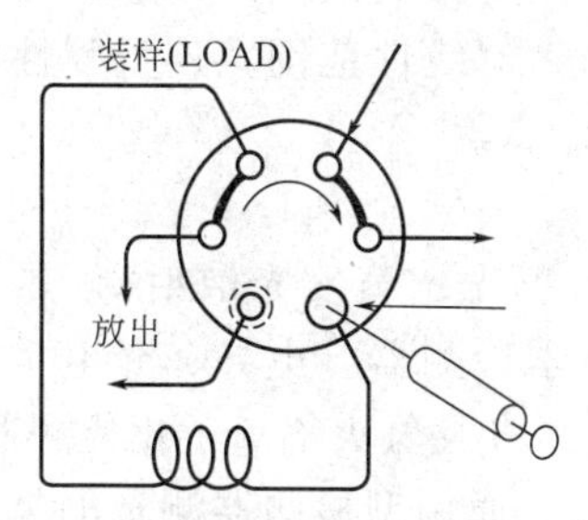

图 3-1-21　手动进样阀

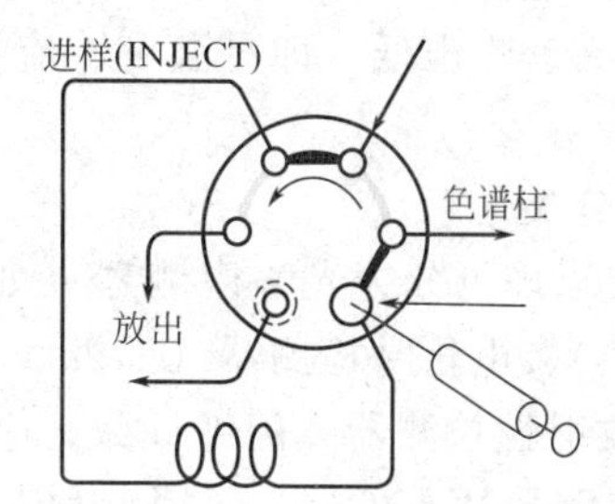

图 3-1-22　六通阀进样原理

5. 色谱柱

色谱柱是液相色谱的心脏部件，它包括柱管与固定相两部分（图 3-1-23）。柱管材料有玻璃、不锈钢、铝、铜及内衬光滑的聚合材料的其他金属。玻璃管耐压有限，故金属管用得较多。一般色谱柱长 5～30cm，内径为 4～5mm。一般在分离前备有一个前置柱，前置柱内的填充物和分离柱完全一样，这样可使淋洗溶剂由于经过前置柱为其中的固定相所饱和，使它在流过分离柱时不再洗脱其中的固定相，保证分离柱的性能不受影响。对色谱柱的要求是柱效高、选择性好、分析速度快等。

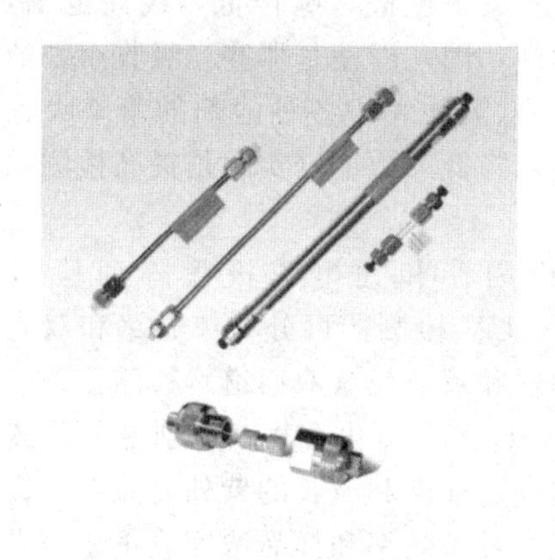

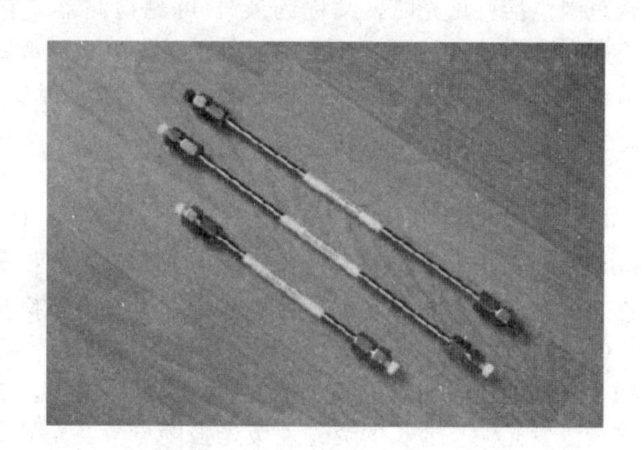

图 3-1-23　色谱柱

6. 梯度洗脱装置

梯度洗脱是在分离过程中通过逐渐改变流动相的组成而增加洗脱能力的一种方法。如果分离不良或分析时间过长，可以采用梯度洗脱的方法，类似于气相色谱中程序升温的作用。梯度洗脱一般采用低压梯度，低压梯度采用低压混合设计，只需一个高压泵。在常压下，将两种或两种以上溶剂按一定比例混合后，再由高压泵输出，梯度改变可呈线性、指数型或梯度型。

梯度洗脱的优点为：可以改善峰形；提高柱效；减少分析时间；使强烈滞留的组分不容易残留在柱上，因而可保持柱的性能良好。但是，在进行下次分析时，更换流动相达到平衡的时间长。

7. 检测器

高效液相色谱对检测器的要求和性能指标与气相色谱检测器基本相同。检测器是HPLC仪的三大关键部件之一，其作用是把洗脱液中组分的量转变为电信号。HPLC的检测器要求灵敏度高、噪声低（即对温度、流量等外界变化不敏感）、线性范围宽、重复性好和适用范围广。

（1）分类

① 按原理可分为光学检测器（如紫外、荧光、示差折光、蒸发光散射）、热学检测器（如吸附热）、电化学检测器（如极谱、库仑、安培）、电学检测器（电导、介电常数、压电石英）、放射性检测器（闪烁计数、电子捕获、氦离子化）以及氢火焰离子化检测器。

② 按测量性质可分为通用型和专属型（又称选择性）。通用型检测器测量的是一般物质均具有的性质，它对溶剂和溶质组分均有反应，如示差折光、蒸发光散射检测器。通用型的灵敏度一般比专属型的低。专属型检测器只能检测某些组分的某一性质，如紫外、荧光检测器，它们只对有紫外吸收或荧光发射的组分有响应。

③ 按检测方式分为浓度型和质量型。浓度型检测器的响应与流动相中组分的浓度有关，质量型检测器的响应与单位时间内通过检测器的组分的量有关。

④ 检测器还可分为破坏样品和不破坏样品的两种。

（2）常见检测器

① 紫外检测器（UVD）　UV检测器是HPLC中应用最广泛的检测器之一，基于朗伯-比尔定律，即被测组分对紫外光或可见光具有吸收，且吸收强度与组分浓度成正比。当检测波长范围包括可见光时，又称为紫外-可见检测器。它的灵敏度高，噪声低，线性范围宽，对流速和温度均不敏感，可用于制备色谱。由于灵敏度高，因此即使是那些光吸收小、消光系数低的物质也可用UV检测器进行微量分析。但要注意流动相中各种溶剂的紫外吸收介质波长。如果溶剂中含有吸光杂质，则会提高背景噪声，降低灵敏度（实际是提高检测限）。此外，梯度洗脱时，还会产生漂移。

UV检测器分为固定波长检测器、可变波长检测器和光电二极管阵列检测器（photodiode array detector，PDAD）。按光路系统来分，UV检测器可分为单光路和双光路两种。可变波长检测器又可分为单波长（单通道）检测器和双波长（双通道）检测器。

② 荧光检测器（FD）　属于选择性浓度型检测器，许多有机化合物，特别是芳香族化合物、生化物质，如有机胺、维生素、激素、酶等，被一定强度和波长的紫外光照射后，发射出较激发光波长要长的荧光。荧光强度与激发光强度、量子效率和样品浓度成正比。有的有机化合物虽然本身不产生荧光，但可以与发荧光物质反应衍生化后检测。

③ 示差折光检测器（RID）　这是一种通用性检测器，基于样品组分的折射率与流动相溶剂折射率有差异，当组分洗脱出来时，会引起流动相折射率的变化，这种变化与样品组分的浓度成正比。

④ 电化学检测器（ECD）　电导检测器、库仑检测器、伏安检测器及安培检测器一般地说都是可以用于高效液相色谱的检测器，但安培检测器最常用。安培检测器的选择性好，灵敏度高，但在电极表面容易被活性物质如蛋白质以及表面活性物质等钝化。电导检测器主要用于离子色谱，伏安检测器只用于特殊研究中，库仑检测器很少用。

⑤ 蒸发光散射检测器（ELSD）　它是通过检测光散射程度而测定溶质浓度的检测器。色谱柱后流出物在通向检测器途中，被高速载气（氮气）喷成雾状液滴，再进入蒸发漂移管中，流动相不断蒸发，含溶质的雾状液滴形成不挥发的微小颗粒，被载气载带通过检测器。在检测器中，光被散射的程度取决于溶质颗粒的大小与数量。

特点是：消除了溶剂的干扰，不受温度变化影响，灵敏度高，是通用型检测器。

目标自测

(1) 色谱法如何分类？
(2) 气相色谱仪基本组成部件有哪些？
(3) 气相色谱分离原理是什么？主要用于分离和检测哪些物质？
(4) 气相色谱仪如何实现样品的分离？
(5) 气相色谱法如何进行定性和定量分析？
(6) 液相色谱仪基本组成部件有哪些？
(7) 气相色谱和液相色谱检测器分别有哪些？

项目三　原子吸收光谱法

学习目标

1. 试举例说明原子吸收分光光度法所测元素。
2. 掌握原子吸收分光光度法定性定量的依据。
3. 掌握原子吸收分光光度计基本结构。
4. 了解其在乳制品分析检测中的应用。

一、原子吸收光谱法概述

原子吸收光谱法（atomic absorption spectrometry，AAS）是基于蒸气相中被测元素的基态原子对其原子共振辐射的吸收强度来测定试样中被测元素含量的一种分析方法。

早在1802年，W. H. Wollaston在研究太阳连续光谱时，就发现太阳连续光谱中出现暗线。1817年，J. Fraunhofer在研究太阳连续光谱时，再次发现这些暗线，由于当时尚不了解产生这些暗线的原因，于是就将这些暗线称为Fraunhofer线。1859年，G. Kirchhoff与R. Bunson在研究碱金属和碱土金属的火焰光谱时，发现钠蒸气发出的光通过温度较低的钠蒸气时，会引起钠光的吸收，并根据钠发射线和暗线在光谱中位置相同这一事实，断定太阳连续光谱的暗线是太阳外围的钠原子对太阳光谱的钠辐射吸收的结果。

原子吸收光谱作为一种实用的分析方法是在20世纪50年代中期开始的，1953年，由澳大利亚的瓦尔西（A. Walsh）博士发明了锐线光源（空心阴极灯），1954年全球第一台原子吸收仪在澳大利亚的瓦尔西的指导下诞生，1955年，瓦尔西博士的著名论文"原子吸收光谱在化学中的应用"奠定了原子吸收光谱法的理论基础。20世纪50年代末期，一些公司先后推出原子吸收光谱商品仪器，发展了瓦尔西的设计思想。到了60年代中期，原子吸收光谱开始进入迅速发展的时期。2004年，德国Analytik jena AG公司在世界上首次推出了ContrAA 300型顺序扫描连续光源火焰原子吸收光谱商品仪器，标志着新型AAS仪器时代已经向我们走来。而与现代分离技术的结合，以及联机技术的应用，更是开辟了这个方法更为广阔的应用前景。

1. 光谱的种类和原子光谱分析

物质中的原子、分子永远处于运动状态。这种物质的内部运动，在外部可以辐射或吸收能量的形式（即电磁辐射）表现出来，而光谱就是按照波长顺序排列的电磁辐射。由于原子和分子的运动是多种多样的，因此光谱的表现也是多种多样的。从不同的角度可把光谱分为不同的种类。

（1）按照波长及测定方法，光谱可分为：γ射线（0.005～1.4Å）；X射线（0.1～100Å）；光学光谱（100Å～300μm）；微波波谱（0.3mm～1m）。

通常所说的光谱仅指光学光谱而言。

（2）按外形，光谱又可分为连续光谱、带光谱和线光谱。

（3）按电磁辐射的本质，光谱又可分为分子光谱和原子光谱。原子光谱可分为发射光谱、原子吸收光谱、原子荧光光谱和X射线以及X射线荧光光谱。原子发射光谱分析是基于光谱的发射现象；原子吸收光谱分析是基于对发射光谱的吸收现象，原子吸收光谱分析的波长区域在近紫外和可见光区；原子荧光光谱分析是基于被光致激发的原子的再发射现象。

2. 原子吸收光谱分析的特点

（1）选择性强　由于原子吸收谱线仅发生在主线系，而且谱线很窄，线重叠概率较发射光谱要小得多，所以光谱干扰较小，选择性强，而且光谱干扰容易克服。在大多数情况下，共存元素不对原子吸收光谱产生干扰。

（2）灵敏度高　原子吸收光谱分析是目前最灵敏的方法之一，在常规分析中大多元素能达到 10^{-6}级，若采用萃取法、离子交换法或其他富集方法，还可进行 10^{-9}级的测定。该方法的灵敏度高，使分析手续简化，可直接测定，缩短了分析周期，加快了测量进程。

（3）分析范围广　目前应用原子吸收法可测定的元素有钠（Na）、铯（Cs）、镁（Mg）、钙（Ca）、钡（Ba）、铁（Fe）、锌（Zn）、镉（Cd）、汞（Hg）、铝（Al）、铅（Pb）、磷（P）、砷（As）等 70 多种。就含量而言，既可测定低含量和主量元素，又可测微量、痕量甚至超痕量元素；就元素性质而言，既可测定金属元素、类金属元素，又可直接测定某些非金属元素，也可以间接测定有机物；既可测定液态样品，又可测定气态或某些固态样品。

（4）精密度好　火焰原子吸收法的精密度较好，在日常的微量分析中，精密度为 1%～3%。若采用自动进样技术或高精度测量方法，其相对偏差小于 1%。

当然原子吸收光谱法也有其局限性。它不能对多元素同时分析，对难溶元素的测定灵敏度也不十分令人满意，对共振谱线处于真空紫外区的元素，如 P、S 等还无法测定。另外，标准工作曲线的线性范围窄，给实际工作带来不便，对于某些复杂样品的分析，还需要进一步消除干扰。

二、原子吸收分析的原理

原子吸收光谱法是将待测元素的溶液在高温下进行原子化变成原子蒸气，由一束锐线辐射穿过一定厚度的原子蒸气，光的一部分被原子蒸气中的基态原子吸收。透射光经单色器分光，测量减弱后的光强度。然后，利用吸光度与火焰中原子浓度成正比的关系求得待测元素的浓度。

原子吸收技术如今已成为元素分析方面很受欢迎的一种方法。按朗伯-比尔定律计算，吸收值与火焰中游离原子的浓度成正比：

$$\text{吸收值}=\lg\frac{I_0}{I_t}=KcL \qquad (3\text{-}1\text{-}23)$$

式中　I_0——由光源发出的入射光强度；

I_t——透过的光强度（未被吸收部分）；

c——样品的浓度（自由原子）；

K——常数（可由实验测定）；

L——光径长度。

原子吸收法与紫外分光光谱法相似，即使用相似的波长，并且使用同一定律（朗伯-比尔定律）；不同之处是，原子吸收法使用一种线光源，并且样品器（火焰或石墨炉原子化器）位于单色器前方，而不是其后面。在原子吸收法实用方面，可将朗伯-比尔定律简化如下：

$$\text{吸收值}=\lg\frac{I_0}{I_t}=Kc \qquad (3\text{-}1\text{-}24)$$

因为该仪器是用一系列标准样品进行校准的，由此即可推导出各项样品的浓度。该法并不是计算绝对值，而是一种比较方法，因而不必像紫外光谱法测定消光系数那样来测定常数。

由此可见，原子吸收光谱法是基于原子对特征光吸收的一种相对测量方法。它的基本原理是将光源辐射出的待测元素的特征光谱（也称锐线光谱），通过火焰中样品蒸气时，被蒸气中待测元素的基态原子所吸收。在一定条件下，入射光被吸收而减弱的程度与样品中待测元素的含量呈正相关，由此可得到样品中待测元素的含量。

三、 原子吸收分析过程

首先把分析试样经适当的化学处理后变为试液，然后把试液引入原子化器中（对于火焰原子化器，需先经雾化器把试液雾化变成细雾，再与燃气混合由助燃器载入燃烧器）进行蒸发离解及原子化，使被测组分变成气态基态原子。用被测元素对应的特征波长辐射（元素的共振线）照射原子化器中的原子蒸气，则该辐射部分被吸收，通过检测，记录被吸收的程度，进行该元素的定量分析。如图 3-1-24 所示。

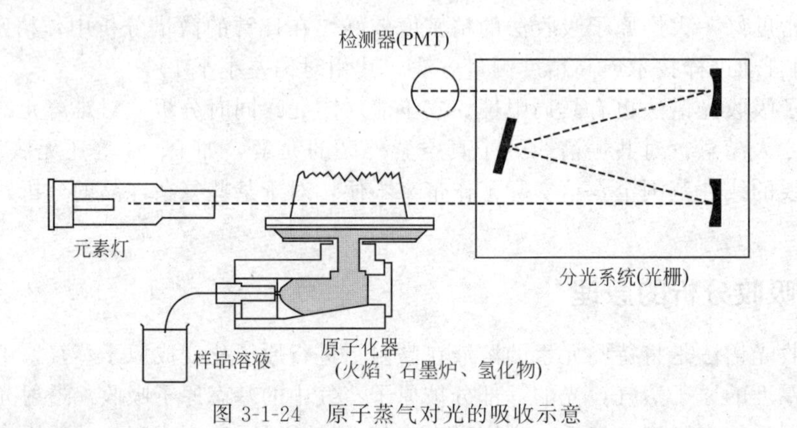

图 3-1-24 原子蒸气对光的吸收示意

四、 原子吸收分光光度计

原子吸收分光光度计结构组成如图 3-1-25 所示。

由光源发出的光通过原子化器产生的被测元素的基态原子层，经单色器分光进入检测器，检测器将光强度变化转变为电信号变化，并经信号处理系统计算出测量结果。

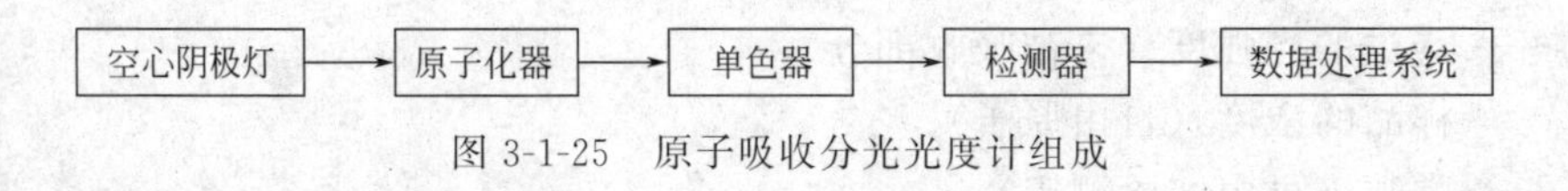

图 3-1-25 原子吸收分光光度计组成

1. 光源

光源的作用是发射被测元素的特征共振辐射。共振辐射的半宽度要小于吸收线的半宽度。目前普遍使用的光源是空心阴极灯。

空心阴极灯是由玻璃管制成的封闭着低压气体的放电管。其主要是由一个阳极和一个空心阴极组成（图 3-1-26）。阴极为空心圆柱形，由待测元素的高纯金属或合金直接制成，贵重金属以其箔衬在阴极内壁。阳极为钨棒，上面装有钛丝或钽片作为吸气剂。灯的光窗材料根据所发射的共振线波长而定，在可见波段用硬质玻璃，在紫外波段用石英玻璃。制作时先抽成真空，然后再充入压力为 267～1333Pa 的少量氖或氩等惰性气体，其作用是载带电流、使阴极产生溅射及激发原子发射特征的锐线光谱。

空心阴极灯发射的光谱，主要是阴极元素的光谱。若阴极物质只含一种元素，则制成的是单元素灯。若阴极物质含多种元素，则可制成多元素灯。多元素灯的发光强度一般都较单元素灯弱。

空心阴极灯的发光强度与工作电流有关。使用灯电流过小，放电不稳定；灯电流过大，溅射作用增强，原子蒸气密度增大，谱线变宽，甚至引起自吸，导致测定灵敏度降低，灯寿命缩短。因此，在实际工作中应选择合适的工作电流。

空心阴极灯是性能优良的锐线光源。由于元素可以在空心阴极中多次溅射和被激发，气态原子平均停留时间较长，激发效率较高，因而发射的谱线强度较大；由于采用的工作电流一般只有几毫安或几十毫安，灯内温度较低，因此热变宽很小；由于灯内充气压力很低，激发原子与不同气体原子碰撞而引起的压力变宽可忽略不计；由于阴极附近的蒸气相金属原子密度较小，同种原子碰撞而引起的共振变宽也很小；此外，由于蒸气相原子密度低、温度低、自吸变宽几乎不存在，因此使用空心阴极灯可以得到强度大、谱线很窄的待测元素的特征共振线。

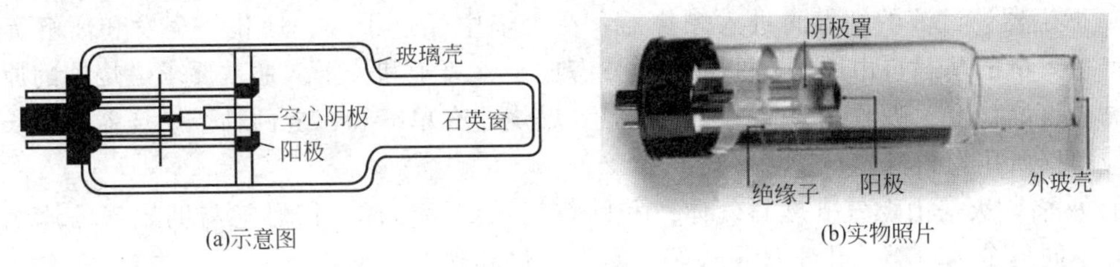

图 3-1-26　空心阴极灯结构

2. 原子化系统

原子吸收光谱分析必须将被测元素的原子转化为原子蒸气，即原子化。被测元素原子化的方法有火焰原子化和非火焰原子化等方法。火焰原子化法利用火焰热能使试样转化为气态原子，非火焰原子化法利用电加热或化学还原等方式使试样转化为气态原子。

（1）火焰原子化器　火焰原子化方法中，常用的是预混合型原子化器，它是由雾化器、雾化室和燃烧器三部分组成（图 3-1-27）。用火焰使试样原子化是目前广泛应用的一种方式。它是将液体试样经喷雾器形成雾粒，这些雾粒在雾化室中与气体（燃气与助燃气）均匀混合，除去大液滴后，再进入燃烧器形成火焰。此时，试液在火焰中产生原子蒸气。

① 火焰原子化系统的特点。

a. 优点：结构简单，操作方便，应用较广；火焰稳定，重现性及精密度较好；基体效应及记忆效应较小。

b. 缺点：雾化效率低，原子化效率低（一般低于 30%），检测限比非火焰原子化器高；使用大量载气，起了稀释作用，使原子蒸气浓度降低，也限制其灵敏度和检测限；某些金属原子易受助燃气或火焰周围空气的氧化作用生成难熔氧化物或发生某些化学反应，也会减小原子蒸气的密度。

② 火焰原子化系统结构

a. 喷雾器　喷雾器是火焰原子化器中的重要部件。它的作用是使试液雾化成细小雾滴，

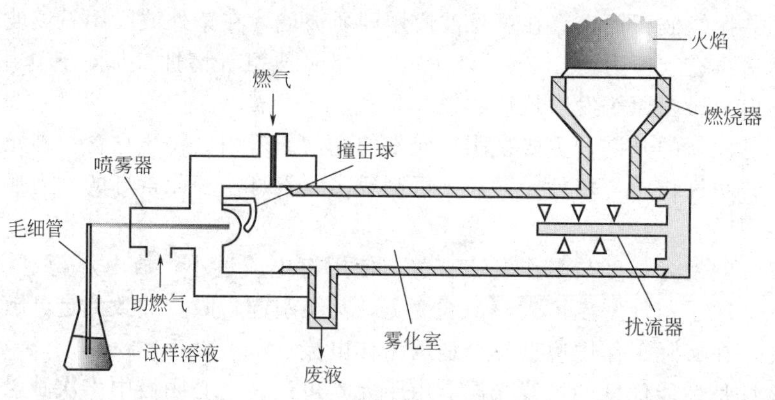

图 3-1-27　预混合型火焰原子化器

雾粒越细、越多，在火焰中生成的基态自由原子就越多。目前应用最广的是气动同心型喷雾器。

b. 雾化室　雾化室的作用主要是去除大雾滴，并使燃气和助燃气充分混合，以便在燃烧时得到稳定的火焰。因此在雾化室中装有撞击球和扰流器，其中扰流器可使雾滴变细，同时可以阻挡大的雾滴进入火焰。一般的喷雾装置的雾化效率为5%～15%。

c. 燃烧器　试液的细雾滴进入燃烧器，在火焰中经过干燥、熔化、蒸发和离解等过程后，产生大量的基态自由原子及少量的激发态原子、离子和分子。通常要求燃烧器的原子化程度高、火焰稳定、吸收光程长、噪声小等。燃烧器有单缝和三缝两种。燃烧器的缝长和缝宽，应根据所用燃料确定。

d. 火焰　火焰由燃气（燃料气体）和助燃气燃烧而形成，按燃气与助燃气的比例（燃助比）不同可分为三类：化学计量火焰、富燃火焰和贫燃火焰。

选择火焰应注意火焰的特性。

ⓐ 火焰温度。选择适宜的火焰条件是一项重要的工作，可根据试样的具体情况，通过实验或查阅有关的文献确定。一般地，选择火焰的温度应使待测元素恰能分解成基态自由原子为宜。若温度过高，会增加原子电离或激发，而使基态自由原子减少，导致分析灵敏度降低。

ⓑ 火焰对光的吸收。选择火焰时，还应考虑火焰本身对光的吸收。烃类火焰在短波区有较大的吸收，而氢火焰的透射性能则好得多。对于分析线位于短波区的元素的测定，在选择火焰时应考虑火焰透射性能的影响。

ⓒ 燃烧速度。燃烧速度是指由着火点向可燃烧混合气其他点传播的速度。为了获得稳定的火焰，可燃混合气的供应速度应大于燃烧速度。但若供气速度过大，会使火焰不稳定，甚至使火焰吹熄；若供气速度过小，会使火焰产生回闪。

乙炔-空气火焰是原子吸收测定中最常用的火焰，该火焰燃烧稳定，重现性好，噪声低，温度高，对大多数元素有足够高的灵敏度，但它在短波紫外区有较大的吸收。

氢-空气火焰是氧化性火焰，燃烧速度较乙炔-空气火焰高，但温度较低，优点是背景发射较弱，透射性能好。

乙炔-氧化亚氮火焰其优点是火焰温度高，而燃烧速度并不快，适用于难原子化元素的测定，用它可测定70多种元素。

几种常见火焰的燃烧特征见表3-1-2。

表 3-1-2　几种常见火焰的燃烧特征

燃气	助燃气	最高着火温度/K	最高燃烧速度/(cm/s)	最高燃烧温度/K	
				计算值	实验值
乙炔	空气	623	158	2523	2430
	氧气	608	1140	3341	3160
	氧化亚氮		160	3150	2990
氢气	空气	803	310	2373	2318
	氧气	723	1400	3083	2933
	氧化亚氮		390	2920	2880
煤气	空气	560	55	2113	1980
	氧气	450		3073	3013
丙烷	空气	510	82		2198
	氧气	490			2850

（2）非火焰原子化器　非火焰原子化器常用的是石墨炉原子化器，它是用电热能提供能量以实现元素的原子化的。

① 石墨炉原子化法的特点

a. 优点

ⓐ 灵敏度高，检测限低。这是由于温度较高，原子化效率高；管内原子蒸气不被载气稀释，原子在吸收区域中平均停留时间长；经干燥、灰化过程，起到了分离、富集的作用。

ⓑ 原子化温度高。可用于那些较难挥发和原子化的元素的分析。在惰性气体气氛下原子化，对于那些易形成难解离氧化物的元素的分析更为有利。

ⓒ 进样量少。溶液试样量仅为1～50μL，固体试样量仅为几毫克。

b. 缺点

ⓐ 精密度较差。管内温度不均匀，进样量、进样位置的变化引起管内原子浓度的不均匀等因素所致。

ⓑ 基体效应、化学干扰较严重，有记忆效应，背景较强。

ⓒ 仪器装置较复杂，价格较贵，需要水冷。

② 石墨炉原子化器的结构　石墨炉原子化器由电源、保护气系统、石墨管等三部分组成（图 3-1-28）。

③ 原子化过程　石墨炉原子化器的升温程序及试样在原子化器中的物理化学过程为试样以溶液（一般为1～50μL）或固体（一般几毫克）从进样孔加到石墨管中，用程序升温的方式使试样原子化，原子化过程可分为四个阶段，即干燥、灰化、原子化和净化。

a. 干燥　干燥的目的主要是除去溶剂，以避免溶剂存在时导致灰化和原子化过程飞溅。干燥的温度一般稍高于溶剂的沸点，如水溶液一般控制在105℃。干燥的时间视进样量的不同而有所不同，一般每微升试液约需1.5s。

b. 灰化　灰化的目的是为尽可能除去易挥发的基体和有机物，这个过程相当于化学处理，不仅减少了可能发生干扰的物质，而且对被测物质也起到富集的作用。灰化的温度及时间一般要通过实验选择，通常温度在100～1800℃，时间为0.5～1min。

c. 原子化　原子化是使试样解离为中性原子。原子化的温度随被测元素的不同而异，原子化时间也不尽相同，应该通过实验选择最佳的原子化温度和时间，这是原子吸收光谱分析的重要条件之一。一般温度可达2500～3000℃之间，时间为3～10s。在原子化过程中，应停止氩气通过，以延长原子在石墨炉管中的平均停留时间。

d. 净化　它是在一个样品测定结束后，把温度提高，并保持一段时间，以除去石墨管

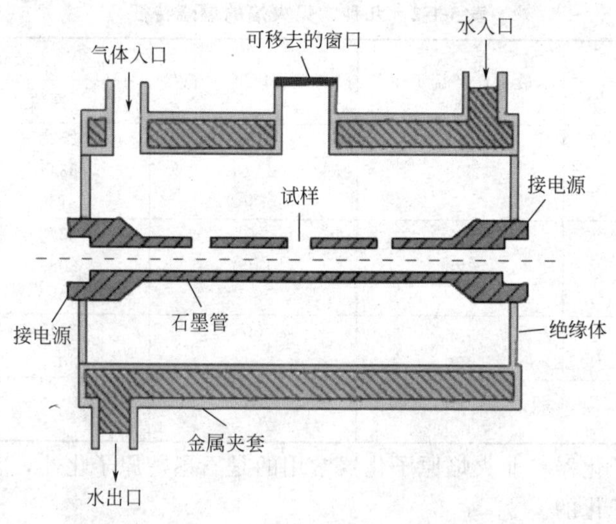

图 3-1-28　石墨炉原子化器的结构

中的残留物，净化石墨管，减少因样品残留所产生的记忆效应。除残温度一般高于原子化温度10%左右，除残时间通过选择而定。

（3）低温原子化法　低温原子化法又称化学原子化法，其原子化温度为室温至摄氏数百度。常用的有汞低温原子化法及氢化物原子化法。

① 汞低温原子化法　汞在室温下，有一定的蒸气压，沸点为357℃。只要对试样进行化学预处理还原出汞原子，由载气（Ar或N_2）将汞蒸气送入吸收池内测定。

② 氢化物原子化法　适用于Ge、Sn、Pb、As、Sb、Bi、Se和Te等元素。在一定的酸度下，将被测元素还原成极易挥发与分解的氢化物，如AsH_3、SnH_4、BiH_3等。这些氢化物经载气送入石英管后，进行原子化与测定。

3. 单色器

它是将光源发射的复合光分解成单色光并可从中选出一任意波长单色光的光学系统。单色器由入射和出射狭缝、反射镜和色散元件组成，可将被测元素的共振吸收线与邻近谱线分开。由锐线光源发出的辐射的光谱，谱线比较简单，对单色器的分辨率要求不高，能分开Mn 279.5和279.8即可。

（1）入射狭缝　光源的光由此进入单色器。

（2）准光装置　透镜或反射镜使入射光成为平行光束。

（3）色散元件　将复合光分解成单色光，如棱镜或光栅。

（4）聚焦装置　透镜或凹面反射镜，将分光后所得单色光聚焦至出射狭缝。

（5）出射狭缝。

4. 检测器

检测系统由光电管、放大器和显示装置等组成。

（1）光电元件　一般采用光电倍增管，其作用是将经过原子蒸气吸收和单色分光后的微弱信号转变为电信号。光电倍增管的工作电源应有较高的稳定性。如工作电压过高、照射的光过强或光照时间过长，都会引起疲劳效应。

（2）放大器　放大器的作用是将光电倍增管输出的电压信号放大后送入显示器，放大器分交流、直流放大器两种。

（3）显示装置　放大器放大后的电信号经对数转换器转换成吸光度信号，再采用微安表或检流计直接指示读数，或用数字显示器显示，或以记录仪打印进行读数。

五、 仪器的类型

原子吸收分光光度计，按光束分为单光束与双光束型原子吸收分光光度计；按调制方法分为直流与交流型原子吸收分光光度计；按波道分为单道、双道和多道型原子吸收分光光度计。

目标自测

（1）原子吸收分光光度法分析的原理是什么？

（2）原子吸收分光光度计的基本组成部件有哪些？

（3）石墨炉原子化过程包括几个阶段？各阶段有何作用？

项目四　全乳成分分析仪

学习目标

1. 了解红外光谱法的原理。
2. 掌握 FT120 全乳成分分析仪工作原理。
3. 掌握 FT120 全乳成分分析仪基本结构。
4. 掌握 FT120 全乳成分分析仪操作流程。

一、 红外光谱法概述

1800 年，英国物理学家赫谢尔（Frederik William Herschel）在测定太阳光谱时，确认了红外辐射的存在，这是红外光谱的萌芽阶段。由于当时没有精密仪器可以检测，所以一直没能得到发展。过了近一个世纪，才有了进一步研究并引起注意。1905 年，库柏伦茨（Coblentz）测得了 128 种有机和无机化合物的红外光谱，引起了光谱界的极大轰动。这是红外光谱开拓及发展的阶段。到了 20 世纪 30 年代，光的二象性、量子力学及科学技术的发展，为红外光谱的理论及技术发展提供了重要的基础。

20 世纪中期以后，红外光谱在理论上更加完善，而其发展主要表现在仪器及实验技术上的发展：从 20 世纪 40 年代末至今，红外光谱仪从第一代以棱镜为分谱元件、第二代以光栅为分谱元件、直至 20 世纪 70 年代发展起来的第三代以干涉图为基础进行傅里叶变换获得分谱的红外分光光度计（FTIR），经历了大约半个世纪的发展，形成了很多有效的实用光谱技术。现在红外光谱仪与其他仪器如 GC、HPLC 联用，更扩大了它的使用范围。而用计算机存储及检索光谱，使分析更为方便和快捷。

1. 红外光谱法特点

与紫外-可见吸收光谱不同，产生红外光谱的红外光的波长要长得多，因此光子能量低，物质分子吸收红外光后，只能引起振动和转动能级跃迁，不会引起电子能级跃迁，所以红外光谱一般称为振动-转动光谱。

紫外-可见吸收光谱常用于研究不饱和有机化合物，特别是具有共轭体系的有机化合物，而红外光谱法主要研究在振动中伴有偶极矩变化的化合物。因此，除了单原子分子和同核分子，如 Ne、He、O_2、H_2 等之外，几乎所有的有机化合物在红外光区均有吸收。红外吸收谱带的波数位置、波峰的数目及其强度，反映了分子结构上的特点，可以用来鉴定未知物的分子结构组成或确定其化学基团；而吸收谱带的吸收强度与分子组成或其化学基团的含量有关，可用来进行定量分析和纯度鉴定。该方法具有如下特点：

① 红外光谱分析对气体、液体、固体样品都可以测定。

② 分析速度快、特征性强；在使用 FT120 进行牛乳营养成分检测时，基本不需要前处理过程，检测时间为 30～45s/样品（根据样品黏度）。

③ 具有用量少、不破坏样品等特点，使得红外光谱法成为现代分析化学和结构化学不可缺少的工具。

2. 红外光谱应用

（1）定性分析

① 已知物的鉴定　将试样的图谱与标准的图谱进行对照，或者与文献上的图谱进行对

照。如果两张图谱各吸收峰的位置和形状完全相同，峰的相对强度一样，就可以认为样品是该标准物。如果两张图谱不一样，或峰位不一致，则说明两者不为同一化合物，或样品有杂质。如用计算机图谱检索，则采用相似度来判别。

② 未知物结构的测定。测定未知物的结构，是红外光谱法定性分析的一个重要用途，如果未知物不是新化合物，可以通过两种方式利用标准图谱进行查对：方式一，查阅标准图谱的谱带索引，以寻找与试样光谱吸收带相同的标准图谱。方式二，进行光谱解析，判断试样的可能结构，然后由化学分类索引查找标准谱图对照核实。

(2) 定量分析　红外光谱定量分析是通过对特征吸收谱带强度的测量来求出组分的含量，其理论依据是朗伯-比尔定律。

二、 红外光谱法的原理

红外光谱又称分子振动-转动光谱，也是一种分子吸收光谱。当样品受到频率连续变化的红外光照射时，分子吸收了某些频率的辐射，并由其振动或转动运动引起偶极矩的净变化，产生分子振动和转动能级从基态到激发态的跃迁，使相应于这些吸收区域的透射光强度减弱，记录红外光的百分透射比与波数或波长关系的曲线，就得到了红外光谱。红外光谱法能进行定性和定量分析，并且可以根据分子的特征吸收来鉴定化合物和分子结构。

目前红外光谱仪在生乳掺假检测、牛乳营养成分检测和复原乳的检测方面有很多报道，同时在乳制品生产过程中的在线分析也有所应用。随着红外光谱仪的发展，专门用在乳制品生产、检测中的设备已经越来越多。目前代表品牌及型号有 FOSS FT120、Delta LactoScope FTIR 等。本部分内容重点介绍 FOSS FT120 的使用及原理。

三、 FT120 快速乳成分分析仪

1. FT120 基础

随着人们生活水平的提高，牛乳及乳制品的需求量日益增加。而在乳制品加工过程中，间或会有个别不法奶农或收奶站为牟取利益在生乳中非法添加其他物质勾兑出与牛乳成分接近的假乳，这些物质有的严重危害人体健康。检测乳及乳制品，传统的检测方法往往费时费力、操作复杂，FT120 除了具有红外光谱仪的特点外，还具有样品基本不需要前处理、操作简单等优点，目前一些大型乳品企业实验室内均配备了 FT120 来提高检测速度（图 3-1-29）。

图 3-1-29　FT120 外观图

(1) FT120 模块介绍　FT120 基本模块可分析的乳样：纯乳（生乳，成品乳）、发酵

乳、奶油、乳清；应用模块可分析的乳样：酸奶、改良型成品乳、加糖乳、婴儿乳等。

（2）FT120 测定指标　FT120 可以提供的生化指标有：乳脂（脂肪）Fat、蛋白质 Protein、乳糖 Lactose、全乳固体（总固）TS（total solids）、非脂乳固体 SNF（solid non fat）、乳酸 Lactic Acid、蔗糖 Sucrose、葡萄糖 Glucose、果糖 Fructose、柠檬酸 Citric acid、冰点降低点 FPD（freezingpoint depression）、密度 Density、总酸度 Total acidity、游离脂肪酸 Free fatty acids、全糖 Total sugars、酪蛋白 Casein、碳水化合物 carbohydrate 等。

2. FT120 结构

FT120 主要由主机和计算机两大部分组成，主机包括光学系统和流路系统。

（1）光学系统结构（干涉仪）。

（2）流路系统结构（图 3-1-30）。

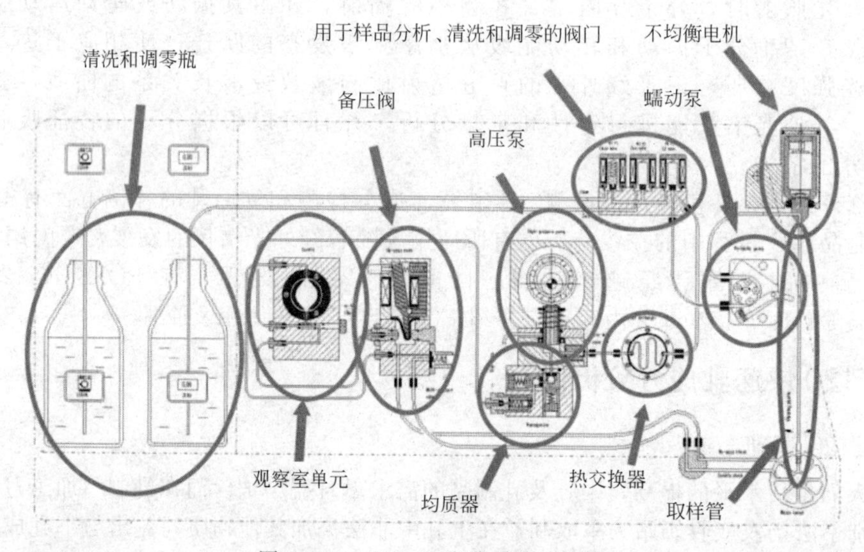

图 3-1-30　FT120 流路系统结构图

① 不均衡电机：给取样器的振动提供动力，振动清洁取样管过滤器。

② 取样管和液位探测器。

③ 蠕动泵：滚轮和滑块配合，旋转吸取牛乳的动力给均质器提供入口压力，反向旋转清洗取样管。

④ 电磁阀组：不同的电磁阀动作，控制不同的液体进入流路。

⑤ 热交换器：预热进入流路的液体，样品从 5～39℃预热到 40℃。单个样品超过 55℃还可以测量，连续的多个高温样品将使光路系统过热导致故障。

⑥ 高压泵：为均质器的均质提供动力。

⑦ 均质器。

⑧ 背压阀和旁路阀。

⑨ 在线过滤器。

⑩ 观察室。

⑪ 清洗和调零瓶。

3. FT120工作原理

（1）流路系统工作原理　假设有一个样品在取样管下，当仪器开动时开始下列4个工作。

① 为了保持分离器清洁，取样管开始振动；

② 蠕动泵开始吸入样品；

③ 高压泵开始吸样；

④ 旁路阀打开使废液离开流动系统。

尤其是对于高黏度样品，必须有高压将样品吸入热交换器，这个压力由蠕动泵来提供。蠕动泵的功能相对于高压泵来说是一个升压泵。当样品通过热交换器时，样品从5～39℃加热到40℃，超过55℃的简单样品还可以测试。但是，一系列的热样品将会使干涉仪系统过热，导致故障。样品通过热交换器后，在200bar（1bar＝10^5Pa）压力下的两步均质机中被均质，压力由高压泵提供。样品均质后，进入在线过滤器，然后通过旁路阀进入废液桶。这也是在将前面的样品清洗出系统，并且使粒子离开分离器。85％的样品是用作清洗的，剩下的样品按如下路线走：旁路阀关闭，也就是说样品通过在线过滤器而进入观察室。在在线过滤器中所有可能污染容器的粒子都被驱走。现在样品进入1.5bar压力的背压阀，然后进入废液桶。这个状态一直持续到剩下的样品已经吸入系统中，并且分析测试结束时为止。温度和压力一直保持不变，直到下一个样品吸入到观察室时为止。

（2）傅里叶变换红外光谱测量原理　FT120乳品分析仪采用傅里叶变换红外光谱技术（FTIR）开发，FTIR能扫描到整个红外光谱，为全新应用和分析样品开辟了一个新领域。

① 干涉光谱的基本原理　相对于传统技术来说，干涉光谱技术是一个非常具有竞争性的技术。来自红外光谱源的所有频率的光都被一起处理，没有预先的选择过程，一个完整的光谱扫描小于1s。根据光的干涉原理，作为两个干涉源之间的不同光程的函数调制信号的振幅，干涉仪记录下由探测器测得的光的强度，它是动镜移动而产生不同光程的函数。借助于与红外光束相同路径的激光束的测量就可以得到动镜的微小位移。然而，干涉光谱由动镜的位置决定而与波长本身无关。FT120乳品分析仪操作来自红外光源的红外光束照射到光分束器，将一半光束送到一个定镜，另一半光束送到动镜。经由两镜片发射的红外光束在达到探测器之前重新结合。所有频率的红外光束在同一时间通过干涉仪，并且动镜的快速和小范围移动能保证同时产生完整的红外光谱。

② 傅里叶变换的原理　傅里叶转换原理是每个函数都可以分成几个正弦函数的总和，每个正弦函数由两个值来限定：波长（频率）和强度（振幅）。傅里叶转换是一个数学程序，将干涉光谱分解成几个正弦函数之和，每个正弦函数代表某个波。这个波的波长和强度从干涉光谱的数据计算。在几秒内，干涉光谱被分光计收集，通过傅里叶转换计算，最后转变成样品的一个完整光谱。在这里使用了光谱学、光密度、变换、光传递和吸收的一般理论以及一个样品中不同成分之间的关系。

4. FT120基本操作

（1）开机　注：FT 120仪器的电源应该一直打开。如果不能做到，则需在测量前仪器至少要打开 1h。

① 预热　启动 FT 120 仪器（将该仪器背面的上下电源拨动开关拨至 ON 状态），通过观察 FT 120 仪器前面左下角的电源指示灯是否亮来判断仪器是否已经开始运行。

② 启动 FT 120 运行的操作系统　打开计算机，运行操作系统。

③ 运行 FT120 程序，观察 FT120 仪器状况　双击 FT120 程序图标，以将 FT120 仪器与计算机连接起来，可以看到启动对话框内出现几条绿色线条后，即可直接进入 FT120 操作软件界面操作。

④ 调零使 FT120 仪器处于待机状态以给样品分析做好预备　待所有仪器报警信息（一般应是温度低报警）消失后立即做一次清洗与调零。

（2）清洗与调零　待所有仪器报警信息消失后，窗口右下角出现 Ready 后，立即进行清洗与调零。在以下情况要进行清洗：

① 测试预计将中断 3～4min 以上；

② 测试过程中每隔 30min 强制清洗一次；

③ 每天工作结束后；

④ 测量分析高黏度或是易污染容器的样品。

操作方法：按下清洗按钮即可。

调零：单击调零按钮 0.00，按程序执行 5 次调零，调零完成后按确定结束。

（3）使用稳定性样品对仪器进行检测　稳定性样品是用于校正仪器，使仪器分析结果稳定的样品，如牛乳样品。要准备一套稳定性样品，每天要用此样品对仪器进行检测。从菜单中选择“Analysis，Analyze special，Pilot Definition”或者敲 shift＋Ctrl＋T 来定义稳定性样品，然后在稳定性样品设定中测量第一个样品，这样就定义了稳定性样品。以后的稳定性样品测定用剩下的样品来做。从按钮板上按标准按钮或按 Ctrl＋T 开始分析测定，操作要与进行稳定性样品定义时的条件相同。如果测量结果超出标准，仪器将分析结果与定义的稳定性样品结果做比较并且发出警告。在 FT120 仪器中每个稳定性样品的测量结果都与定义的稳定性样品的结果比较，并且在程序中设定了稳定性样品的限度范围。

用稳定性样品进行常规检测时，FT120 选择特殊数据记录下来，根据 IDF 推荐的控制图表显示仪器的性能预览。

（4）样品分析

① 分析样品前准备　一般来说，样品必须是没有变质的，不能是已经结块或分层的，也不能有灰尘和其他外来颗粒。

➤将样品充分摇匀，但应避免用力摇动，防止样品中产生气泡使仪器工作异常和精度降低。

➤为获得准确的数据，应将样品预热到 40℃左右再分析，低于 7℃或高于 50℃的样品不可以用来分析。

➤如果样品在分析前有气泡或泡沫混杂在内，可以在样品排空到分析阶段排除。

② 开始分析

➤屏幕上，“Start Analysis” 按钮  变成绿色，此时说明仪器已准备就绪，允许进行下列操作。

➤选择产品程序：在窗口左侧，用鼠标双击选定的产品图标。

➤轻轻取下样品盖，轻柔地混合样品。

➤不用加盖，将样品放到取样管下。

➤点击按钮面板上的“Start Analysis”按钮开始进行分析，也可以按仪器取样管右上端的手动开始按钮来启动分析。

➤一旦样品被吸入泵内，“Start Analysis”按钮便会变成绿色，同时 LED 指示灯亮。此时，另一新的样品便可以放在取样管下。当完成样品的分析测量后，测量结果便在结果窗口显示出来。最后一次分析完成后，样品所有的成分的平均值会在结果窗口显示。

③ 样品名称和备注的输入

√用鼠标双击结果窗口内的样品标号或按 F7 键，在跳出的对话框内直接输入样品名称和备注。

④ 中断分析测量

√如果样品量不足以做完一次测量时，可以点击按钮栏上的中断按钮来停止当前操作或者按 F12。

分析样品结束后，立即做清洗与调零。

(5) 关机

√将 FT120 仪器清洗干净后再做一次调零。

√退出 FT120 操作软件。

√关闭计算机。

√关闭 FT120 主机。

(6) FT120 使用注意事项

√当不明白仪器的参数表示什么意思时，不要急于按下 OK、STORE、ENTR 等表示确认的按钮，而应根据屏幕提示按下 CANCEL、EXIT、CLR 等表示取消意思的按钮以便安全退出当前选项。如果不小心按下了 OK、STORE、ENTR 按钮，极可能使仪器无法正常工作，因为仪器的正常参数设置值已被改变。

√严禁猛烈撞击和振动 FT120 仪器。

√不要将带有液体的容器放于 FT120 仪器上，以防容器破裂后液体泄漏损坏仪器。

√除雷雨天或其他情形，FT120 仪器和 UPS 电源均可以一直开机。

√雷雨天或其他非正常情况下，需将 MSC FT120 仪器和其他一切附件设备的电源断开。

(7) FT120 基本维护

• 每日

√机器运行声音

√吸样管过滤器

√检查清洗、调零效果

√基准样监测情况

√检查机器出样量是否正常

√故障及错误信息

• 每周

√检查所有管路

√数据库维护（每周进行 1 次数据库维护）

√清洗在线过滤器

√检查有无部件温度报警

√强力清洗时间

• 每两周

√检查仪器重现性

√检查清洗效率

√检查蠕动泵胶管有无损坏

√检查激光值并记录数值

√检查各部件温度并记录数值

• 每月

√清洗/更换 Filter Assembly (P/N：495465) 中的 Inline filter (P/N：538660)，该过滤网被包装在 P/N：539304 内，P/N：538660 为 10 个/包装

√所有管路检查，发现有污染的及时更换

√每月对乳成分分析仪操作系统和数据部分进行检查备份

√每月通过计算检测样品次数和硬件运行时间，判定其主要光路和压力部件的性能，每月对仪器易损、易坏件进行检查、调换

√每月对所有含乳产品的模块进行一次全项验证比对

• 每季

√加热器是否已腐蚀

√单向阀是否已污染

√清洗高压泵泵头

√清洗均质器

• 每年

➢每年或检样量达到 20 万次以上对仪器进行一次维护，更换必要的磨损部件

目标自测

1. 与紫外-可见吸收光谱不同，产生红外光谱的红外光的波长要__________得多，因此光子能量__________，物质分子吸收红外光后，只能引起__________和__________，不会引起电子能级跃迁，所以红外光谱一般称为__________光谱。

2. 红外光谱法主要研究__________的化合物。

3. 红外光谱法有哪些特点?

4. 简述红外光谱法的原理。

5. FT120 主要由主机和计算机两大部分组成，主机包括__________系统和__________系统。

6. 简述 FT120 的基本操作步骤。

7. 使用 FT120 有哪些注意事项?

项目五　电位分析法

学习目标

1. 了解电位是如何产生的。
2. 了解电极电位的测量方法。
3. 掌握 pH 计的工作原理。
4. 掌握 pH 计的基本组成及各部件功能。
5. 掌握 pH 计的调试和使用方法。
6. 能够正确使用 pH 计测量溶液的 pH 值。

一、电位

1. 电极电位的产生

两种导体接触时，其界面的两种物质可以是固体-固体、固体-液体及液体-液体。因两相中的化学组成不同，故将在界面处发生物质迁移。若进行迁移的物质带有电荷，则在两相之间产生一个电位差。如锌电极浸入 $ZnSO_4$ 溶液中，铜电极浸入 $CuSO_4$ 溶液中。

任何金属晶体中都含有金属离子、自由电子。一方面，金属表面的一些原子有把电子留在金属电极上，而自身以离子形式进入溶液的倾向，金属越活泼，溶液越稀，这种倾向越大；另一方面，电解质溶液中的金属离子又有从金属表面获得电子而沉积在金属表面的倾向，金属越不活泼，溶液浓度越大，这种倾向也越大。这两种倾向同时进行着，并达到暂时的平衡。

若金属失去电子的倾向大于获得电子的倾向，达到平衡时将是金属离子进入溶液，使电极上带负电，电极附近的溶液带正电；反之，若金属失去电子的倾向小于获得电子的倾向，结果是电极带正电而其附近溶液带负电。因此，在金属与电解质溶液界面形成一种扩散层，亦即在两相之间产生了一个电位差，这种电位差就是电极电位。实验表明，金属的电极电位大小与金属本身的活泼性、金属离子在溶液中的浓度以及温度等因素有关。

2. 电极电位的测量

单个电极的电位是无法测量的，因此，由待测电极与参比电极组成电池用电位计测量该电池的电动势（图 3-1-31），即可得到该电极的相对电位。相对于同一参比电极的不同电极的相对电位是可以相互比较的，并可用于计算电池的电动势。常用的参比电极有标准氢电极与甘汞电极。

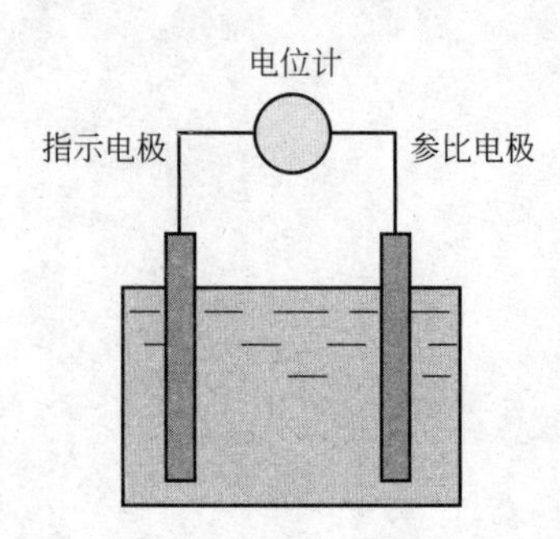

图 3-1-31　电极电位

（1）标准氢电极　将镀有铂黑的铂电极浸入 H^+ 活度为 1 的 HCl 溶液中，通入氢气，使铂电极上不断有氢气泡冒出，保证电极既与溶液又与氢气持续接触，液相上氢气分压保持在 101325Pa。

在标准氢电极中有如下平衡：

$$2H^+ + 2e \longrightarrow H_2$$

当$[H^+]=1mol/L$，$pH_2=101325Pa$时，称为标准氢电极。

即标准氢电极的条件为：H^+活度为1；氢气分压为101325Pa。

规定：任何温度下，氢电极的电位为“零”。习惯上以标准氢电极为负极，以待测电极为正极：标准氢电极 || 待测电极。此时，待测电极进行还原反应，作为正极，测得电动势为正值。若测得电动势为负值，则待测电极进行氧化反应，是负极，氢电极为正极。

（2）甘汞电极　由于氢电极使用不便，且实验条件苛刻，故常用甘汞电极作为参比电极。甘汞电极有多种，但基本原理相同。甘汞电极由汞、氯化亚汞（Hg_2Cl_2，甘汞）和饱和氯化钾溶液组成。

（3）标准电极　氯化银电极是由表面覆盖有氧化银的多孔金属银浸在含有Cl^-的溶液中构成的电极。氯化银电极可表示为$Ag/Ag/Cl^-$，电极反应为

$$AgCl+e=Ag+Cl^-$$

与甘汞电极相同，其电极电位取决于Cl^-的浓度。

3. 电极的极化

若一电极的电极反应可逆，通过电极的电流非常小，电极反应在平衡电位下进行，该电极称为可逆电极。如Ag|AgCl等都可近似为可逆电极。当有较大电流通过电池时，电极电位将偏离可逆电位，不再满足能斯特方程，电极电位改变很大，而电流变化很小，这种现象称为电极极化。电池的两个电极均可发生极化。

极化程度的影响因素有：

① 电极的大小、形状；

② 电解质溶液的组成；

③ 温度；

④ 搅拌情况；

⑤ 电流密度。

二、pH计

pH计，又称作pH酸度计或者酸度计，是利用化学上的原电池的原理工作的。原电池的两个电极间的电动势不仅与电极的自身属性有关，还与溶液里的氢离子浓度有关。

1. 基本原理

pH计，即酸度计，是用来测定溶液pH值的一种仪器，是利用溶液的电化学性质测量氢离子浓度，以确定溶液酸碱度的传感器。氢离子浓度的对数的负值称为pH值。通常pH值为0～14。25℃中性水的pH值为7，pH值小于7的溶液为酸性，pH值大于7为碱性。温度对水的电离系数有较大影响，引起pH值的中性点随温度而改变。

pH计进行pH值测量的原理就是利用电位分析法，建立离子活度与电动势之间的关系，通过测量原电池的电流进行pH值的测量。

电位分析法所用的电极被称为原电池。原电池是一个系统，它的作用是使化学反应能量转变成为电能。此电池的电压被称为电动势（EMF）。此电动势（EMF）由两个半电池构成，其中一个半电池称作测量电极，它的电位与特定的离子活度有关，如H^+；另一个半电池为参比半电池，通常称作参比电极，它一般是与测量溶液相通，并且与测量仪表相连。

2. 基本组成

用酸度计进行电位测量是测量 pH 值最精密的方法之一。pH 计由三个部件构成：

① 一个参比电极；

② 一个玻璃电极，其电位取决于周围溶液的 pH；

③ 一个电流计，该电流计能在电阻极大的电路中测量出微小的电位差。

由于采用最新的电极设计和固体电路技术，现在最好的 pH 计可分辨出 0.005pH 单位。

功能：参比电极的基本功能是维持一个恒定的电位，作为测量各种偏离电位的对照。银-氧化银电极是目前 pH 计中最常用的参比电极。玻璃电极的功能是建立一个对所测量溶液的氢离子活度发生变化做出反应的电位差。把对 pH 敏感的电极和参比电极放在同一溶液中，就组成一个原电池，该电池的电位是玻璃电极和参比电极电位的代数和，即 $E_{电池}=E_{参比}+E_{玻璃}$。如果温度恒定，这个电池的电位随待测溶液的 pH 变化而变化，而测量酸度计中的电池产生的电位比较困难，因其电动势非常小，且电路的阻抗又非常大（1～100MΩ）。因此，必须把信号放大，使其足以推动标准毫伏表或毫安表。电流计的功能就是将原电池的电位放大若干倍，放大了的信号通过电表显示，电表指针偏转的程度表示其推动的信号的强度。为了使用上的需要，pH 电流表的表盘刻有相应的 pH 数值；而数字式 pH 计则直接以数字显示出 pH 值。

3. 分类

人们根据生产与生活的需要，科学地研究生产了许多型号的酸（碱）度计。按测量精度可分为 0.2 级、0.1 级、0.01 级或更高精度；按仪器体积分有笔式（迷你型）、便携式、台式还有在线连续监控测量的在线式。

根据使用的要求分为笔式（迷你型）与便携式 pH 酸（碱）度计，一般是检测人员带到现场检测使用。

选择 pH 酸（碱）度计的精度级别是根据用户测量所需的精度决定，而后根据用户方便使用而选择各式形状的 pH 计。

4. 调试和使用

实验室常用的酸度计有老式的国产上海三本环保科技公司 pHBJ-260 型酸度计（最小分度 0.1 单位）和 pHS-3C 型酸度计（最小分度 0.02 单位），这类酸度计的 pH 值是以电表指针显示。新式数字式 pH 计有国产的科立龙公司的 KL 系列，其设定温度和 pH 值都在屏幕上以数字的形式显示。无论是哪种 pH 计，在使用前均需用标准缓冲液进行二重点校正。

首先阅读仪器使用说明书，接通电源，安装电极。在小烧杯中加入 pH 值为 7.0 的标准缓冲液，将电极浸入，轻轻摇动烧杯，使电极所接触的溶液均匀。按不同的 pH 计所附的说明书读取溶液的 pH 值，校对 pH 计，使其读数与标准缓冲液（pH7.0）的实际值相同并稳定；然后再将电极从溶液中取出并用蒸馏水充分淋洗，将小烧杯中换入 pH4.01 或 0.01 的标准缓冲液，把电极浸入，重复上述步骤使其读数稳定。这样就完成了二重点校正；校正完毕，用蒸馏水冲洗电极和烧杯。校正后切勿再旋转定位调节器，否则必须重新校正。

所测溶液的温度应与标准缓冲液的温度相同。因此，使用前必须调节温度调节器或斜率调节旋钮。先进的 pH 计在线路中安插有温度补偿系统，仪器经初次校正后，能自动调整温度变化。测量时，先用蒸馏水冲洗两电极，用滤纸轻轻吸干电极上残余的溶液，或用待测液洗电极。然后，将电极浸入盛有待测溶液的烧杯中，轻轻摇动烧杯，使溶液均匀，按下读数开关，指针所指的数值即为待测溶液的 pH 值。重复几次，直到数值不变（数字式 pH 计在约 10s 内数值变化小于 0.01pH 值时），表明已达到稳定读数。测量完毕，关闭电源，冲洗电极，玻璃电极要浸泡在蒸馏水中。

5. 保养及注意事项

（1）玻璃电极　玻璃电极在初次使用前，必须在蒸馏水中浸泡一昼夜以上，平时也应浸泡在蒸馏水中以备随时使用。玻璃电极不要与强吸水溶剂接触太久，在强碱溶液中使用应尽快操作，用毕立即用水洗净，玻璃电极球泡膜很薄，不能与玻璃杯及硬物相碰；玻璃膜沾上油污时，应先用酒精，再用四氯化碳或乙醚，最后用酒精浸泡，再用蒸馏水洗净。如测定含蛋白质的溶液的 pH 时，电极表面被蛋白质污染，导致读数不可靠，也不稳定，出现误差，这时可将电极浸泡在稀 HCl（0.1mol/L）中 4～6min 来矫正。电极清洗后只能用滤纸轻轻吸干，切勿用织物擦抹，这会使电极产生静电荷而导致读数错误。甘汞电极在使用时，注意电极内要充满氯化钾溶液，应无气泡，防止断路。应有少许氯化钾结晶存在，以使溶液保持饱和状态，使用时拔去电极上顶端的橡皮塞，从毛细管中流出少量的氯化钾溶液，使测定结果可靠。

另外，pH 测定的准确性还取决于标准缓冲液的准确性。酸度计用的标准缓冲液，要求有较大的稳定性以及较小的温度依赖性。

应用玻璃电极的注意事项有：

① 不用时，pH 电极应浸入缓冲溶液或水中。长期保存时应仔细擦干并放入保护性容器中。

② 每次测定后，用蒸馏水彻底清洗电极并小心吸干。

③ 进行测定前，用部分被测溶液洗涤电极。

④ 测定时要剧烈搅拌缓冲性较差的溶液，否则，玻璃-溶液界面间会形成一层静止层。

⑤ 用软纸擦去膜表面的悬浮物和胶状物，避免划伤敏感膜。

⑥ 不要在酸性氟化物溶液中使用玻璃电极，因为膜会受到 F^- 的化学侵蚀。

（2）复合电极　目前实验室使用的电极都是复合电极，其优点是使用方便，不受氧化性或还原性物质的影响，且平衡速度较快。使用时，将电极加液口上所套的橡胶套和下端的橡皮套全取下，以保持电极内氯化钾溶液的液压差。以下就电极的使用与维护作一简单介绍。

① 复合电极不用时，可充分浸泡在 3mol/L 氯化钾溶液中。切忌用洗涤液或其他吸水性试剂浸洗。

② 使用前，检查玻璃电极前端的球泡。正常情况下，电极应该透明而无裂纹；球泡内要充满溶液，不能有气泡存在。

③ 测量浓度较大的溶液时，尽量缩短测量时间，用后仔细清洗，防止被测液黏附在电极上而污染电极。

④ 清洗电极后，不要用滤纸-擦拭玻璃膜，而应用滤纸吸干，避免损坏玻璃薄膜、防止交叉污染，影响测量精度。

⑤ 测量中注意电极的银-氯化银内参比电极应浸入到球泡内氯化物缓冲溶液中，避免电极显示部分出现数字乱跳现象。使用时，注意将电极轻轻甩几下。

⑥ 电极不能用于强酸、强碱或其他腐蚀性溶液。

⑦ 严禁在脱水性介质如无水乙醇、重铬酸钾等中使用。

（3）标准缓冲液的配制及其保存

① pH 标准物质应保存在干燥的地方，如混合磷酸盐 pH 标准物质在空气湿度较大时就会发生潮解，一旦出现潮解，pH 标准物质即不可使用。

② 配制 pH 标准溶液应使用二次蒸馏水或者是去离子水。如果是用于 0.1 级 pH 计测量，则可以用普通蒸馏水。

③ 配制 pH 标准溶液应使用较小的烧杯来稀释，以减少沾在烧杯壁上的 pH 标准液。存放 pH 标准物质的塑料袋或其他容器，除了应倒干净以外，还应用蒸馏水多次冲洗，然后将其倒入配制的 pH 标准溶液中，以保证配制的 pH 标准溶液准确无误。

④ 配制好的标准缓冲溶液一般可保存 2～3 个月，如发现有浑浊、发霉或沉淀等现象时，不能继续使用。

⑤ 碱性标准溶液应装在聚乙烯瓶中密闭保存。防止二氧化碳进入标准溶液后形成碳酸，降低其 pH 值。

6. 应用

采用 pH 计能更好地控制化学反应，达到提高生产率和产品质量以及安全生产的目的。带有自动记录的 pH 测量系统还可对污染公害提供诉讼的证据。某些间歇生产过程（例如某些化肥生产、食品加工过程）采用 pH 计后可变为连续生产方式。在现代工业中采用 pH 计比其他类型的连续分析仪表的总和还多。几乎凡需用水的生产部门都需要采用 pH 计。其应用范围从工业用水和废物处理到采矿中的浮选过程，包括纸浆和造纸、金属加工、化工、石油、合成橡胶生产、发电厂、制药、食品加工等广泛领域。

目标自测

1. pH 计，即酸度计，是用来测定溶液__________的一种仪器，是利用溶液的电化学性质测量__________浓度，以确定溶液酸碱度的传感器。

2. pH 计由三个部件构成：__________、__________、__________。

3. 简述 pH 计的使用步骤。

4. 应用玻璃电极有哪些注意事项?

5. 应用复合电极有哪些注意事项?

仪器分析技能训练

任务一　乳及乳制品中亚硝酸盐与硝酸盐含量

知识储备

知识点 1：亚硝酸盐与硝酸盐的性质及危害

(1) 性质：亚硝酸盐俗称工业用盐，为一种白色或微黄色结晶，有的为颗粒状粉末，无臭、味微咸涩，易潮解，易溶于水。除用于染料生产和某些有机合成、金属表面处理等工业外，在食品生产中亦用作食品着色剂和防腐剂。允许用于肉及肉制品的生产加工中，添加亚硝酸盐可以抑制肉毒芽孢杆菌，并使肉制品呈现鲜红色，但是亚硝酸盐的添加使肉制品中有亚硝酸盐残留。我国食品安全法规定，在肉制品中亚硝酸盐的使用量不得超过 0.15g/kg。

(2) 亚硝酸盐危害

① 亚硝酸盐的急性中毒　大剂量的亚硝酸盐能够引起高铁血红蛋白症，导致组织缺氧，还可使血管扩张血压降低。人体摄入 0.2～0.5g 即可引起中毒，3g 可致死。

中毒机理：亚硝酸盐为强氧化剂，进入人体后，可使血中低铁血红蛋白氧化成高铁血红蛋白，失去运氧的功能，致使组织缺氧，出现青紫而中毒。

② 亚硝酸盐的致癌性　亚硝酸盐是一种允许使用的食品添加剂，只要控制在安全范围内使用不会对人体造成危害。但长期大量食用含亚硝酸盐的食物有致癌的隐患。因为亚硝酸盐在自然界和胃肠道的酸性环境中可以转化为亚硝胺。亚硝胺具有强烈的致癌作用，主要引起食管癌、胃癌、肝癌和大肠癌等。

致癌机理：亚硝酸盐被吃到胃里后，在胃酸作用下与蛋白质分解产物二级胺反应生成亚硝胺。胃内还有一类细菌叫硝酸还原菌，也能使亚硝酸盐与胺类结合成亚硝胺。胃酸缺乏时，此类细菌生长旺盛。故不论胃酸多少，均有利于亚硝胺的产生。

③ 亚硝酸盐致畸性　亚硝酸盐能够透过胎盘进入胎儿体内，六个月以内的胎儿对亚硝酸盐类特别敏感，对胎儿有致畸作用。

在还原菌的作用下，硝酸盐可被还原为亚硝酸盐。所以硝酸盐也会有亚硝酸盐一样的危害，同样需要控制添加量。

知识点 2：什么是缓冲液

缓冲液是一种能在加入少量酸或碱和水时大大降低 pH 变动幅度的溶液。

知识点 3：分光光度法用途

(1) 物质的定性分析　原理：根据物质对于入射光的特征吸收，可应用于物质溶液的定性检测。

① 比较吸收光谱曲线　在相同的条件下，吸收光谱曲线不同，表明物质的化学结构不同。

② 比较最大吸收波长　不同物质的最大吸收波长不同；化学结构相似的物质最大吸收波长相同，吸收系数不同。

③ 比较吸光度的比值　多用于检测物质的纯度（DNA $A_{260}/A_{280}=1.8$，纯度鉴定）。

（2）物质的定量分析

① 标准曲线法　配制一系列不同浓度的标准溶液，用选定的显色剂显色。选用合适波长的入射光。测定时先以空白溶液调节透光率100%，然后分别测定标准系列的吸光度。以吸光度为纵坐标、浓度为横坐标作图，得到一条通过原点的直线，叫做标准曲线（或称 A-c 曲线）。

② 标准管法　对个别样品进行测定，且 A-c 曲线线性良好，直接比较测定结果。

$$A_{标}=K_{标}\ c_{标}\ b_{标}$$

$$A_{测}=K_{测}\ c_{测}\ b_{测}$$

$$c_{测}=A_{测}/A_{标}\times c_{标}$$

子任务一　高锰酸钾吸收曲线的绘制和含量测定

【检测原理】

物质呈现的颜色与光有着密切关系。在日常生活中溶液之所以呈现不同的颜色，是由于该溶液对光具有选择性吸收的缘故。高锰酸钾水溶液对不同波长的光线可有不同的吸收程度。用分光光度计测定相应波长下的高锰酸钾吸光度并作图可得吸收曲线，分析得出高锰酸钾溶液的最大吸收波长。其方法是将不同波长的光依次通过某一定浓度和厚度的有色溶液，分别测出它们对各种波长光的吸收程度（用吸光度 A 表示），以波长为横坐标、吸光度 A 为纵坐标，画出的曲线即为光的吸收曲线（吸收光谱）。光吸收程度最大处的波长，称最大吸收波长，用 λ_{max} 表示。同一物质的不同浓度溶液，其最大吸收波长相同，但浓度越大，光的吸收程度越大，吸收峰就越高。从吸收曲线选定的 λ_{max} 为测定波长，用标准曲线法测定样品溶液的含量。

【任务准备】

（1）试剂　$KMnO_4$。

（2）仪器设备　25mL容量瓶、1000mL容量瓶、滴管、坐标纸、移液管10mL、T6分光光度计。

【任务实施】

（1）吸收曲线的绘制

① 标准溶液的制备　准确称取基准物 $KMnO_4$ 0.1250g，在小烧杯中溶解后全部转入1000mL容量瓶中，用蒸馏水稀释到刻度，摇匀，每毫升含 $KMnO_4$ 为0.1250mg。

② 比色测定

a. 取0.0125% $KMnO_4$ 溶液10mL，加蒸馏水15mL，作为测定管；另用蒸馏水作为空白管。

b. 用T6型分光光度计测定不同波长的吸光度，记录于表3-2-1。

表 3-2-1　测定吸光度

λ/nm	450	460	470	480	490	500
A						
λ/nm	510	515	520	525	530	535
A						
λ/nm	540	550	560	570	580	590
A						

c. 在坐标纸上以吸光度（A）为纵坐标，波长（nm）为横坐标，绘制吸收曲线，并指出最大吸收波长。

（2）标准曲线绘制　取 6 支 25mL 容量瓶，分别加入 0.00mL，2.00mL，4.00mL，6.00mL，8.00mL，10.00mL，$KMnO_4$ 标准液，用蒸馏水稀释到刻度，摇匀。以第一管蒸馏水为空白，在最大吸收波长处，依次测定各溶液的吸光度 A（表 3-2-2）。

表 3-2-2　最大吸收波长处各溶液的吸光度

标准溶液/mL	0.00	2.00	4.00	6.00	8.00	10.00
A						

然后以浓度 c(mg/mL) 为横坐标、相应的吸光度 A 为纵坐标，绘制标准曲线。

（3）样品的测定

① 用一支 25mL 容量瓶，加样品溶液 5mL，用蒸馏水稀释到刻度（约含 $KMnO_4$ 为 0.1～0.5mg），摇匀。依上法操作，测出相应的吸光度（A 值）。

② 计算

$$c_{样(KMnO_4)} = c_{供} \times n$$

式中　$c_{样(KMnO_4)}$——测试样品中 $KMnO_4$ 的浓度，μg/mL；

$c_{供}$——标准曲线中查得的供试液的浓度，μg/mL；

n——样品溶液稀释为供试液的倍数。

子任务二　乳及乳制品中亚硝酸盐与硝酸盐含量测定

【测定原理】

试样经沉淀蛋白质、除去脂肪后，用镀铜镉粒使部分滤液中的硝酸盐还原为亚硝酸盐。在滤液和已还原的滤液中，加入磺胺和 N-1-萘基-乙二胺二盐酸盐，使其显粉红色，然后用分光光度计在 538nm 波长下测其吸光度。将测得的吸光度与亚硝酸钠标准系列溶液的吸光度进行比较，就可计算出样品中的亚硝酸盐含量和硝酸盐还原后的亚硝酸总量；从两者之间的差值可以计算出硝酸盐的含量。

【任务准备】

（1）试剂　测定用水应是不含硝酸盐和亚硝酸盐的蒸馏水或去离子水，化学试剂为分析纯。

为避免镀铜镉柱（还原反应柱）中混入小气泡，柱制备、柱还原能力的检查和柱再生时所用的蒸馏水或去离子水最好是刚煮沸过并冷却至室温的。

① 亚硝酸钠（$NaNO_2$）。

② 硝酸钾（KNO_3）。

③ 镀铜镉柱：镉粒直径 0.3～0.8mm。

④ 硫酸铜溶液：溶解 20g 硫酸铜（$CuSO_4 \cdot 5H_2O$）于水中，稀释至 1000mL。

⑤ 盐酸-氨水缓冲溶液：pH 9.60～9.70。75mL 浓 HCl（质量分数为 36%～38%）溶于 600mL 水中。混匀后，再加入 135mL 浓氨水（质量分数等于 25%的新鲜氨水）。用水稀

释至1000mL，混匀。用精密pH计调pH值为9.60～9.70。

⑥ 2mol/L HCl：160mL的浓HCl（质量分数为36%～38%）用水稀释至1000mL。

⑦ 0.1mol/L HCl：50mL 2mol/L的HCL用水稀释至1000mL。

⑧ 沉淀蛋白质和脂肪的溶液

a. 硫酸锌溶液：将53.5g的硫酸锌（$ZnSO_4 \cdot 7H_2O$）溶于水中，并稀释至100mL。

b. 亚铁氰化钾溶液：将17.2g的三水亚铁氰化钾溶于水中，稀释至100mL。

⑨ EDTA溶液：用水将33.5g的乙二胺四乙酸二钠溶解，稀释至1000mL。

⑩ 显色液1（体积比为450∶550的盐酸）：将450mL浓盐酸（质量分数为36%～38%）加入到550mL水中，冷却后装入试剂瓶中。

⑪ 显色液2（5g/L的磺胺溶液）：在75mL水中加入5mL浓盐酸（质量分数为36%～38%），然后在水浴上加热，用其溶解0.5g磺胺。冷却至室温后用水稀释至100mL。必要时进行过滤。

⑫ 显色液3（1g/L萘胺盐酸盐溶液）：将0.1g *N*-1-萘基-乙二胺二盐酸溶于水，稀释至100mL。必要时过滤。

注：此溶液应少量配制，装于密封的棕色瓶中，于冰箱中2～5℃保存。

⑬ 亚硝酸钠标准溶液：相当于亚硝酸根的浓度为0.001g/L。将亚硝酸钠在110～120℃的范围内干燥至恒重。冷却后称取0.150g，溶于1000mL容量瓶中，用水定容。在使用的当天配制该溶液。取10mL上述溶液和20mL缓冲溶液⑤于1000mL容量瓶中，用水定容。每1mL该标准溶液中含1.00μg的NO_2^-。

⑭ 硝酸钾标准溶液：相当于硝酸根的浓度为0.0045g/L。将硝酸钾在110～120℃的温度范围内干燥至恒重，冷却后称取1.4580g，溶于1000mL容量瓶中，用水定容。在使用当天，于1000mL的容量瓶中，取5mL上述溶液和20mL缓冲溶液⑤，用水定容。每1mL的该标准溶液含有4.50 μg的NO_3^-。

（2）仪器设备　所有玻璃仪器都要用蒸馏水冲洗，以保证不带有硝酸盐和亚硝酸盐。

① 天平：感量为0.1mg和1mg。

② 烧杯：100mL。

③ 锥形瓶：250mL、500mL。

④ 容量瓶：100mL、500mL和1000mL。

⑤ 移液管：2mL、5mL、10mL和20mL。

⑥ 吸量管：2mL、5mL、10mL和25mL。

⑦ 量筒：根据需要选取。

⑧ 玻璃漏斗：直径约9cm，短颈。

⑨ 定性滤纸：直径约18cm。

⑩ 还原反应柱：简称镉柱，如图3-2-1所示。

⑪ 分光光度计：测定波长538nm，使用1～2cm光程的比色皿。

⑫ pH计：精度为± 0.01，使用前用pH7和pH9的标准溶液进行校正。

【任务实施】

（1）制备镀铜镉柱

① 置镉粒于锥形瓶中（所用镉粒的量以达到要求的镉柱高度为准）。加足量的2mol/L HCl以浸没镉粒，摇晃几分钟。滗出溶液，在锥形烧瓶中用水反复冲洗，直到把氯化物全部冲洗掉。向镉粒中加入硫酸铜溶液（每克镉粒约需2.5mL），振荡1min（在镉粒上镀铜）。滗出液体，立即用水冲洗镀铜镉粒（注意镉粒要始终用水浸没）。当冲洗水中不再有铜沉淀时即可停止冲洗。在用于盛装镀铜镉粒的玻璃柱的底部装上几厘米高的玻璃纤维（图

3-2-1）。在玻璃柱中灌入水，排净气泡。将镀铜镉粒尽快地装入玻璃柱，使其暴露于空气的时间尽量短。镀铜镉粒的高度应在15～20cm的范围内。

注：1. 避免在颗粒之间遗留空气；2. 注意不能让液面低于镀铜镉粒的顶部。

② 新制备柱的处理　将由750mL水、225mL硝酸钾标准溶液、20mL缓冲溶液和20mL EDTA溶液组成的混合液以不大于6mL/min的流量通过刚装好镉粒的玻璃柱，接着用50mL水以同样流速冲洗该柱。

（2）检查柱的还原能力　每天至少要进行两次，一般在开始时和一系列测定之后。

① 用移液管将20mL的硝酸钾标准溶液移入还原柱顶部的贮液杯中，再立即向该贮液杯中添加5mL缓冲溶液。用一个100mL的容量瓶收集洗提液。洗提液的流量不应超过6mL/min。

② 在贮液杯将要排空时，用约15mL水冲洗杯壁。冲洗水流尽后，再用15mL水重复冲洗。当第二次冲洗水也流尽后，将贮液杯灌满水，并使其以最大流量流过柱子。

③ 当容量瓶中的洗提液接近100mL时，从柱子下取出容量瓶，用水定容至刻度，混合均匀。

④ 移取10mL洗提液于100mL容量瓶中，加水至60mL左右。然后按标准曲线制作中的相关步骤②和④进行操作。

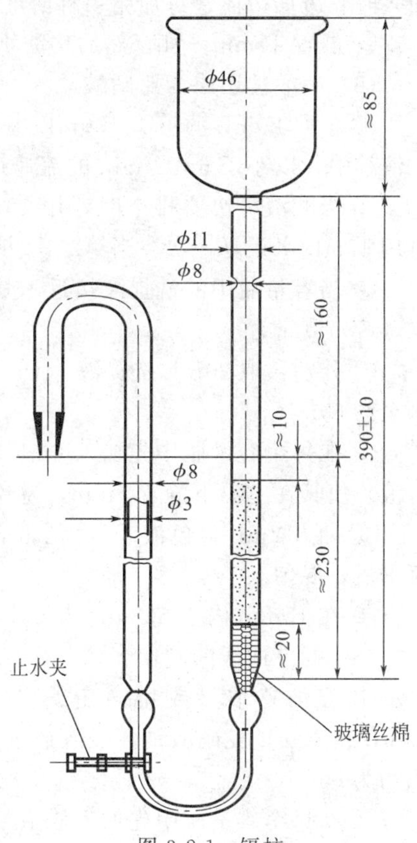

图 3-2-1　镉柱

⑤ 根据测得的吸光度，从标准曲线上可查得稀释洗提液中的亚硝酸盐含量（μg/mL）。据此可计算出以百分率表示的柱还原能力（NO_2^-的含量为0.067μg/mL时还原能力为100%）。如果还原能力小于95%，柱子就需要再生。

（3）柱子再生　柱子使用后，或镉柱的还原能力低于95%时，按如下步骤进行再生。

① 在100mL水中加入约5mL EDTA溶液和2mL 0.1mol/L盐酸，以10mL/min左右的速度过柱。

② 当贮液杯中的混合液排空后，按顺序用25mL水、25mL 0.1mol/L盐酸和25mL水冲洗柱子。

③ 检查镉柱的还原能力，如低于95%，要重复再生。

（4）样品的称取和溶解

① 液体乳样品　量取90mL样品于500mL锥形瓶中，用22mL 50～55℃的水分数次冲洗样品量筒，冲洗液倾入锥形瓶中，混匀。

② 乳粉样品　在100mL烧杯中称取10g样品，准确至0.001g。用112mL 50～55℃的水将样品洗入500mL锥形瓶中，混匀。

③ 乳清粉及以乳清粉为原料生产的粉状婴幼儿配方食品样品　在100mL烧杯中称取10g样品，准确至0.001g。用112mL 50～55℃的水将样品洗入500mL锥形瓶中，混匀。用铝箔纸盖好锥形瓶口，将溶好的样品在沸水中煮15min，然后冷却至约50℃。

（5）脂肪和蛋白质的去除

① 按顺序加入24mL硫酸锌溶液、24mL亚铁氰化钾溶液和40mL缓冲溶液［（1）⑤］，

加入时要边加边摇，每加完一种溶液都要充分摇匀。

② 静置 15min～1h。然后用滤纸过滤，滤液用 250mL 锥形瓶收集。

(6) 硝酸盐还原为亚硝酸盐

① 移取 20mL 滤液于 100mL 小烧杯中，加入 5mL 缓冲溶液，摇匀，倒入镉柱顶部的贮液杯中，以小于 6mL/min 的流速过柱。洗提液（过柱后的液体）接入 100mL 容量瓶中。

② 当贮液杯快要排空时，用 15mL 水冲洗小烧杯，再倒入贮液杯中。冲洗水流完后，再用 15mL 水重复一次。当第二次冲洗水快流尽时，将贮液杯装满水，以最大流速过柱。

③ 当容量瓶中的洗提液接近 100mL 时，取出容量瓶，用水定容，混匀。

(7) 测定

① 分别移取 20mL 洗提液［(6) ③］和 20mL 滤液［(5) ②］于 100mL 容量瓶中，加水至约 60mL。

② 在每个容量瓶中先加入 6mL 显色液 1，边加边混；再加入 5mL 显色液 2。小心混合溶液，使其在室温下静置 5min，避免直射阳光。

③ 加入 2mL 显色液 3，小心混合，使其在室温下静置 5min，避免直射阳光。用水定容至刻度，混匀。

④ 在 15min 内于 538nm 波长处，以空白试验液体为对照测定上述样品溶液的吸光度。

(8) 标准曲线的制作

① 分别移取（或用滴定管放出）0mL、2mL、4mL、6mL、8mL、10mL、12mL、16mL 和 20mL 亚硝酸钠标准溶液于 9 个 100mL 容量瓶中。在每个容量瓶中加水，使其体积约为 60mL。

② 在每个容量瓶中先加入 6mL 显色液 1，边加边混；再加入 5mL 显色液 2。小心混合溶液，使其在室温下静置 5min，避免直射阳光。

③ 加入 2mL 显色液 3，小心混合，使其在室温下静置 5min，避免直射阳光。用水定容至刻度，混匀。

④ 在 15min 内，于 538nm 波长处，以第一个溶液（不含亚硝酸钠）为对照测定另外 8 个溶液的吸光度。

⑤ 将测得的吸光度对亚硝酸根质量浓度作图。亚硝酸根的质量浓度可根据加入的亚硝酸钠标准溶液的量计算出。亚硝酸根的质量浓度为横坐标，吸光度为纵坐标。亚硝酸根的质量浓度以 μg/100mL 表示。

【分析结果表述】

(1) 亚硝酸盐含量　样品中亚硝酸根含量按下式计算：

$$X=\frac{2000\times c_1}{m\times V_1} \tag{3-2-1}$$

式中　X——样品中亚硝酸根含量，mg/kg；

c_1——根据滤液的吸光度，从标准曲线上读取的 NO_2^- 的浓度，μg/100mL；

m——样品的质量（液体乳的样品质量为 90×1.030g），g；

V_1——所取滤液的体积，mL。

样品中以亚硝酸钠表示的亚硝酸盐含量，按式（3-2-2）计算：

$$W(NaNO_2)=1.5\times W(NO_2^-) \tag{3-2-2}$$

式中　$W(NO_2^-)$——样品中亚硝酸根的含量，mg/kg；

$W(NaNO_2)$——样品中以亚硝酸钠表示的亚硝酸盐的含量，mg/kg。

以重复性条件下获得的两次独立测定结果的算术平均值表示，结果保留两位有效数字。

（2）硝酸盐含量　样品中硝酸根含量按下式（3-2-3）计算：

$$X=1.35\times\left[\frac{100000\times c_2}{m\times V_2}-W(NO_2^-)\right] \tag{3-2-3}$$

式中　X——样品中硝酸根含量，mg/kg；

c_2——根据洗提液的吸光度，从标准曲线上读取的亚硝酸根离子浓度，μg/100mL；

m——样品的质量，g；

V_2——所取洗提液的体积，mL；

$W(NO_2^-)$——根据式(3-2-1）计算出的亚硝酸根含量，mg/kg。

若考虑柱的还原能力，样品中硝酸根含量按式(3-2-4）计算：

$$样品中的硝酸根含量(mg/kg)=X=1.35\times\left[\frac{100000\times c_2}{m\times V_2}-W(NO_2^-)\right]\times\frac{100}{r} \tag{3-2-4}$$

式中　r——测定一系列样品后柱的还原能力。

样品中以硝酸钠计的硝酸盐的含量按式(3-2-5）计算：

$$W(NaNO_3)=1.371\times W(NO_3^-) \tag{3-2-5}$$

式中　$W(NO_3^-)$——样品中硝酸根的含量，mg/kg；

$W(NaNO_3)$——样品中以硝酸钠计的硝酸盐的含量，mg/kg。

以重复性条件下获得的两次独立测定结果的算术平均值表示，结果保留两位有效数字。

精密度：由同一分析人员在短时间间隔内测定的两个亚硝酸盐结果之间的差值，不应超过1mg/kg。由同一分析人员在短时间间隔内测定的两个硝酸盐结果之间的差值，在硝酸盐含量小于30mg/kg时，不应超过3mg/kg；在硝酸盐含量大于30mg/kg时，不应超过结果平均值的10%。由不同实验室的两个分析人员对同一样品测得的两个硝酸盐结果之差，在硝酸盐含量小于30mg/kg时，差值不应超过8mg/kg；在硝酸盐含量大于或等于30mg/kg时，该差值不应超过结果平均值的25%。

其他：本法中亚硝酸盐和硝酸盐检出限分别为0.2mg/kg和1.5mg/kg。

任务思考

（1）硝酸盐、亚硝酸盐对人体有何害处？

（2）硝酸盐、亚硝酸盐检测依据的原理是什么？

（3）硫酸锌和亚铁氰化钾有何作用？还有哪些物质具有同样的作用？

（4）亚硝酸盐检测工作曲线如何建立？

（5）检测过程中有哪些注意事项（关键点）？

任务二　高效液相色谱法检测乳与乳制品中三聚氰胺

知识储备

知识点 1： 流动相的性质要求

一个理想的液相色谱流动相溶剂应具有低黏度、与检测器兼容性好、易于得到纯品和低毒性等特征。选好填料（固定相）后，强溶剂使溶质在填料表面的吸附减少，相应的容量因子 k 降低；而较弱的溶剂使溶质在填料表面吸附增加，相应的容量因子 k 升高。因此，k 值是流动相组成的函数。塔板数 N 一般与流动相的黏度成反比。所以选择流动相时应考虑以下几方面：

① 流动相应不改变填料的任何性质　低交联度的离子交换树脂和排阻色谱填料有时遇到某些有机相会溶胀或收缩，从而改变色谱柱填床的性质。碱性流动相不能用于硅胶柱系统。酸性流动相不能用于氧化铝、氧化镁等吸附剂的柱系统。

② 纯度　色谱柱的寿命与大量流动相通过有关，特别是当溶剂所含杂质在柱上积累时。

③ 必须与检测器匹配　使用 UV 检测器时，所用流动相在检测波长下应没有吸收，或吸收很小。当使用示差折光检测器时，应选择折射率与样品差别较大的溶剂作流动相，以提高灵敏度。

④ 黏度要低［应小于 2cP，$1\text{cP}=10^{-3}\text{Pa}\cdot\text{s}$］　高黏度溶剂会影响溶质的扩散、传质，降低柱效，还会使柱压降增加，使分离时间延长。最好选择沸点在 100℃ 以下的流动相。

⑤ 对样品的溶解度要适宜　如果溶解度欠佳，样品会在柱头沉淀，不但影响纯化分离，且会使柱子恶化。

⑥ 样品易于回收　应选用挥发性溶剂。

知识点 2： 1260 型液相色谱仪的硬件系统

1260 型液相色谱仪采用积木式堆积结构，每个模块都有独立的电源，各模块由 CAN 线进行通讯连接，使得各模块形成一整套系统。整个系统的流路自上而下设计、连接，减少了死体积和延迟体积。一般自上而下分别是溶剂柜、真空脱气机、泵、自动进样器、柱温箱、检测器（图 3-2-2）。

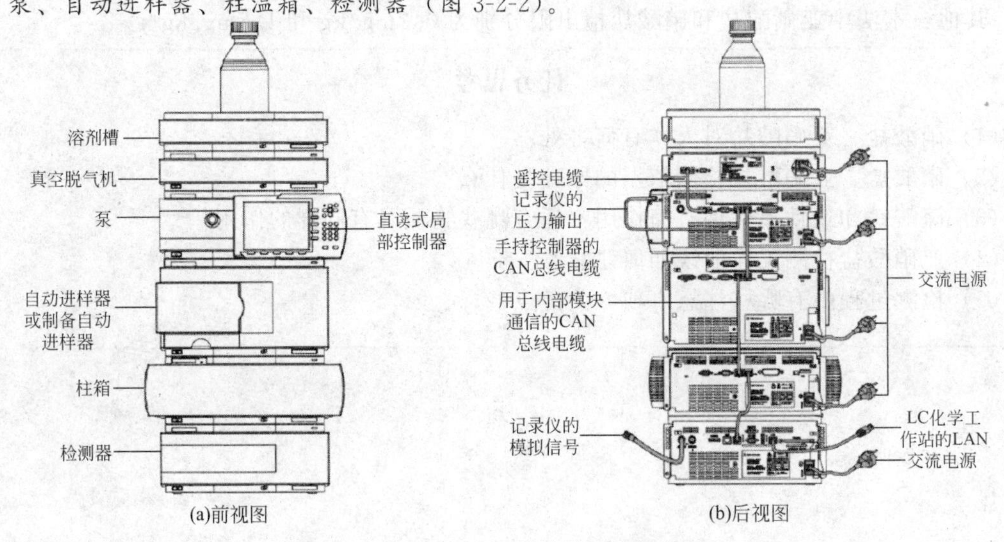

图 3-2-2　1260 型液相色谱前视图和后视图

（1）溶剂柜　放置溶剂瓶，HPLC 管路的入口都装有过滤器，过滤容器中可能有的固体颗粒物。

（2）脱气机　除去溶解在流动相中的气体分子。真空脱气机内部管路使用半透管（膜）材料，允许气体分子通过，液体分子无法通过（图 3-2-3）。当流动相离开脱气机的出口时，几乎被完全脱气。使用脱气机可降低噪声，保证保留时间的重现性。

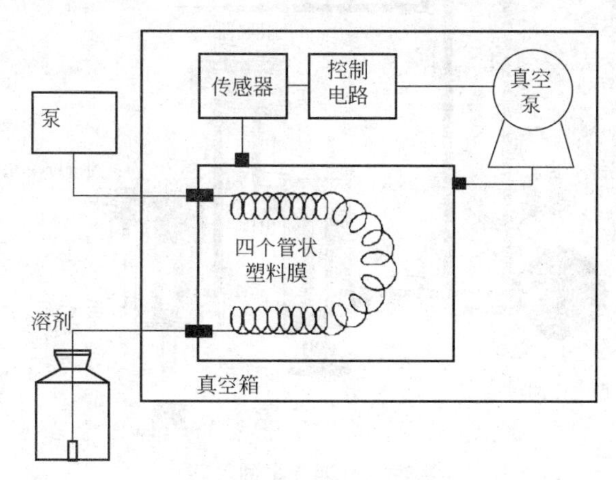

图 3-2-3　真空脱气机工作原理

（3）泵　1260 型液相色谱可选择配置的泵有单元泵、四元泵、二元泵。单元泵不能梯度洗脱，二元和四元都能做梯度洗脱，二元指高压溶剂输送系统（高压梯度），四元指四元低压溶剂输送系统（低压梯度）。二元是由两个高压输液泵，分别各输送一种流动相，实现梯度洗脱，是泵后混合，高压梯度；四元是由一个高压输液泵，通过调节比例阀选择不同的流动相实现梯度洗脱，是泵前混合，低压梯度。

四元泵基于双通道、双活塞串联设计，包括了溶剂输送系统必须实现的所有基本功能（图 3-2-4）。通过一个泵组件，对溶剂进行测量并将溶剂传输至高压位置，该泵组件可产生高达 400bar 的压力。溶剂的脱气是在真空脱气机里完成，溶剂混合是通过高速配量阀在低压区产生。泵部件包括带有一个含可替换柱芯的入口主动阀和一个出口阀的泵头。阻尼单元连接两个泵腔。带有 PTFE 滤芯的冲洗阀装在泵的出样口处，便于启动泵头。当四元泵使用浓的缓冲溶液时要使用主动密封垫冲洗（可选）。

液体从溶剂池流出经脱气机到 MCGV，然后流到入口主动阀。泵组件含有两个大部分相同的活塞/腔单元。两个活塞/腔单元均由一个滚珠丝杠驱动器和一个带有蓝宝石活塞的泵头组成，蓝宝石活塞在里面作往复运动。第一个活塞的冲程体积在 20～100μL 之间，冲程体积的大小取决于流速。微处理器把所有的流速控制在 1μL/min～10mL/min 范围内。第一个活塞/腔单元的入口和入口主动阀相连，这一主动阀的开关受处理器的控制，从而允许溶剂被吸入第一个活塞泵单元。可变磁阻电机从相反方向推动两个滚珠丝杠驱动器。滚珠丝杠驱动器的齿轮有不同的周长（比例为 2∶1），使第一个活塞运动速度为第二个的一倍。溶剂从接近下部极限处进入泵头，随后停留在泵头顶端。活塞的外径比泵头腔的内径要小一些，这样可以让溶剂充满二者之间的间隙。第一个活塞/腔单元的出样口通过出样口球阀和阻尼单元连接到第二个活塞/腔单元的进样口。冲洗阀部件的出样口连接到下一个色谱系统。

泵的使用注意事项有：

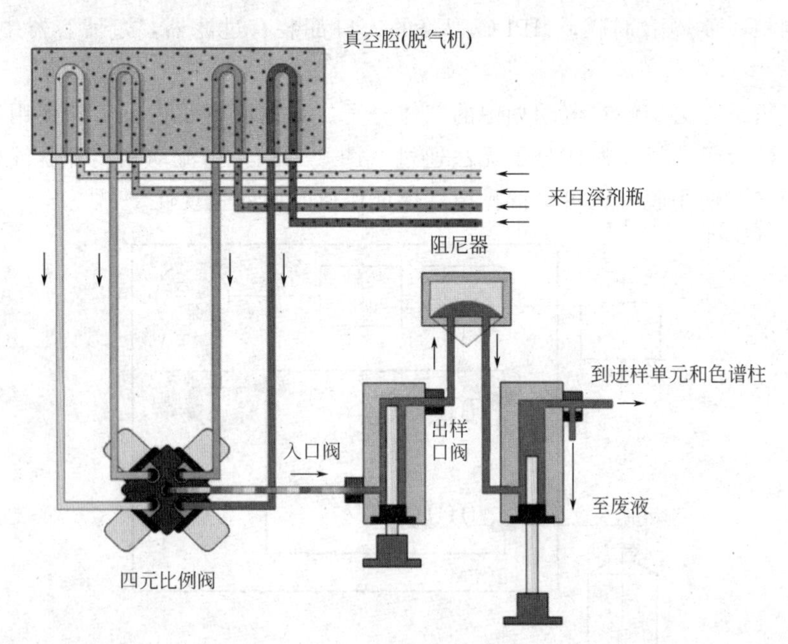

图 3-2-4 四元泵的液路

① 溶剂的过滤、脱气。

② 避免使用腐蚀性溶剂。

③ 在满足分析的前提下，尽可能使用较低的流速——较低的系统压力。

④ 更换过滤头。

⑤ 考虑溶剂的相容性。

⑥ 尽可能使用新鲜的水。

⑦ 使用 0.01mol/L 以上浓度的缓冲溶液要选配柱塞清洗组件，清洗液不能干涸。

⑧ 使用正相溶剂比如环己烷时，建议使用聚乙烯密封垫，部件号为 0905-1420，在 0～200bar 下使用聚乙烯密封垫比标准密封垫更耐磨损。

⑨ 需要注意的是，当使用盐溶液和有机溶液时，建议将盐溶液接到四元比例阀下面的通道上，有机溶剂接到同一侧上面的通道。如果经常使用盐溶液，建议定期用水冲洗所有的通道以去除阀口上可能出现的盐沉淀。

（4）进样器 1260 型液相色谱可选择的进样器有手动进样器、标准自动进样器以及高性能自动进样器等（参见图 3-2-5）。

在进样序列过程中，进样阀可使溶剂绕过自动进样器。样品瓶由夹样器臂从静止样品架或外部样品瓶位置选择。夹样器臂将样品瓶放置在进样针的下方。计量设备将把所需的样品体积抽入样品定量管。进样序列结束后进样阀返回到主流路位置时，样品就已注入色谱柱中。

进样序列的过程如下：

① 进样阀切换到旁路位置。

② 计量设备的活塞移动到起始位置。

③ 夹样器臂从停留位置开始移动，选择样品瓶。同时把进样针从针座提起。

④ 夹样器臂将样品瓶放置在进样针的下方。

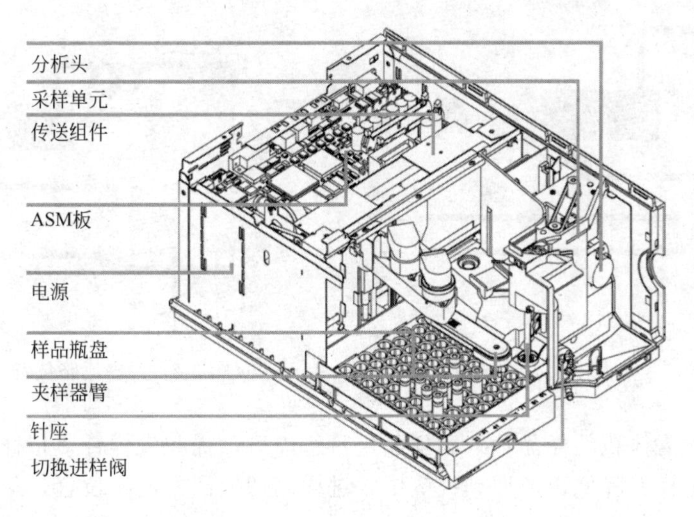

图 3-2-5　自动进样器内部结构图

⑤ 降低进样针，使之进入样品瓶。

⑥ 计量设备抽取预先设定的样品体积。

⑦ 从样品瓶中把进样针提起。

⑧ 如果选择自动清洗进样针，则夹样器臂将重新放置样品瓶，将冲洗瓶放置在进样针下方，降低进样针，使之进入冲洗瓶，然后从冲洗瓶中把进样针提起。

⑨ 夹样器臂将检查安全挡板是否到位。

⑩ 夹样器臂会重新放置样品瓶，并将其放回原位。同时把进样针下降到针座中。

⑪ 进样阀切换到主流路位置。

进样顺序为：在开始进样之前以及在分析过程中，进样阀是在主流路位置上（图 3-2-6）。在此位置上，流动相将流过自动进样器计量装置、样品定量管和进样针，以保证所有与样品接触的零件都在运行过程中进行了冲洗，从而把携留量减到最小。

进样顺序开始时，阀单元切换到旁路位置（图 3-2-7）。来自泵的溶剂进入端口 1 处的进样阀单元，并通过端口 6 直接流到色谱柱。

然后提起进样针，将样品瓶放置在进样针下方。进样针向下移动进入样品瓶，并且计量单元将样品抽取到样品定量管（图 3-2-8）。

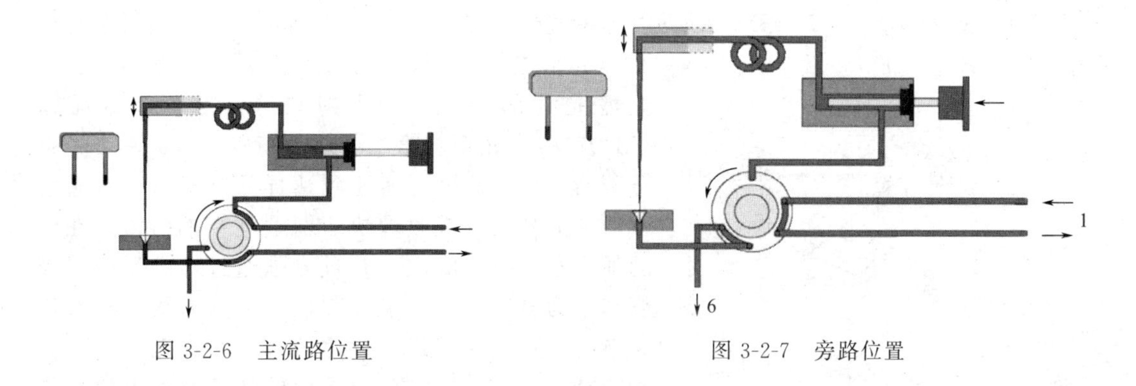

图 3-2-6　主流路位置　　图 3-2-7　旁路位置

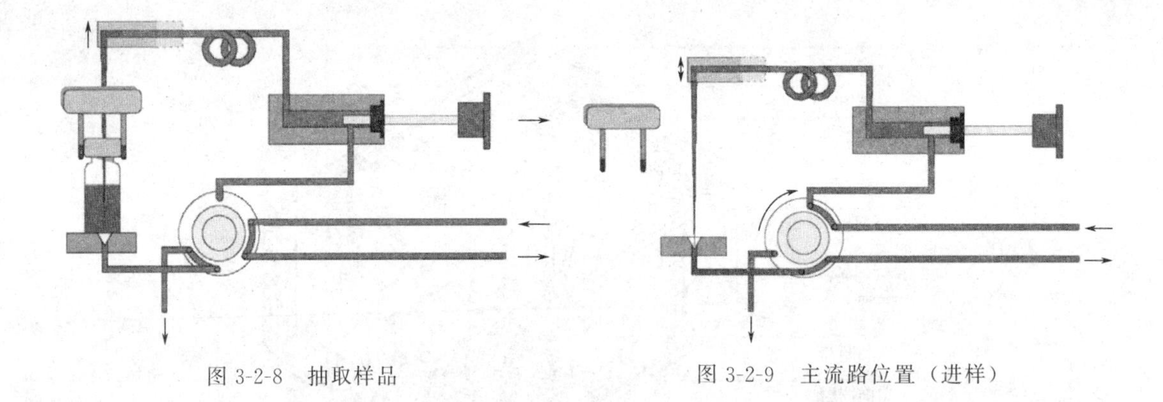

图 3-2-8　抽取样品　　　　图 3-2-9　主流路位置（进样）

计量单元将所需体积的样品抽入到样品定量管以后，提起进样针，将样品瓶重新放置到同一样品盘。将进样针降低，放回到针座中，进样阀切换回主流路位置，从而将样品冲洗到色谱柱上（图 3-2-9）。

（5）柱温箱（图 3-2-10）　用来加热和冷却色谱柱，溶剂在柱温箱中的管路内加热，然后才进入色谱柱，以达到保留时间重现性的最高要求。控制范围为：最高 80℃，低温低于室温 10℃。除非有特殊要求，左右温度应保持一致。一定要关闭前面板。

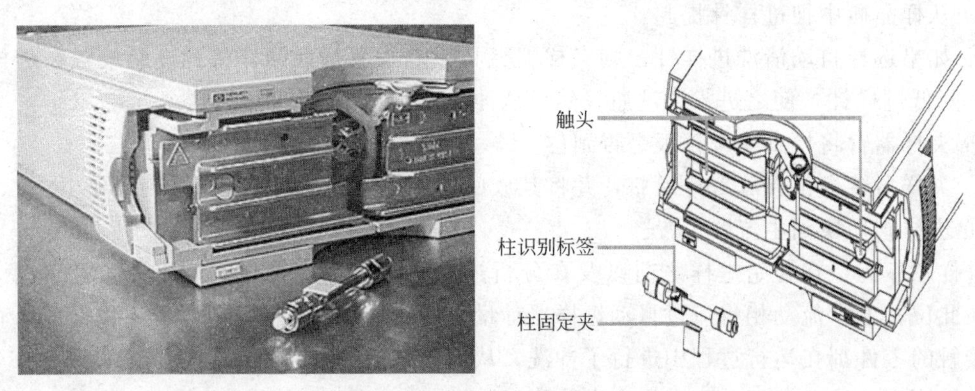

图 3-2-10　柱温箱

（6）检测器　1260 型液相色谱可配置检测器有可变波长检测器（VWD）、二极管阵列检测器（DAD）、示差折光检测器（RID）、荧光检测器（FLD）以及蒸发光散射检测器（ELSD）等。

① 可变波长检测器（VWD）　该检测器的光学系统如图 3-2-11 所示。它的辐射源是可发射波长为 190～600nm 紫外线（UV）的氘弧放电灯。氘灯发出的光束通过一个透镜、一个滤光片部件、一个入射狭缝、第一个球面镜（M1）、一个光栅、第二个球面镜（M2）、一个光束分裂器，最后通过流通池到达样品二极管。对通过流通池的光束的吸收取决于流通池中的溶液，在流通池中紫外线被吸收，并且光强通过样品光电二极管转换为电信号。光束分裂器使部分光线射到参比光电二极管，从而获得参比信号，作为光源强度波动的补偿。参比光电二极管前的狭缝分离出样品带宽的光线。通过旋转光栅（由一个步进电机直接驱

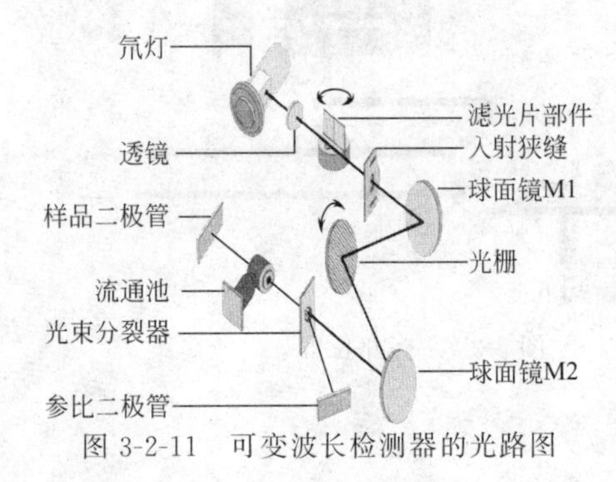

图 3-2-11　可变波长检测器的光路图

动）可以选择波长。这一配置可以实现波长的快速改变。将截止滤光片移入大于 370nm 的光程，以减少较高阶的光。

② 二极管阵列检测器（DAD）　是以光电二极管阵列作为检测元件的 UV-VIS 检测器（图 3-2-12）。DAD 的光源——氘灯有一定的半衰期，一般为 1000h 左右，所以在没有样品分析任务时要关闭氘灯，以延长氘灯的使用寿命，但是也不要频繁地开关，这样也会影响寿命。同时，打开灯需要预热 10min 左右，灯使用时间越长，预热的时间也要越长。流动池污染后，会造成灵敏度下降、噪声加大，应避免脏的样品进入流动池。定期使用异丙醇冲洗系统对保持流动池性能有一定好处。

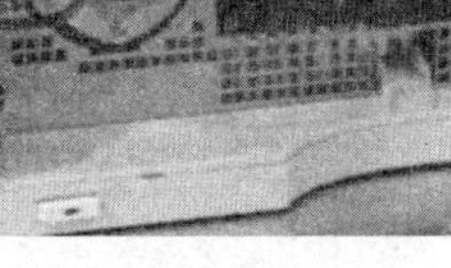

(a)局部图　　(b)整体图

图 3-2-12　DAD 检测器

③ 荧光检测器（FLD）　荧光检测器是利用某些溶质在受到紫外光激发后，能发射可见光（荧光）的性质来检测的（图 3-2-13）。FLD 是一款具有高灵敏度和高选择性的检测器。其激发光源是氙灯，此灯不需要预热。其流通池和 DAD 的一样，也要定期用异丙醇冲洗，以保证性能。

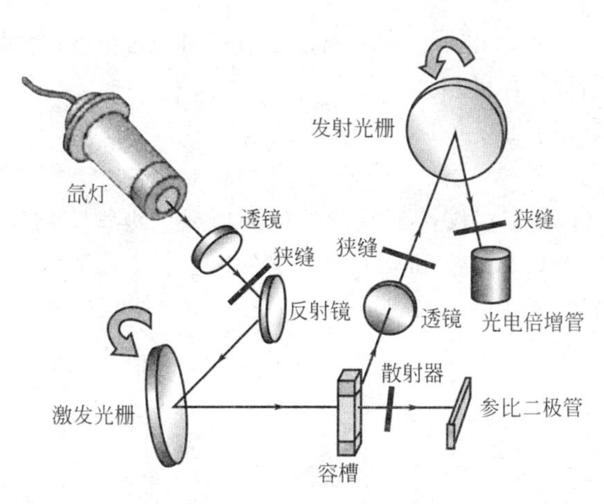

图 3-2-13　FLD 检测器原理图

子任务二　高效液相色谱法检测乳与乳制品中三聚氰胺

【检测原理】

用乙腈作为原料乳中的蛋白质沉淀剂和三聚氰胺提取剂，强阳离子交换色谱柱分离，高效液相色谱-紫外检测器/二极管阵列检测器检测，外标法定量。

【任务准备】

(1) 试剂　除另有说明外，所用试剂均为分析纯或以上规格，水为GB/T 6682规定的一级水。

① 甲醇：色谱纯。

② 乙腈：色谱纯。

③ 氨水：含量为25%～28%。

④ 三氯乙酸。

⑤ 柠檬酸。

⑥ 辛烷磺酸钠：色谱纯。

⑦ 甲醇水溶液：准确量取50mL甲醇和50mL水，混匀后备用。

⑧ 三氯乙酸溶液(1%)：准确称取10g三氯乙酸于1L容量瓶中，用水溶解并定容至刻度，混匀后备用。

⑨ 氨化甲醇溶液(5%)：准确量取5mL氨水和95mL甲醇，混匀后备用。

⑩ 离子对试剂缓冲液：准确称取2.10g柠檬酸和2.16g辛烷磺酸钠，加入约980mL水溶解，调节pH至3.0后，定容至1L备用。

⑪ 三聚氰胺标准品：CAS 108-78-01，纯度大于99.0%。

⑫ 三聚氰胺标准储备液：准确称取100mg(精确到0.1mg)三聚氰胺标准品于100mL容量瓶中，用甲醇水溶液溶解并定容至刻度，配制成浓度为1mg/mL的标准储备液，于4℃避光保存。

⑬ 阳离子交换固相萃取柱：混合型阳离子交换固相萃取柱，基质为苯磺酸化的聚苯乙烯-二乙烯基苯高聚物，60mg，3mL，或相当于其浓度者。使用前依次用3mL甲醇、5mL水活化。

⑭ 定性滤纸。

⑮ 海砂：化学纯，粒度0.65～0.85mm，二氧化硅(SiO_2)含量为99%。

⑯ 微孔滤膜：0.2μm，有机相。

⑰ 氮气：纯度大于等于99.999%。

(2) 仪器设备

① 高效液相色谱(HPLC)仪：配有紫外检测器或二极管阵列检测器。

② 分析天平：感量为0.0001g和0.01g。

③ 离心机：转速不低于4000 r/min。

④ 超声波水浴。

⑤ 固相萃取装置。

⑥ 氮气吹干仪。

⑦ 涡旋混合器。

⑧ 具塞塑料离心管：50mL。

⑨ 研钵。

【任务实施】

(1) 提取

① 液态乳、乳粉、酸奶、冰激凌和奶糖等　称取2g(精确至0.01g)试样于50mL具塞塑料离心管中，加入15mL三氯乙酸溶液和5mL乙腈，超声提取10min，再振荡提取10min后，以不低于4000r/min的转速离心10min。上清液经三氯乙酸溶液润湿的滤纸过滤

后，用三氯乙酸溶液定容至25mL，移取5mL滤液，加入5mL水混匀后作待净化液。

② 奶酪、奶油和巧克力等　称取2g（精确至0.01g）试样于研钵中，加入适量海砂（试样质量的4～6倍）研磨成干粉状，转移至50mL具塞塑料离心管中，用15mL三氯乙酸溶液分数次清洗研钵，清洗液转入离心管中，再往离心管中加入5mL乙腈，余下操作同①中“超声提取10min，…加入5mL水混匀后作待净化液”。

注：若样品中脂肪含量较高，可以用三氯乙酸溶液饱和的正己烷液-液分配除脂后再用SPE柱净化。

（2）净化　将（1）中的待净化液转移至固相萃取柱中。依次用3mL水和3mL甲醇洗涤，抽至近干后，用6mL氨化甲醇溶液洗脱。整个固相萃取过程流速不超过1mL/min。洗脱液于50℃下用氮气吹干，残留物（相当于0.4g样品）用1mL流动相定容，涡旋混合1min，过微孔滤膜后，供HPLC测定。

（3）高效液相色谱测定

① HPLC参考条件

a. 色谱柱：C_8柱，250mm×4.6mm（i.d.），5μm，或相当者；C_{18}柱，250mm×4.6mm（i.d.），5μm，或相当者。

b. 流动相：C_8柱，离子对试剂缓冲液-乙腈（85+15，体积比），混匀。

C_{18}柱，离子对试剂缓冲液-乙腈（90+10，体积比），混匀。

c. 流速：1.0mL/min。

d. 柱温：40℃。

e. 波长：240nm。

f. 进样量：20μL。

g. 标准曲线的绘制　用流动相将三聚氰胺标准储备液逐级稀释得到浓度为0.8μg/mL、2μg/mL、20μg/mL、40μg/mL、80μg/mL的标准工作液，浓度由低到高进样检测，以峰面积-浓度作图，得到标准曲线回归方程。基质匹配加标准三聚氰胺的样品HPLc色谱图参见对应图谱。

② 定量测定　待测样液中三聚氰胺的响应值应在标准曲线线性范围内，超过线性范围则应稀释后再进样分析。

③ 结果计算　试样中三聚氰胺的含量由色谱数据处理软件或按下式计算获得：

$$X=\frac{A\times c\times V\times 1000}{A_s\times m\times 1000}\times f$$

式中　X——试样中三聚氰胺的含量，mg/kg；

A——样液中三聚氰胺的峰面积；

c——标准溶液中三聚氰胺的浓度，μg/mL；

V——样液最终定容体积，mL；

A_s——标准溶液中三聚氰胺的峰面积；

m——试样的质量，g；

f——稀释倍数。

④ 空白实验　除不称取样品外，均按上述测定条件和步骤进行。

⑤ 方法定量限　本方法的定量限为2mg/kg。

⑥ 回收率　在添加浓度2～10mg/kg范围内，回收率在80%～110%之间，相对标准偏差小于10%。

⑦ 允许差　在重复性条件下获得的两次独立测定结果的绝对差值不得超过算术平均值的10%。

任务思考

(1) 乳中为什么要添加三聚氰胺?

(2) 三聚氰胺检测的依据是什么?

(3) 高速冷冻离心机、固相萃取等仪器在检测过程中各起到什么作用?

(4) 三聚氰胺检测时的色谱条件如何?

(5) 检测过程中有哪些注意事项(关键点)?

任务三　气相色谱法检测乳粉中的碘

知识储备

知识点1： 淀粉酶的概念及分类

淀粉酶是水解淀粉和糖原的酶类总称，一般作用于可溶性淀粉、直链淀粉、糖原等α-1,4-葡聚糖，水解α-1,4-糖苷键。根据作用的方式可分为α-淀粉酶与β-淀粉酶。

（1）α-淀粉酶广泛分布于动物（唾液、胰脏等）、植物（麦芽、山萮菜）及微生物。此酶既作用于直链淀粉，亦作用于支链淀粉，无差别地切断α-1,4-链。因此，其特征是引起底物溶液黏度的急剧下降和碘反应的消失，最终产物在分解直链淀粉时以麦芽糖为主，此外，还有麦芽三糖及少量葡萄糖。另一方面是在分解支链淀粉时，除麦芽糖、葡萄糖外，还生成分支部分具有α-1,6-键的α-极限糊精。一般分解限度以葡萄糖为准是35%～50%，但在细菌的淀粉酶中，亦有呈现高达70%分解限度的（最终游离出葡萄糖）。

（2）β-淀粉酶与α-淀粉酶的不同点在于从非还原性末端逐次以麦芽糖为单位切断α-1,4-葡聚糖链。主要见于高等植物中（大麦、小麦、甘薯、大豆等），但也有报告在细菌、牛乳、霉菌中存在。对于像直链淀粉那样没有分支的底物能完全分解得到麦芽糖和少量的葡萄糖。作用于支链淀粉或葡聚糖的时候，切断至α-1,6-键的前面反应就停止了，因此生成分子量比较大的极限糊精。

思考：在本任务中淀粉酶有何作用？

知识点2： 亚铁氰化钾溶液和乙酸锌溶液有何作用？

使蛋白质共沉淀，澄清效果好。

知识点3： 7890气相色谱结构

GC7890A前视图和后视图如图3-2-14所示。

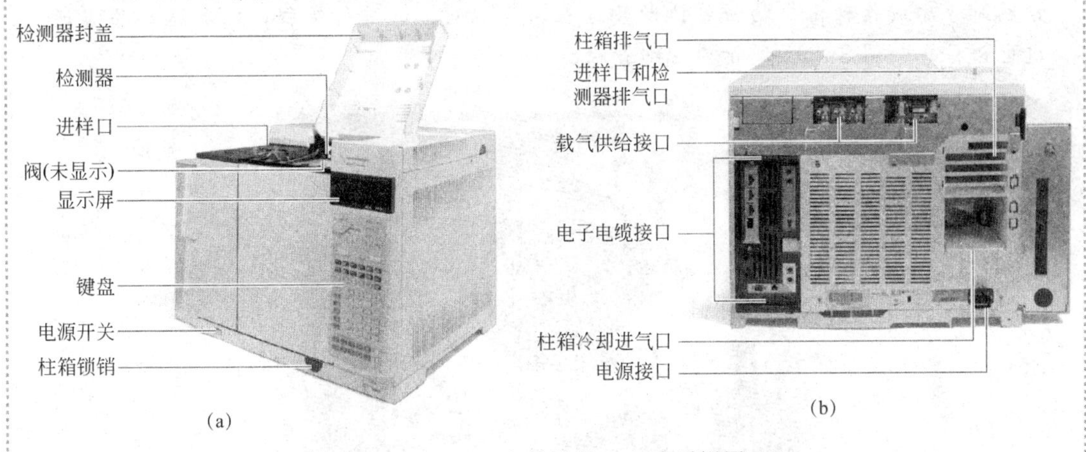

图3-2-14　GC7890A前视图（a）和后视图（b）

（1）进样口　进样口是将样品注射到GC中的位置（图3-2-15）。Agilent 7890A GC最多可以有两个进样口，标为前进样口和后进样口。有下列类型的进样口可供选择：分流/不分流（0～689.5kPa和0～1034.25kPa）、吹扫填充、冷柱头、程序控制的升温气化和挥发性物质分析接口。所选进样口的类型是根据正在使用的分析类型、正在分析的样品类型和正在使用的色谱柱确定的。

(2) 自动进样器(图 3-2-16) 带有样品盘和条形码阅读器(未显示)的可选 Agilent 7683B 自动液体抽样器,其会自动处理液体样品。模块化设计使得自动进样口很容易从一个进样口移到另一个进样口,或从一个 GC 移到另一个 GC。模块化设计也使进样口维护比较简单。Agilent 7890A GC 最多可以有两个自动进样器,标为前进样器和后进样器。

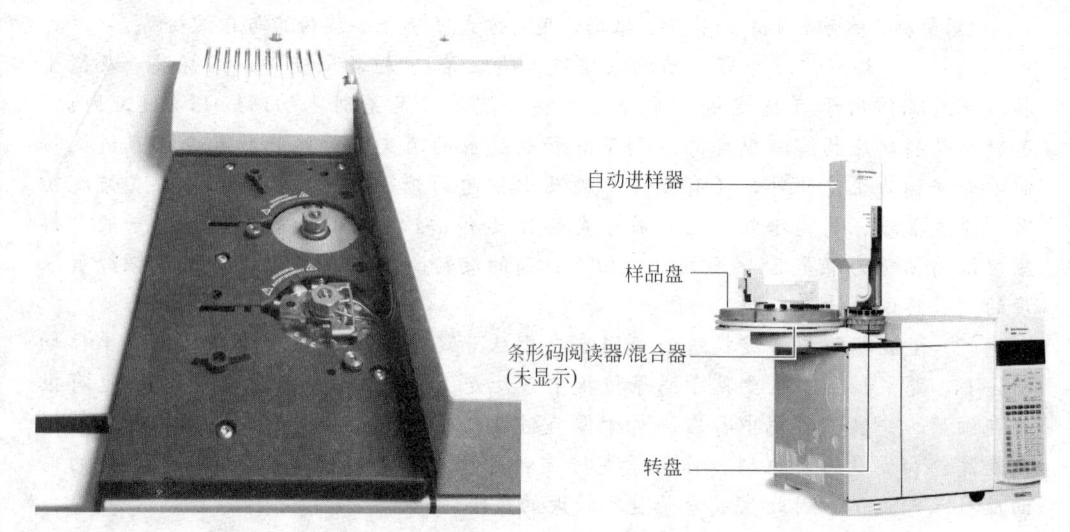

图 3-2-15 进样口

图 3-2-16 自动进样器

(3) GC 色谱柱和柱箱 GC 色谱柱位于温度控制柱箱的内部。通常,色谱柱的一端连接进样口,另一端连接检测器。色谱柱因长度、直径和内膜而异。每个色谱柱被设计为可以处理不同的化合物。色谱柱和柱箱的用途是将注入的样品在经过色谱柱时分离成各种化合物。要协助此过程,可以对 GC 进行编程,以加速样品流通过色谱柱,如图 3-2-17 所示为毛细管柱。

图 3-2-17 毛细管柱

(4) 检测器(图 3-2-18) 当化合物流出色谱柱时,检测器用于确定其是否存在。当每种化合物进入检测器时,会产生与已检测到的化合物的量成比例的电子信号。此信号通常会被发送到数据分析系统,如 Agilent ChemStation——信号是以色

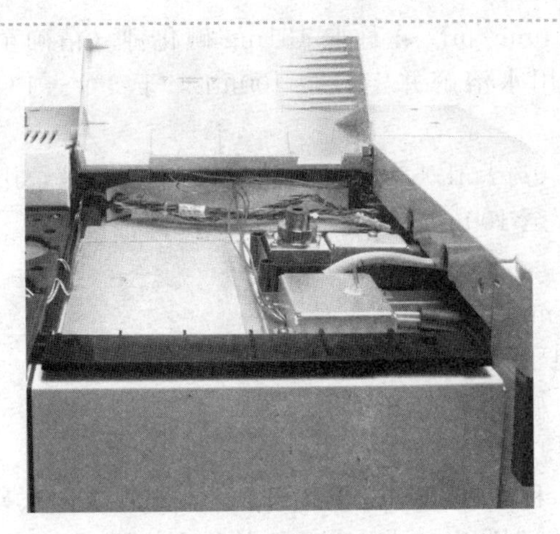

图 3-2-18　检测器

谱图上峰的形式出现在系统中。Agilent 7890A GC 最多可以容纳三个检测器，标为 Front Det（前检测器）、Back Det（后检测器）和 Aux Det（辅助检测器）。有下列类型的检测器可供选择：FID、TCD、NPD、ECD、MSD、ICP-MS 和增强 FPD。所选的检测器类型是基于分析所需的类型。

（5）操作盘　操作盘由显示屏、状态灯和键盘组成。

显示屏显示 Agilent 7890A GC 中当前出现的详细信息，并且必要时可以更改参数。

状态灯对当前 Agilent 7890A GC 内部运行情况提供一种基本的外部显示。

键盘，操作 Agilent 7890A GC 所需的所有参数都可以通过 GC 键盘输入。但是通常来说，这些大部分参数可以使用连接的数据系统（如 Agilent ChemStation）进行控制。Agilent ChemStation 在控制 Agilent 7890A GC 时，ChemStation 可以从键盘禁用对 GC 当前方法的编辑。

子任务　气相色谱法检测乳粉中的碘

【检测原理】

试样中的碘在硫酸条件下与丁酮反应生成丁酮与碘的衍生物，经气相色谱分离，电子捕获检测器检测，外标法定量。

【任务准备】

（1）试剂　除非另有规定，本方法所用试剂均为分析纯，水为 GB/T 6682 规定的一级水。

① 高峰（Taka-Diastase）淀粉酶：酶活力≥1.5U/mg。

② 碘化钾（KI）或碘酸钾（KIO_3）：优级纯。

③ 丁酮（C_4H_8O）：色谱纯。

④ 硫酸（H_2SO_4）：优级纯。

⑤ 正己烷（C_6H_{14}）。

⑥ 无水硫酸钠（Na_2SO_4）。

⑦ 双氧水（3.5%）：吸取 11.7mL 体积分数为 30%的双氧水稀释至 100mL。

⑧ 亚铁氰化钾溶液（109g/L）：称取 109g 亚铁氰化钾，用水定容于 1000mL 容量瓶中。

⑨ 乙酸锌溶液（219g/L）：称取 219g 乙酸锌，用水定容于 1000mL 容量瓶中。

⑩ 碘标准溶液。

a. 碘标准贮备液（1.0mg/mL）：称取131mg碘化钾（精确至0.1mg）或168.5mg碘酸钾（精确至0.1mg），用水溶解并定容至100mL，于5℃±1℃冷藏保存，一个星期内有效。

b. 碘标准工作液（1.0μg/mL）：吸取10mL碘标准贮备液，用水定容至100mL，混匀，再吸取1.0mL，用水定容至100mL，混匀，临用前配制。

（2）仪器和设备

① 天平：感量为0.1mg。

② 气相色谱仪：带电子捕获检测器。

【任务实施】

（1）试样处理

① 不含淀粉的试样　称取混合均匀的固体试样5g或液体试样20g（精确至0.0001g）于150mL三角瓶中，固体试样用25mL约40℃的热水溶解。

② 含淀粉的试样　称取混合均匀的固体试样5g或液体试样20g（精确至0.0001g）于150mL三角瓶中，加入0.2g高峰淀粉酶，固体试样用25mL约40℃的热水充分溶解，置于50～60℃恒温箱中酶解30min，取出冷却。

（2）试样测定液的制备

① 沉淀　将上述处理过的试样溶液转入100mL容量瓶中，加入5mL亚铁氰化钾溶液和5mL乙酸锌溶液后，用水定容至刻度，充分振摇后静置10min。滤纸过滤后吸取滤液10mL于100mL分液漏斗中，加10mL水。

② 衍生与提取　向分液漏斗中加入0.7mL硫酸、0.5mL丁酮、2.0mL双氧水，充分混匀，室温下保持20min后加入20mL正己烷振荡萃取2min。静置分层后，将水相移入另一分液漏斗中，再进行第二次萃取。合并有机相，用水洗涤2～3次。通过无水硫酸钠过滤脱水后移入50mL容量瓶中用正己烷定容，此为试样测定液。

（3）碘标准测定液的制备　分别吸取1.0mL、2.0mL、4.0mL、8.0mL、12.0mL碘标准工作液，相当于1.0μg、2.0μg、4.0μg、8.0μg、12.0μg的碘，其他分析步骤同（2）（试样测定液的制备）。

（4）测定

① 参考色谱条件

色谱柱：填料为5%氰丙基-甲基聚硅氧烷的毛细管柱（柱长30m，内径0.25mm，膜厚0.25μm）或具同等性能的色谱柱。

进样口温度：260℃。

ECD检测器温度：300℃。

分流比：1∶1。

进样量：1.0μL。

程序升温见表3-2-3：

表3-2-3　程序升温

升温速率/(℃/min)	温度/℃	持续时间/min
—	50	9
30	220	3

② 标准曲线的制作　将碘标准测定液分别注入气相色谱仪中得到标准测定液的峰面积

（或峰高）。以标准测定液的峰面积（或峰高）为纵坐标，以碘标准工作液中碘的质量为横坐标制作标准曲线。

③ 试样溶液的测定　将试样测定液注入气相色谱仪中得到峰面积（或峰高），从标准曲线中获得试样中碘的含量（μg）。

（5）分析结果表述　试样中碘含量按下式计算：

$$X=\frac{c_s}{m}\times 100$$

式中　X——试样中碘含量，μg/100g；

c_s——从标准曲线中获得试样中碘的含量，μg；

m——试样的质量，g。

以重复性条件下获得的两次独立测定结果的算术平均值表示，结果保留至小数点后一位。

（6）精密度　在重复性条件下获得的两次独立测定结果的绝对差值不得超过算术平均值的10%。

（7）其他　本法检出限为2.0μg/100g。

任务思考

（1）乳粉中碘含量检测的依据是什么？检测条件是怎样的？

（2）简述如何建立工作曲线。

（3）检测过程中有哪些注意事项（关键点）？

任务四　原子吸收光谱法检测婴儿配方乳粉中的锌

知识储备

知识点1：样品处理的常用技术（方法）

（1）灰化和消解　主要用于有机物中金属元素的分析，通过高温氧化或强氧化剂（如浓硫酸、硝酸、高氯酸、王水等）氧化的方法将有机物中的大量碳除去。

（2）酸溶、碱溶和熔融　利用酸溶、碱溶或熔融的方法，将固体样品或灰化和消解后的产物转化为溶液，以便仪器分析或进行下一步的处理。

（3）萃取　将样品中欲测组分抽提到另一相中，使其与干扰组分分离，并且可以同时进行富集。可分为液相萃取——将固体、液体或气体样品中欲测组分抽提到溶剂中；固相萃取——将液体或气体样品中欲测组分吸附在固体上；气相萃取（顶空技术）——将固体或液体样品中欲测组分抽提到气体中；超临界流体萃取——将固体样品中欲测组分抽提到超临界流体中。

（4）蒸馏　利用欲测组分与干扰组分的沸点不同而进行分离，亦可同时进行富集。可分为简单蒸馏、分馏（精馏）、减压蒸馏和水汽蒸馏等。

（5）沉淀、结晶和重结晶　利用欲测组分与干扰组分在不同溶剂中的溶解度不同而进行分离，亦可同时进行富集。可将欲测组分沉淀，干扰组分留在溶液中；亦可将干扰组分沉淀，欲测组分留在溶液中。可利用改变溶液的温度、浓度、pH值、溶剂的组成来改变欲测组分和干扰组分的溶解度，使其分离；亦可加入某些物质，使欲测组分或干扰组分沉淀或共沉淀（结晶或共结晶）而得到分离。可利用重结晶的方法得到很纯的化合物，以便利用某些仪器进行准确的结构分析。

（6）膜分离　利用欲测组分与干扰组分对不同膜的透过性不同而加以分离。其分离过程可分为渗析、超滤和电渗析。膜分离也被称为膜萃取。

（7）衍生化　利用已知的、能定量完成的化学反应，将不能被仪器分析或检测的欲测组分转化成可被仪器分析或检测的物质，或将不能与干扰组分分离的欲测组分转化成能分离的物质使两者分离。

（8）电解　利用欲测组分与干扰物质的电解电位不同，通过电解的方法将欲测组分与干扰物质分离，并可以进行富集。如在做极谱分析或库仑分析时，可通过电解进行预分离和预富集。

（9）色谱　不同运行模式的色谱本身就是一种分析仪器，可以用来对欲测组分进行分析测试。不同运行模式的色谱又是一种分离技术，可将欲测组分与干扰物质分离，然后用其他分析仪器进行脱机或联机分析。在样品处理中最常用的是柱色谱和薄层色谱。

知识点2：样品处理的目的

将微量或痕量的欲测组分富集；将干扰欲测组分的物质去除；将无法被仪器分析的欲测组分转化成可被仪器分析的物质。

子任务 原子吸收光谱法检测婴儿配方乳粉中的锌

【检测原理】

试样经干法灰化、分解有机质后，加酸使灰分中的无机离子全部溶解，直接吸入空气-乙炔火焰中原子化，并在光路中分别测定锌原子对特定波长谱线的吸收。

【任务准备】

（1）试剂 除非另有规定，本方法所用试剂均为优级纯，水为 GB/T 6682 规定的二级水。

① 盐酸。

② 硝酸（HNO_3）。

③ 纯锌：光谱纯。

④ 盐酸 A（2%）：取 2mL 盐酸，用水稀释至 100mL。

⑤ 盐酸 B（20%）：取 20mL 盐酸，用水稀释至 100mL。

⑥ 硝酸溶液（50%）：取 50mL 硝酸，用水稀释至 100mL。

⑦ 锌标准溶液（1000μg/mL）：称取金属锌 1.0000g，用硝酸 40mL 溶解，并用水定容于 1000mL 容量瓶中。可以直接购买该元素的有证国家标准物质作为标准溶液。

⑧ 锌标准储备液 准确吸取锌标准溶液 10.0mL，用 2%盐酸定容到 100mL 石英容量瓶中，得到锌元素的标准储备液，质量浓度为 100.0μg/mL。

（2）仪器和设备

① 原子吸收分光光度计。

② 锌空心阴极灯。

③ 分析用钢瓶乙炔气和空气压缩机。

④ 石英坩埚或瓷坩埚。

⑤ 马弗炉。

⑥ 天平：感量为 0.1mg。

【任务实施】

（1）试样处理 称取混合均匀的固体试样约 5g 或液体试样约 15g（精确到 0.0001g）于坩埚中，在电炉上微火炭化至不再冒烟，再移入马弗炉中，于 490℃±5℃灰化约 5h。如果有黑色炭粒，冷却后，需滴加少许硝酸溶液（50%）湿润。在电炉上小火蒸干后，再移入 490℃高温炉中继续灰化成白色灰烬。冷却至室温后取出，加入 5mL 盐酸 B（20%），在电炉上加热使灰烬充分溶解。冷却至室温后，移入 50mL 容量瓶中，用水定容，同时处理至少两个空白试样。

（2）试样待测液的制备 用 50mL 的试液直接上机测定。同时测定空白试液。

注：为保证试样待测试液浓度在标准曲线线性范围内，可以适当调整试液定容体积和稀释倍数。

（3）测定

① 标准曲线的制备

a. 标准系列使用液的配制 按表 3-2-4 给出的体积分别、准确吸取锌元素的标准储备液于 100mL 容量瓶中，配制锌使用液，用盐酸 A 定容。使用液浓度见表 3-2-5。

表 3-2-4 配制标准系列使用液所吸取 Zn 元素标准储备液的体积　　单位：mL

2.0	4.0	6.0	8.0	10.0

表 3-2-5 Zn 元素标准系列使用液浓度　　单位：μg/mL

2.0	4.0	6.0	8.0	10.0

b. 标准曲线的绘制　按照仪器说明书将仪器工作条件调整到测定 Zn 元素的最佳状态，选用灵敏吸收线 Zn 213.9nm 将仪器调整好。预热，测定时用毛细管吸喷盐酸 A 调零。测定标准工作液的吸光度。以标准系列使用液浓度为横坐标、对应的吸光度为纵坐标绘制标准曲线。

② 试样待测液的测定　调整好仪器最佳状态，测定时用盐酸 A 调零。分别测定试样待测液的吸光度及空白试液的吸光度。查标准曲线得对应的质量浓度。

（4）分析结果表述

$$X=\frac{(c_1-c_2)\times V\times f}{m\times 1000}\times 100$$

式中　X——试样中 Zn 元素的含量，mg/100g；

c_1——测定液中 Zn 元素的浓度，μg/mL；

c_2——测定空白液中 Zn 元素的浓度，μg/mL；

V——样液体积，mL；

f——样液稀释倍数；

m——试样的质量，g。

以重复性条件下获得的两次独立测定结果的算术平均值表示，结果保留三位有效数字。

（5）精密度　在重复性条件下获得两次独立测定结果的绝对差值，不得超过算术平均值的 10%。

目标自测

（1）乳粉中锌含量检测的依据是什么？

（2）简述如何建立锌元素检测时的工作曲线。

（3）本实验中样品处理采用了哪种方法？

（4）检测过程中有哪些注意事项（关键点）？

任务五　使用全乳成分分析仪测定液态乳中各成分的含量

利用红外光谱法测定液态乳中的各成分含量。

【任务准备】

牛乳，乳成分分析仪（FT120），50mL烧杯。

【任务实施】

液态乳中脂肪、蛋白质、全乳固体的检测：取约50mL混匀的样品倒入烧杯中，预热至35～40℃，将样品放在牛乳全组分分析仪吸样管下，选择相应程序，点击检测键，仪器开始自动检测，待显示屏出现检测结果时，即可读数。记录脂肪、蛋白质、全乳固体的数值。

任务思考

（1）以全乳成分分析仪测定液态乳中各成分的含量，检测的依据是什么？

（2）根据测定时使用的仪器型号，简述其使用注意事项。

任务六　pH 计测定乳及乳制品的 pH 值

测量浸在待测溶液中两个电极之间的电位差。

【任务准备】

（1）试剂　下列各缓冲溶液可用作校正 pH 计。

① pH3.57（20℃时）缓冲溶液配制　用分析纯的酒石酸氢钾在 25℃配制的饱和水溶液。此溶液的 pH 在 25℃时为 3.56，而在 30℃时为 3.55。

② pH6.88（20℃时）缓冲溶液配制　称取 3.402g（精确到 0.001g）磷酸二氢钾（分析纯）和 3.549g 磷酸氢二钠（分析纯），溶解于 1000mL 的 20℃蒸馏水中。此溶液的 pH 值在 10℃时为 6.92，而在 30℃时为 6.85。

③ pH4.00（20℃时）缓冲溶液配制　称取 10.211g（精确到 0.001g）在 105℃烘过 1h 的邻苯二甲酸氢钾（优级纯），溶解于 1000mL 的 20℃蒸馏水中。此溶液的 pH 在 10℃时为 4.00，而在 30℃时为 4.01。

④ pH5.00（20℃时）缓冲溶液　如分析纯级的 0.1mol/L 的柠檬酸氢二钠溶液。

（2）仪器

① pH 计：刻度为 0.1pH 单位或更小一些。

如果仪器没有温度校正系统，此刻度只适用于在 20℃进行测量。

② 玻璃电极：可以用各种形状的玻璃电极，应将其保存于水中。

③ 甘汞电极：含有饱和氯化钾溶液。按制造厂的说明书保存甘汞电极。

注：甘汞电极和玻璃电极也可以用复合电极代替，这种电极保存在水中，甘汞电极中的饱和氯化钾溶液液面应高出水面。

（3）样品制备

①液态样品（如液态乳、液态乳饮料等）　将试验样品充分混合均匀。

②冷冻乳制品　称取 10g（或 25g）测试样品于一样品容器中，放置于 30℃水浴，直到整个测试样品完全溶解，然后混合均匀。

③发酵乳和酸奶油　称取 10g（或 25g）测试样品于一含有玻璃珠的三角瓶中，加入 90mL（25g 则加 225mL）pH（7.5±0.2）稀释液，手摇混合，或者采用蠕动式均质器。

④婴幼儿乳制食品　反复振摇和翻转，使密闭容器内的内容物充分混匀。若未开封容器内测试样太满不能充分混匀时，可以将其转到大一些的容器进行混合。打开容器，用刮刀取规定量的测试样品，并按照以下操作步骤进行处理。取样完毕容器立即封严。

将含有 90mL 稀释液的试剂瓶放置于 45℃水浴保温，然后将样品粉末加入到含有合适稀释液（通用稀释液或三聚磷酸钠溶液）的试剂瓶内。

称取 10g 测试样品直接加入到预先保温至 45℃含稀释液的试剂瓶中。

注：为了更好地复原，加入玻璃珠会有帮助。若使用玻璃珠，则应在灭菌前就加入到试剂瓶中。

为溶解样品，缓慢涡旋浸湿样品粉末，然后手摇试剂瓶 25 次，幅度约 300mm，时间约 7s，或者是使用蠕动式均质器。将试剂瓶再放回水浴 5min，时而振摇一次。

【任务实施】

（1）pH 计的校正　用精确已知 pH 的缓冲溶液（尽可能接近待测溶液的 pH）在测定温度下校正 pH 计。

（2）测定

① 取约 20mL 待测样品，放入具塞锥形瓶中剧烈振摇，打开塞子，释放出 CO_2 气，这个操作反复进行多次。

② 把电极插入足以浸没电极的上述试液中，并将 pH 计的温度校正器调节到被测液的温度。

采用适合于所用 pH 计的程序进行测定。当其达到一个稳定的数值后，从仪器的标度上直接读出 pH，精确到 0.05pH 单位。

同一个试验应进行至少两次测定。

【结果与报告】

由同一分析者相继进行两次测定的结果之差应不大于 0.1pH 单位。如能满足上述重复性的要求，可取两次测定的算术平均值作为结果，报告结果时应精确到 0.05pH 单位。

任务思考

（1）乳制品 pH 检测的依据是什么？

（2）检测过程中有哪些注意事项（关键点）？

（3）如何校正 pH 计？

参考文献

[1] 陈红霞，李翠华主编．食品微生物学及实验技术．北京：化学工业出版社，2008.
[2] 尹凯丹．食品理化检验技术．北京：化学工业出版社，2008.
[3] 李春．乳品分析与检验．北京：化学工业出版社，2008.
[4] 蔡健．乳品生产技术．北京：化学工业出版社，2008.
[5] 李晓红．乳制品加工与检测技术．北京：化学工业出版社，2012.
[6] 潘亚芬．乳制品生产与推广．北京：化学工业出版社，2011.
[7] 王志勇．现代仪器分析．北京：化学工业出版社，2013.
[8] 穆华荣．分析仪器维护．北京：化学工业出版社，2001.
[9] 翁鸿珍．乳与乳制品检测技术．北京：中国轻工业出版社，2006.
[10] 钮伟民．乳与乳制品检测新技术．北京：中国轻工业出版社，2012.
[11] 高职高专化学教材编写组编．分析化学．第2版．北京：高等教育出版社，2000.
[12] 陈宏．常用分析仪器使用与维护．北京：高等教育出版社，2007.
[13] 武建新．乳品生产技术．北京：科学出版社，2004.
[14] 马晓宇．分析化学基本操作．北京：科学出版社，2011.
[15] 马兆瑞，秦立虎．现代乳制品加工技术．北京：中国轻工业出版社，2010.
[16] 张延明，薛富主编．乳品分析与检验．北京：科学出版社，2010.
[17] 李春．乳品分析与检验．北京：中国农业出版社，2007.
[18]《乳业科学与技术》丛书编委会．发酵乳．北京：化学工业出版社，2016.
[19]《乳业科学与技术》丛书编委会．乳品安全．北京：化学工业出版社，2016.
[20]《乳业科学与技术》丛书编委会．乳粉．北京：化学工业出版社，2016.